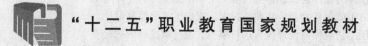

"十二五"职业教育国家规划教材

冷冲压工艺与模具设计

第4版

张　侠　陈剑鹤　于云程　胡　云　编著

机械工业出版社

本书以常见冲压件为设计对象,详细讲解了中、小型零件的冷冲压工艺及模具设计。全书主要包括冲裁、弯曲、拉深、成形工艺及模具设计。

本书按照冷冲压工艺与模具设计流程进行编写,通过难度适中的企业真实案例引出冷冲压工艺与模具设计的基础理论知识和标准,并通过贯穿始终的案例讲解基础理论的实际应用。全书附以丰富的图表说明,理论知识全面,案例讲解详尽,实用性强,便于教学和自学。

本书既可作为高等职业院校机械设计与制造、模具设计与制造、数控技术和工业设计等专业的教学用书,也可供从事机械相关工作的工程技术人员参考使用。

本书配有电子课件、动画、视频、试卷及答案等资源,需要的教师可登录机械工业出版社教育网(www.cmpedu.com)免费注册后下载,或联系编辑领取(微信:13261377872,电话:010-88379739)。

图书在版编目(CIP)数据

冷冲压工艺与模具设计/张侠等编著. —4 版. —北京:机械工业出版社,2022.4(2025.2 重印)

"十二五"职业教育国家规划教材

ISBN 978-7-111-69386-4

Ⅰ.①冷… Ⅱ.①张… Ⅲ.①冷冲压-生产工艺-高等职业教育-教材②冲模-设计-高等职业教育-教材 Ⅳ.①TG38

中国版本图书馆 CIP 数据核字(2021)第 212345 号

机械工业出版社(北京市百万庄大街 22 号 邮政编码 100037)
策划编辑:曹帅鹏   责任编辑:曹帅鹏 赵小花
责任校对:张晓蓉 王明欣 责任印制:单爱军
北京虎彩文化传播有限公司印刷
2025 年 2 月第 4 版第 6 次印刷
184mm×260mm · 13 印张 · 321 千字
标准书号:ISBN 978-7-111-69386-4
定价:55.00 元

电话服务   网络服务
客服电话:010-88361066   机 工 官 网:www.cmpbook.com
        010-88379833   机 工 官 博:weibo.com/cmp1952
        010-68326294   金 书 网:www.golden-book.com
封底无防伪标均为盗版   机工教育服务网:www.cmpedu.com

前　言

制造业是立国之本、强国之基。党的二十大报告提出，坚持把发展经济的着力点放在实体经济上，推进新型工业化，加快建设制造强国、质量强国、航天强国、交通强国、网络强国、数字中国。我国新能源技术、大飞机制造等取得重大成果，进入创新型国家行列，新能源汽车具备国际竞争力，C919 开始商业化，相关产业链正蓄势待发。航天航空、汽车、电子产品等制造业的发展需求对基础制造技术的自动化、智能化提出了新的挑战，以便提高生产效率、产品质量。冷冲压技术是现代产品制造的主要技术之一，其工艺设计与模具设计对生产效率、材料成本等有重要影响，作为一线岗位的预备人才，高等职业院校装备制造相关专业的学生应扎实掌握冷冲压工艺与模具设计技能。

本书根据高等职业教育系列教材机电类专业编委会的要求进行编写，被教育部评为"2009 年度普通高等教育精品教材"、"普通高等教育'十一五'国家级规划教材"和"'十二五'职业教育国家规划教材"。

本书主要内容包括冲裁、弯曲、拉深、成形工艺及模具设计。本书的特点如下：

1）注重与企业生产相结合。书中所有的案例都来自企业真实生产，每个章节的内容都根据企业冷冲压工艺与模具设计流程进行设计，并邀请企业技术人员参与，力争做到教材内容能反映企业真实生产，体现其工程实用性。

2）注重技术和知识的先进性。本书将最新冲压模具标准和规范与先进冷冲压技术作为二维码文件，便于知识的更新。

3）注重教与学的实战性。除第 1 章冷冲压概述外，每个章节都设计了案例，讲解翔实，难度适中，且插入了较多的图表，尽可能减少文字叙述，便于学生对教学内容的理解。同时在二维码文件中提供了大量的练习案例，便于教师安排课后作业。案例的讲解和练习题的模仿训练体现了本书的实战性。

全书共 5 章，第 1 章冷冲压概述；第 2 章冲裁工艺与模具设计；第 3 章弯曲工艺与模具设计；第 4 章拉深工艺与模具设计；第 5 章成形工艺与模具设计。本书由常州信息职业技术学院张侠、陈剑鹤、于云程、胡云编著。本书在编写过程中还得到常州信息职业技术学院叶锋、渠婉婉、段晓坤和昆山集思轩模具科技有限公司总经理蔡智军、常州东风轴承有限公司技术主管祁百龙、苏州荣威模具有限公司总经理许波勇、卡迈锡汽车紧固件（中国）有限公司项目经理成国发、中车戚墅堰机车车辆工艺研究所有限公司锻压研究室主任付传锋的大力支持，在此深表感谢。

由于编者水平有限，书中难免有不足之处，敬请广大读者批评指正。

编　者

目 录 Contents

第3章 弯曲工艺与模具设计 ·················· 103

第4章 拉深工艺与模具设计 ·················· 131

第5章 成形工艺与模具设计 …………………… 164

附录 …………………………… 184

参考文献 …………………………… 202

第 1 章　冷冲压概述

1.1　基本概念

1.1.1　冷冲压加工的概念

冷冲压加工是建立在金属塑性变形的基础上，在常温下利用安装在压力机上的模具对材料施加压力，使其产生分离或塑性变形，从而获得一定形状、尺寸和性能的零件的一种压力加工方法。

在冷冲压加工中，将材料（金属或非金属）加工成零件（或半成品）的特殊工艺装备，称为冷冲压模具（俗称冷冲模）。冷冲模在实现冷冲压加工中是必不可少的工艺装备，没有先进的模具技术，先进的冷冲压工艺就无法实现。

1.1.2　冷冲压加工的特点

冷冲压加工与其他加工方法相比，无论在技术方面，还是在经济方面，都有许多独特的优点。其主要特点有：

1）节省材料。冷冲压是少、无切屑的加工方法之一，不仅能做到少废料甚至无废料生产，而且即使在某些情况下有边角余料，也可以充分利用，制成其他形态的零件，不致造成浪费。图1-1所示是冲制钳形电流表互感器钳口冲片的排样图，余料3还可以冲制微型电动机转子片2，这样可以充分利用材料，提高材料的利用率。

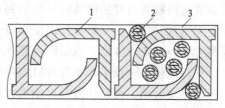

图 1-1　钳口冲片与转子片排样图
1—钳口冲片　2—转子片　3—余料

2）制品有较好的互换性。冷冲压件的尺寸公差由模具保证，具有"一模一样"的特征，且一般无须做进一步机械加工，故同一产品的加工尺寸具有较高的精度和较好的一致性，因而具有较好的互换性。

3）冷冲压可以加工壁薄、重量轻、形状复杂、表面质量好、刚性好的零件。

4）生产效率高。用普通压力机进行冲压加工，每分钟可达几十件；用高速压力机生产，每分钟可达数百件或千件以上，适用于较大批量零件的生产。

5）操作简单。冷冲压加工能用简单的生产技术通过压力机和模具完成加工过程，其操作简便，便于组织生产，易于实现机械化与自动化。

6）由于冷冲压生产效率高、材料利用率高，故生产的零件成本较低。

1.1.3 冷冲压加工及模具在现代制造业中的地位

由于冷冲压加工具有上述突出的优点，所以在批量生产中得到了广泛应用，在机动车、航空、电机电器、家装材料和日用品生产中，已占据十分重要的地位，特别是在汽车、电子通信产品生产中，已成为主要加工方法之一。

冷冲模是冷冲压加工中必不可少的工艺设备，没有先进的模具技术，先进的冷冲压工艺就无法实现。众所周知，产品要具有竞争力，除了应具有先进的技术水平、稳定的使用性能，以及具有结构新颖、更新换代快等特点外，还必须具有价格竞争优势，这就需要采用先进、高效的生产手段，不断降低成本。要达到上述目的，需要考虑的因素很多，模具就是其中的重要因素之一，它的重要性早已为工业发达国家的发展过程所证实。在模具工业中，冲模占的比例很大，由此可以看出冷冲压与冲模在国内外生产中的重要地位。

1.1.4 冷冲压技术及模具的发展趋势

随着科学技术的不断进步和工业生产的迅速发展，冷冲压技术及模具也在不断创新与发展，主要表现在以下几个方面。

1）工艺分析计算方法现代化。采用有限变形的弹塑性有限元法，对复杂成形件（如汽车覆盖件）的成形过程进行应力应变分析的计算机模拟，可以预测某一工艺方案对零件成形的可行性和会发生的问题，并将结果显示在图形终端上，供设计人员修改和选择。这样不但可以节省模具试制费用，缩短新产品的试制周期，而且可以逐步建立一套能结合生产实际的先进设计方法，既促进了冲压工艺的发展，也使塑性成形理论逐步完善，实现对生产实际的指导作用。这一技术国内已进行了广泛研究和应用。

2）模具设计与制造技术现代化。为了在产品的更新换代中缩短模具设计与制造周期，工业发达国家大力开展模具计算机辅助设计和制造（CAD/CAM）的研究，并已在生产中应用。采用这一技术，一般可提高模具设计、制造效率2~3倍。发展这一技术，最终是实现模具CAD/CAM一体化。当前国内部分企业对引进的软件进行二次开发，已逐步应用到模具生产中。应用这一技术，不仅可以缩短模具制造周期，还能提高模具质量，减少设计和制造人员的重复劳动，使设计者可以把精力用在创新开发上。

3）冲压生产机械化、自动化与智能化。为了满足大量生产的需要，冲压设备由低速压力机发展到高速自动压力机。国外还加强了由计算机控制的现代化全自动冲压加工系统的研究与应用，使冲压生产达到高度自动化与智能化，从而减轻劳动强度和提高生产效率。

4）为了满足产品更新换代快和小批量生产的需要，发展了一些新的成形工艺（如无模渐进成形技术等冲压柔性制造技术）、简易模具（如软模和低熔点合金模等）、数控冲压设备等。这样就使冲压生产既适合大量生产，也适合少量生产。

5）不断改进板料的冲压性能。目前世界各工业发达国家不断研制出冲压性能良好的板料，以提高冲压成形能力和使用效果。此外，新模具材料替代了常规的价格较高的模具钢，降低了生产成本。

6）模具结构与零部件的标准化。降低了模具设计与制造的复杂程度，缩短了制造周期，提高了模具设计和制造的质量，并在很大程度上减轻了设计和制造人员的重复劳动。

1.1.5 课程特点与教学方法建议

"冷冲压工艺与模具设计"是模具专业的主要课程之一,是一门实用性很强的课程,要求学生把已学的基础知识和实习中获得的感性认识具体应用到本课程的学习中去。通过本课程的学习和设计练习,学生能掌握分析与制订冷冲压工艺方案和设计冲模的方法,具有设计中等复杂程度的冲压工艺与模具的能力。其特点如下。

1) 以案例引出理论,以理论解决案例问题。

2) 注重应用,每一章均要求学生独立完成一份大作业。

3) 安排讨论课,让学生讲解所做大作业的设计理念与流程,展示结果。

4) 概念、定义、原则部分的课外作业在课内完成,以每次 10 分钟左右的课堂测验取代。

1.2 冷冲压加工的基本工序

一个冲压件往往需要经过多道冲压工序才能完成。由于冲压件的形状、尺寸、精度、生产批量、原材料等不同,其冲压工序也是多样的,但大致可分为分离工序和塑性成形工序两大类。

(1) 分离工序

分离工序是指在冲压过程中,使冲压件与板料沿一定的轮廓线相互分离的工序。它包括切断、切口、剖切、落料、冲孔、切(修)边、整修、精密冲裁和半精密冲裁等。

(2) 塑性成形工序

塑性成形工序是指材料在不破裂的条件下产生塑性变形,从而获得具有一定形状、尺寸和精度的工件的工序。它包括弯曲(压弯、滚弯、扭弯、卷边等)、拉深(拉深、变薄拉深)、成形(起伏成形、胀形、翻边、缩口、扩口、整形、校平)等。

冷冲压加工基本工序的构成如图 1-2 所示。主要冲压工序的名称、特征、工序简图及相应的模具简图见表 1-1。

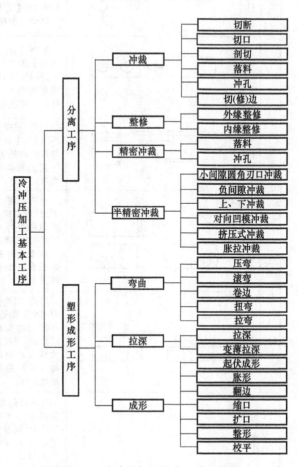

图 1-2 冷冲压加工基本工序的构成

表 1-1 冷冲压加工基本工序的分类及工序特征

类别	工序名称		工序简图	工序特征	模具简图
分离工序	冲裁	切断	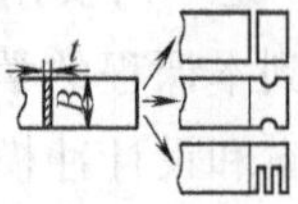	用凸、凹模(或上、下刀刃)使板料沿不封闭的轮廓线断裂分离的一种冲裁工序	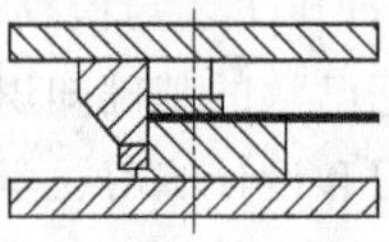
		切口	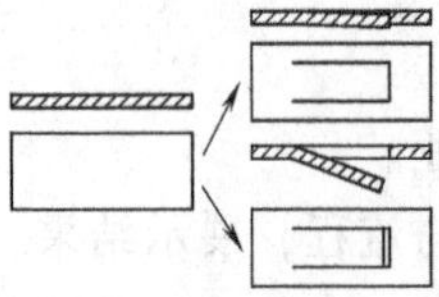	用凸、凹模(或上、下刀刃)从毛坯或半成品制件的内外边缘上,沿不封闭的轮廓线断开,而不完全分离成两部分的一种冲裁工序	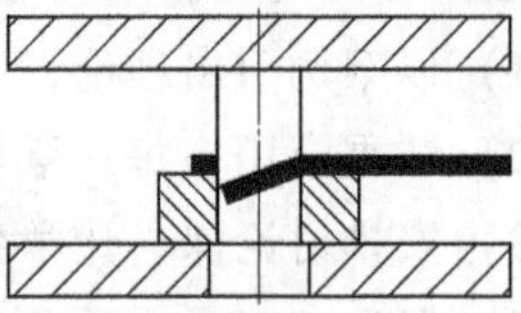
		剖切	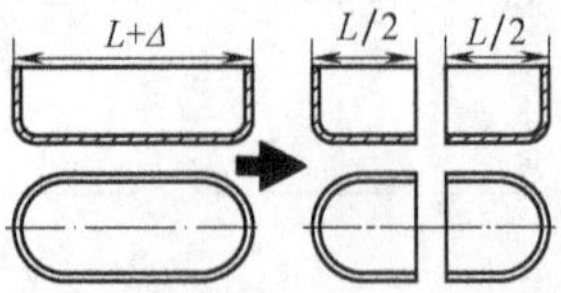 $L+\Delta$ $L/2$ $L/2$	用凸、凹模(或上、下刀刃)沿不封闭的轮廓线将半成品制件切离为两个或数个制件的一种冲裁工序	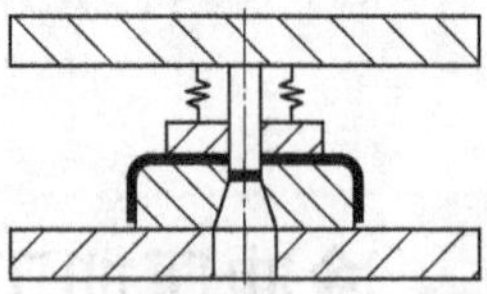
		落料	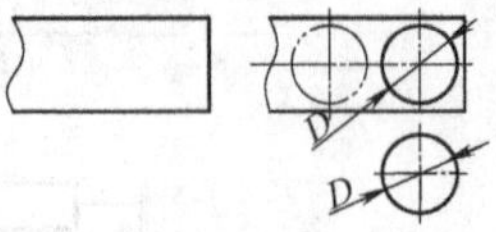 D	用凸、凹模(或上、下刀刃)沿封闭的轮廓线将制件或毛坯与板料分离的一种冲裁工序	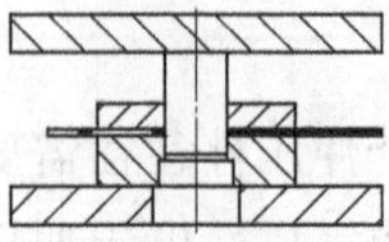
		冲孔	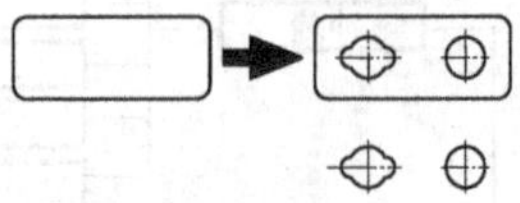	用凸、凹模(或上、下刀刃)在毛坯或板料上,沿封闭的轮廓线分离出废料得到带孔制件的一种冲裁工序	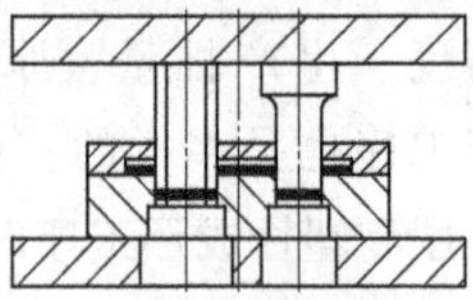
		切(修)边	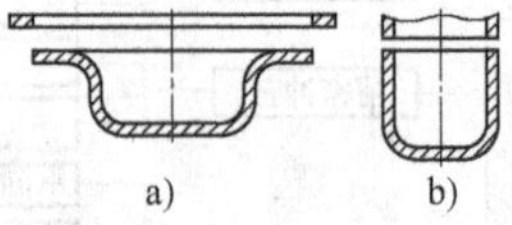 a) b)	用凸、凹模(或上、下刀刃)从毛坯或半成品制件的内外边缘上,沿一定的轮廓线分离出废料的一种冲裁工序	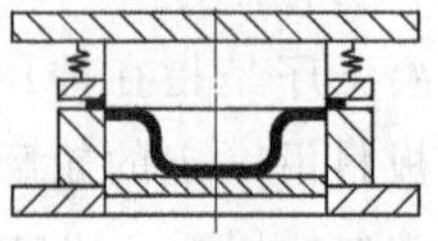
	整修	外缘整修	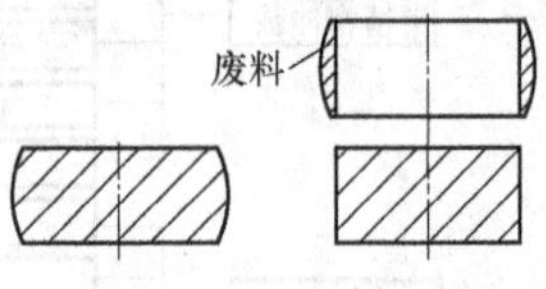 废料	用凸、凹模(或上、下刀刃)沿半成品制件被冲裁的外缘修掉一层材料,以提高制件尺寸精度和降低冲裁截面表面粗糙度的一种冲裁工序	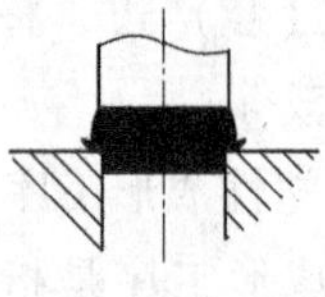
		内缘整修	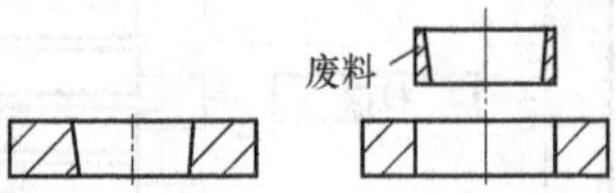 废料	用凸、凹模(或上、下刀刃)沿半成品制件被冲裁的内孔修切掉一层材料,以提高制件尺寸精度和降低冲裁截面表面粗糙度的一种冲裁工序	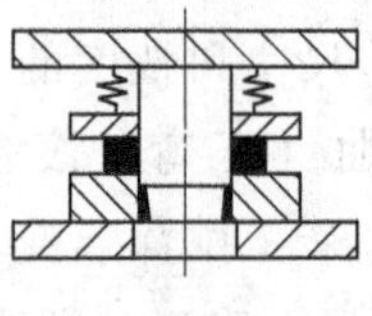
	精密冲裁			在冲裁的基础上,采取强力的齿圈压边与反顶力、接近零的小间隙以及小圆角刃口等工艺措施来实现板料塑性分离的冲压分离加工方法	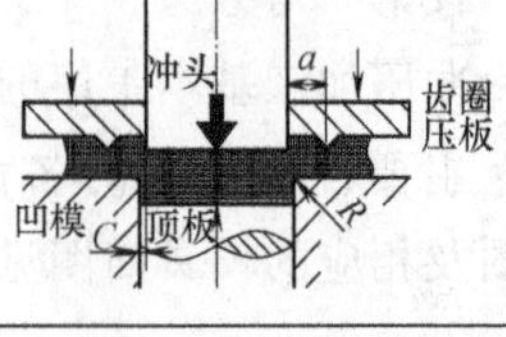 冲头 a 齿圈压板 凹模 C 顶板 R

（续）

类别	工序名称	工序简图	工序特征	模具简图
分离工序	半精密冲裁	小间隙圆角刃口冲裁		采用接近于零的小间隙且凹模或凸模刃口有小圆角形状的一种冲裁方法	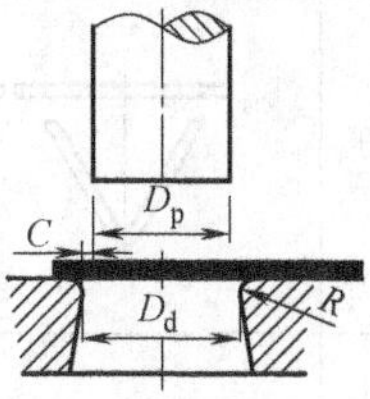
		负间隙冲裁		采用负间隙且凹模或凸模刃口有小圆角形状的一种冲裁方法	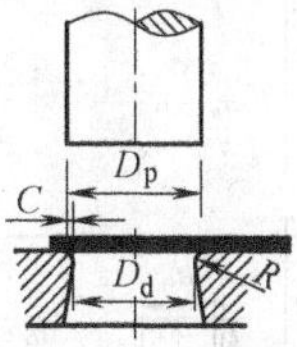
		上、下冲裁		使用两个凸模与凹模依次从上、下两个方向冲切板料，完成其断裂分离过程的一种冲裁方法	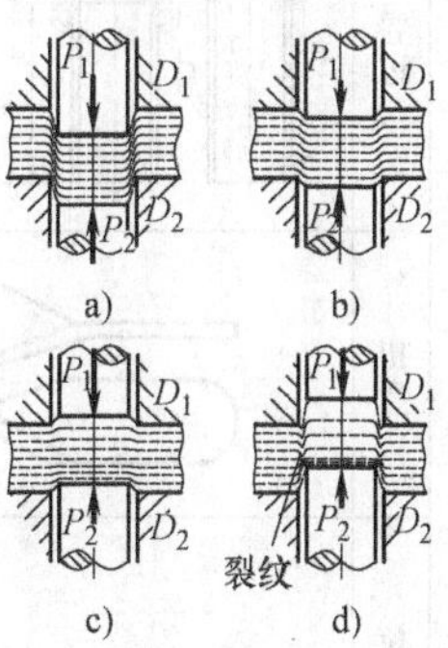
		对向凹模冲裁		通过一平刃凹模与一带凸台凹模的对向运动冲切板料，待板料临近断裂分离时，由顶出器使之完全断裂分离的一种冲裁方法	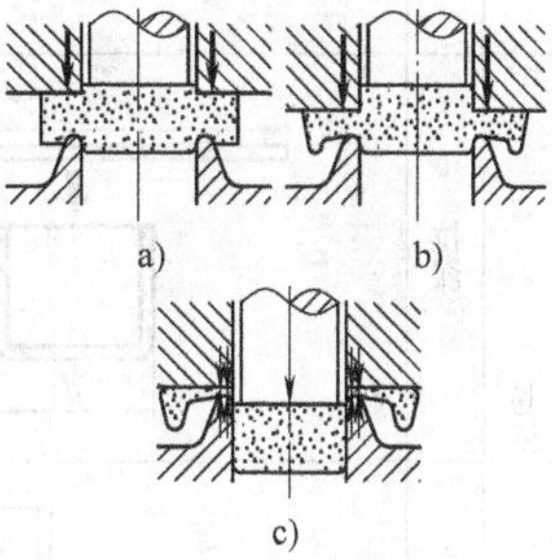
		挤压式冲裁		将凸模或凹模做成台肩式，实现一半正间隙、一半负间隙且有较强力的压边及反顶力的使板料断裂分离的一种冲裁方法	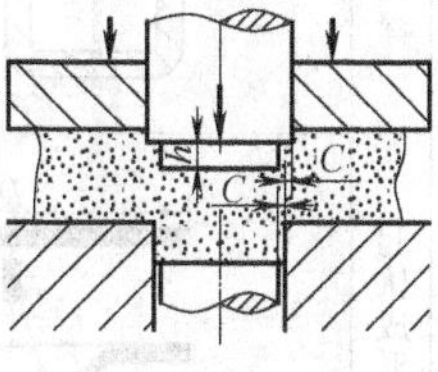
		胀拉冲裁		采用带肋压板及反顶器、凹模或凸模中一刃口为小圆角、大间隙（比一般冲裁最大间隙大很多）等工艺措施，对极薄板料实现断裂分离的一种冲裁方法	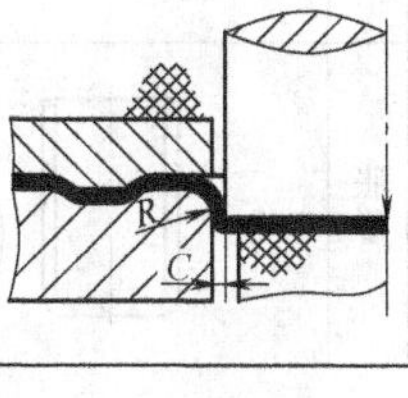

（续）

类别	工序名称		工序简图	工序特征	模具简图
塑性成形工序	弯曲	压弯	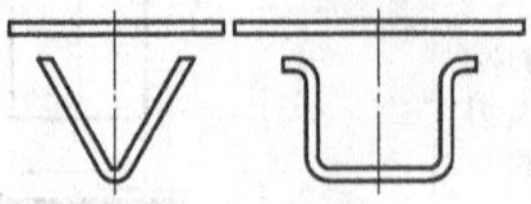	用弯曲模将板料(或线料、杆件)或半成品沿弯曲线弯成一定角度和形状的一种冷冲压成形工序	
		滚弯		通过旋转的滚轴使板材或型材弯曲的一种冷冲压成形工序	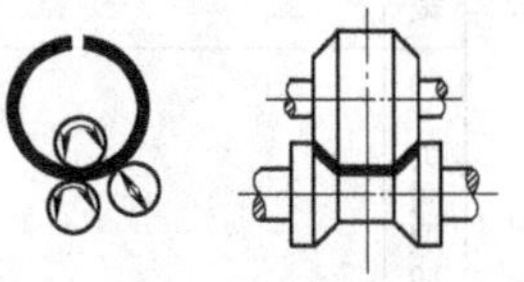
		卷边	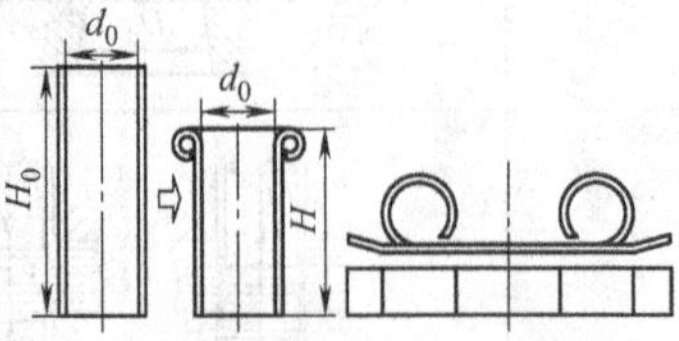	把板料或半成品的端部弯曲成接近圆筒状的一种冷冲压成形工序	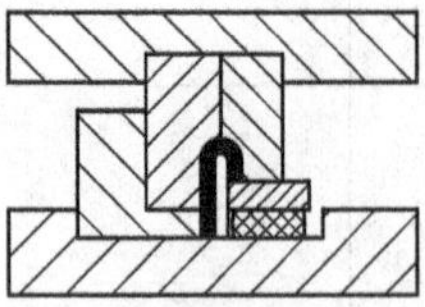
		扭弯	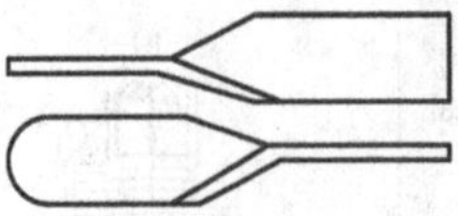	给毛坯或半成品以一定扭矩,使其扭转成一定角度的制件或半成品的一种冷冲压成形工序	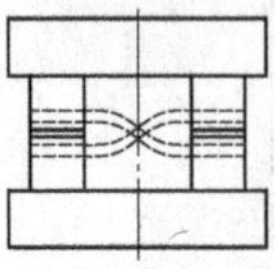
		拉弯		将板料两端夹紧,使板料弯曲并带有拉伸变形,从而获得曲率半径很大的零件的一种冷冲压成形工序	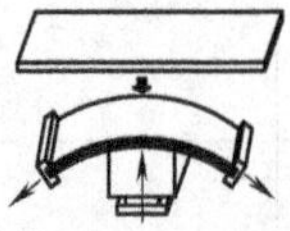
	拉深	拉深	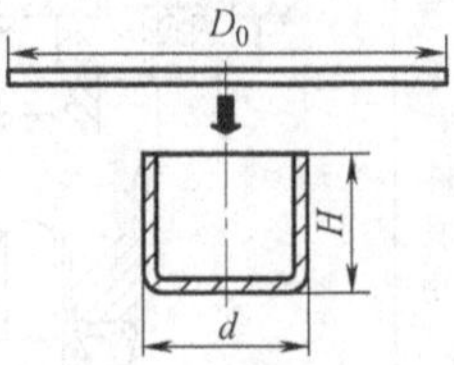	把毛坯拉压成空心体,或者把空心体拉压成外形更小而板厚没有明显变化的空心体的一种冷冲压成形工序	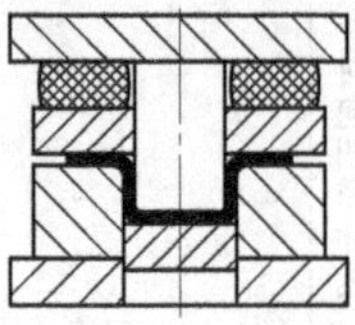
		变薄拉深	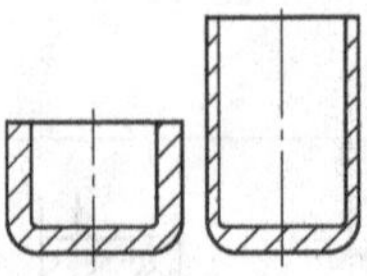	凸、凹模之间的间隙小于空心毛坯壁厚,把空心毛坯加工成侧壁厚度小于毛坯壁厚的薄壁制件的一种冷冲压成形工序	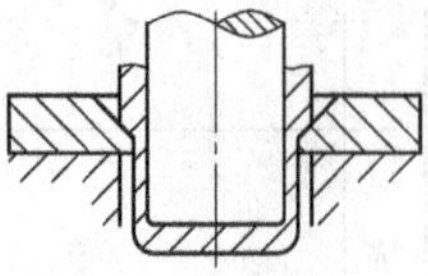
	成形	起伏成形	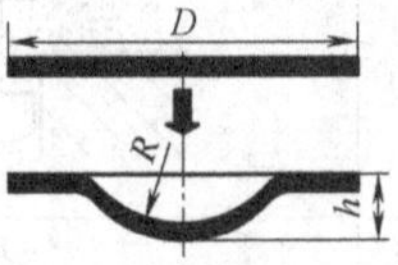	使板料或半成品产生局部塑性变形,按凸模与凹模的形状直接复制成形的一种冷冲压成形工序	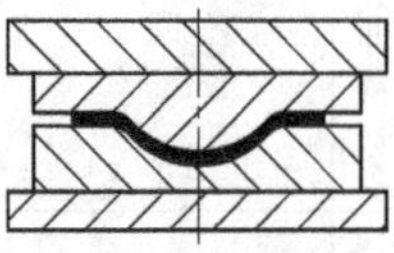
		胀形	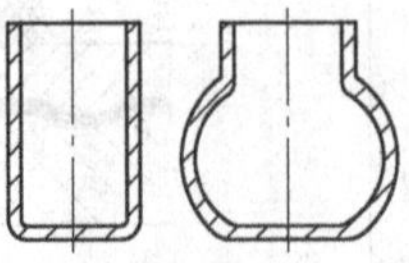	使半成品空心毛坯内部在双向拉应力作用下,产生塑性变形,取得凸肚形制件的一种冷冲压成形工序	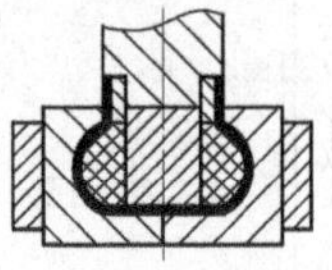

（续）

类别	工序名称	工序简图	工序特征	模具简图
塑性成形工序	成形 翻边	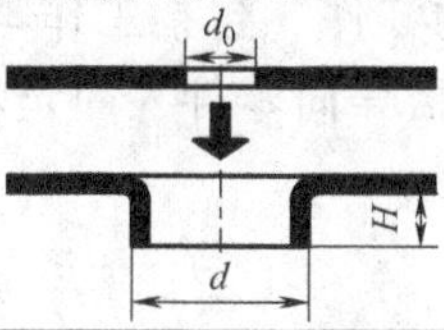	使毛坯或半成品的平面部分或曲面部分的边缘沿一定曲线翻起竖立直边的一种冷冲压成形工序	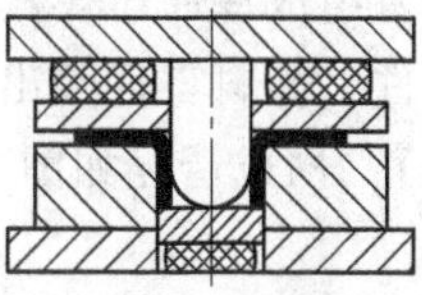
	缩口	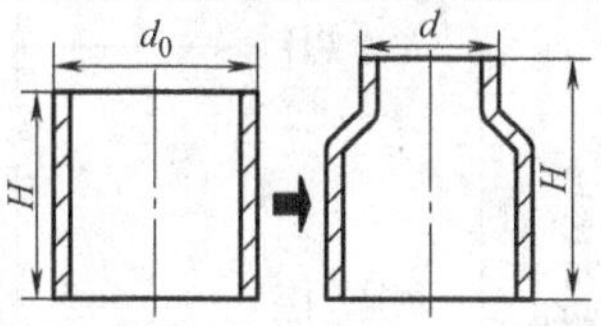	使管状毛坯或半成品空心制件端部的径向尺寸缩小的一种冷冲压成形工序	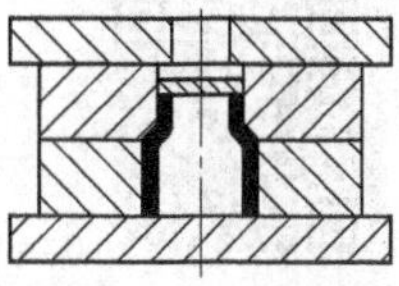
	扩口	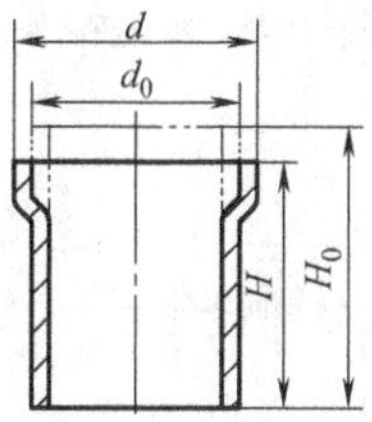	使管状毛坯或半成品空心制件端部的径向尺寸扩大的一种冷冲压成形工序	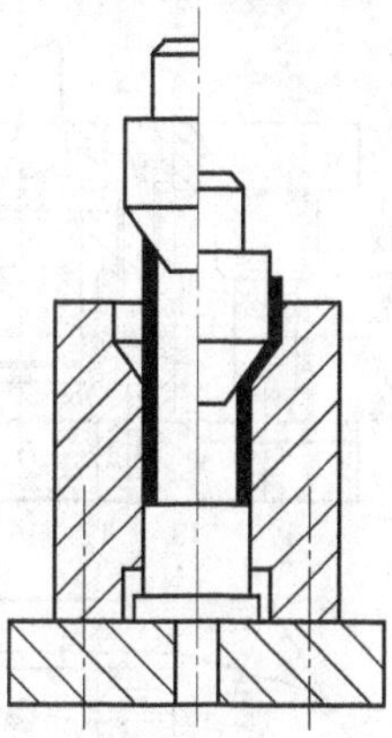
	整形	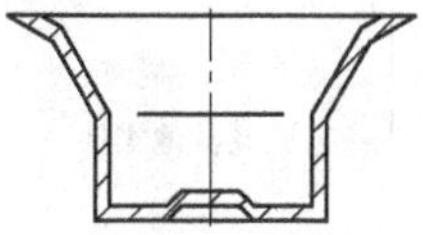	校正制件成准确的形状和尺寸的一种冷冲压成形工序	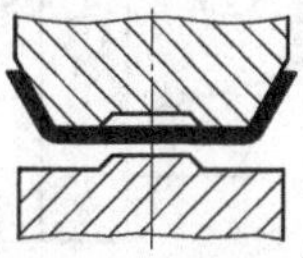
	校平	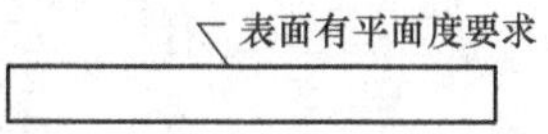	将存在拱弯、翘曲的板料或平板工件压平的一种冷冲压成形工序	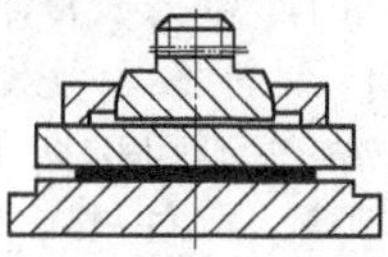

1.3 冷冲压模具的基本结构

不同的冲压零件、不同的冲压工序所使用的模具（简称冲模）也不一样，模具的基本结构可按以下三种方法进行分类。

（1）按模具工作时的位置分类

可将模具分解为两大部分，即上模部分和下模部分，如图1-3所示。

（2）按凸模的位置分类

冷冲压模具有正装式和倒装式两种结构。其中正装式是凸模置于上模部分（如图1-3所示），倒装式则是凸模置于下模部分。

（3）按冷冲压模具零部件的功用分类

可将组成冷冲压模具的零件分为两大类，即工艺结构零件（包括工作零件、定位零件、压料零件、卸料零件及出件零件）和辅助结构零件（包括导向零件、固定零件、紧固及其他零件），构成情况如图1-4所示。

1-1   正装式冷冲模

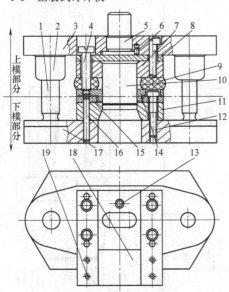

图1-3   正装式冷冲压模具结构示意图

1—导柱   2—导套   3—上模座   4—卸料螺钉   5—模柄
6—止转销   7—凸模固定板   8—垫板   9—橡胶   10—凸模
11—凹模   12、19—螺钉   13—挡料销   14—卸料板
15—导料板   16—销钉   17—下模座   18—承料板

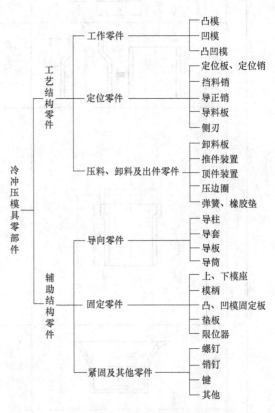

图1-4   冷冲压模具零部件的构成

1）工作零件——直接对毛坯、板料进行冲压加工的冲模零件。如凸模10、凹模11等。

2）定位零件——确定板料或毛坯在冲模中正确位置的零件。如挡料销13、导料板15等。

3）压料、卸料及出件零件——将冲切后的零件或废料从模具中卸下来的零件。如卸料板14等。

4）导向零件——用以确定上、下模的相对位置，保证运动导向精度的零件。如导柱1、导套2等。

5）固定零件——将凸模、凹模固定于上、下模座上，以及将上、下模固定在压力机上的零件。如上模座3、模柄5、凸模固定板7、下模座17等。

6）紧固及其他零件——把模具上所有零件连接成一个整体的零件，如螺钉 12 和 19、销钉 16 等。

1.4　冷冲压模具的常用结构类型

1.4.1　单工序模

在冲压的一次行程中完成一个冲压工序的冲模，称为单工序模，也称为简单模。图 1-3 所示为冲裁模。图 1-5 所示为弯曲模。图 1-6 所示为拉深模。

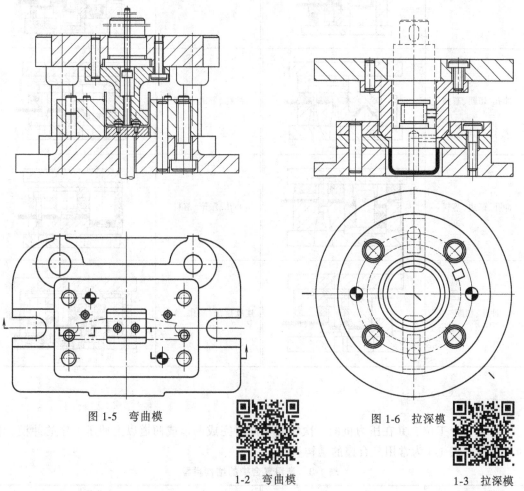

图 1-5　弯曲模

1-2　弯曲模

图 1-6　拉深模

1-3　拉深模

1.4.2　级进模

在板料的送进方向上，具有两个或两个以上的工位，并在压力机一次行程中，在不同的工位上完成两道或两道以上冲压工序的冲模，称为级进模。如冲孔落料级进模、冲孔切断级进模和带料级进拉深模等。表 1-2 为常用级进模的结构类型。

表 1-2　常用级进模的结构类型

工序组合形式	模具结构简图	工序组合形式	模具结构简图
冲孔、落料	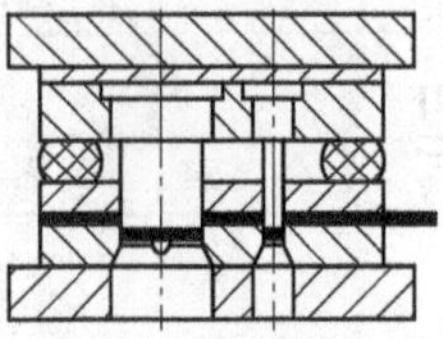	冲孔、切断	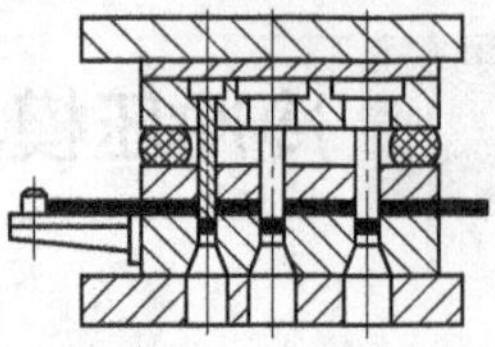
冲孔、弯曲、切断	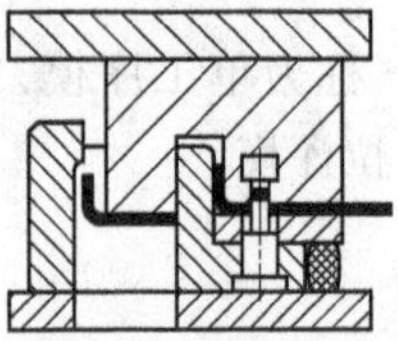	连续拉深、落料	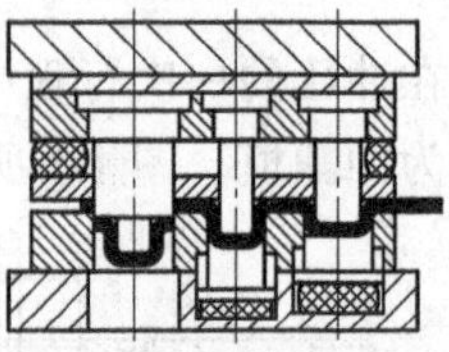
冲孔、切断、弯曲	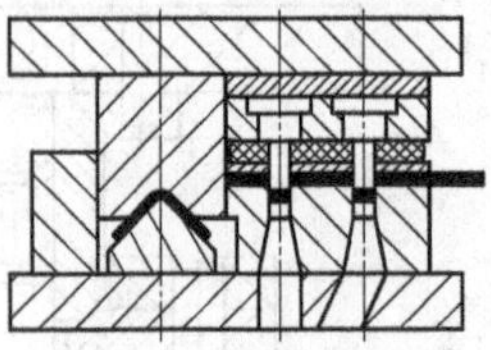	冲孔、翻边、落料	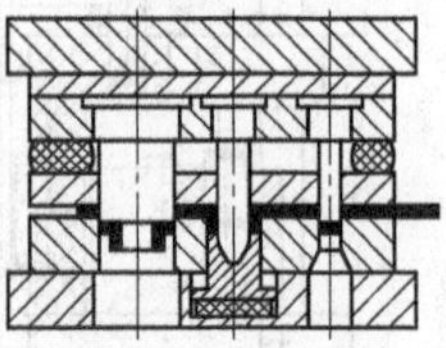
冲孔、翻边、落料	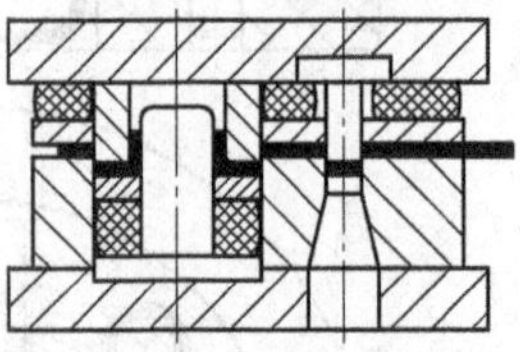	冲孔、胀形、落料	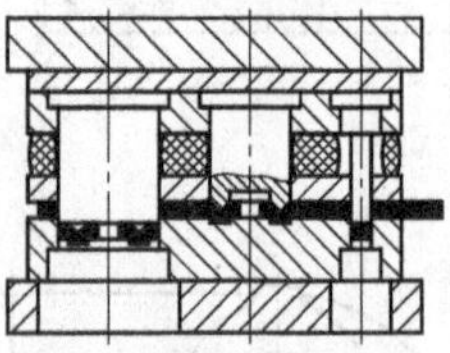
冲孔、切断	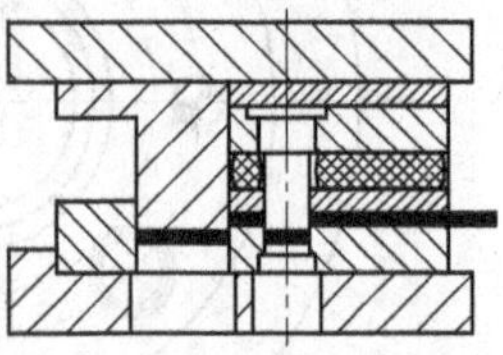	连续拉深、冲孔、落料	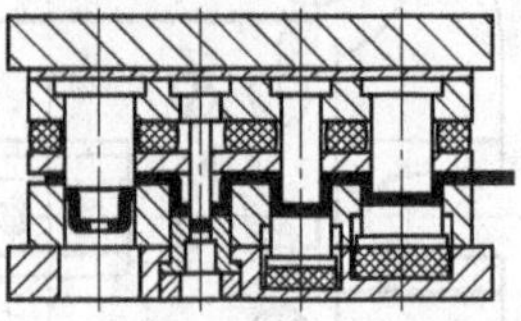

1.4.3　复合模

只有一个工位，并在压力机的一次行程中同时完成两道或两道以上冲压工序的冲模，称为复合模。表 1-3 为常用复合模的结构类型。

表 1-3　常用复合模的结构类型

工序组合形式	模具结构简图	工序组合形式	模具结构简图
落料、冲孔	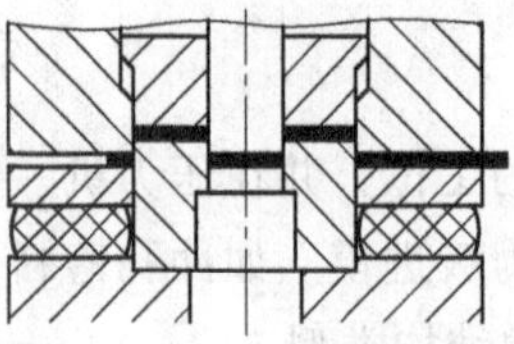	冲孔、切边	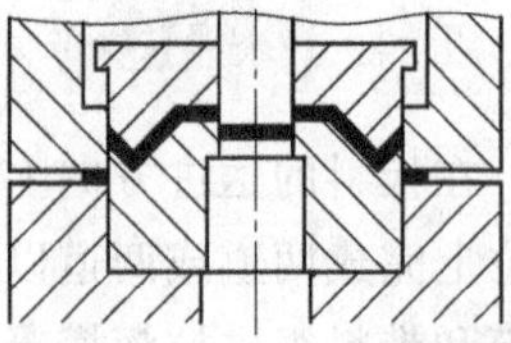

（续）

工序组合形式	模具结构简图	工序组合形式	模具结构简图
切断、弯曲	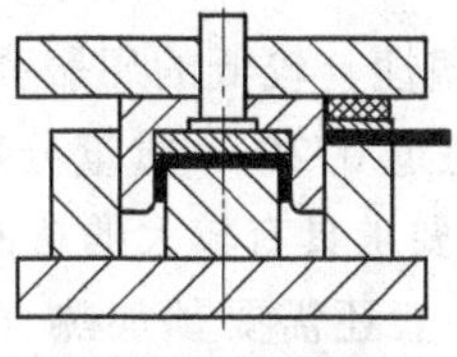	落料、拉深、冲孔	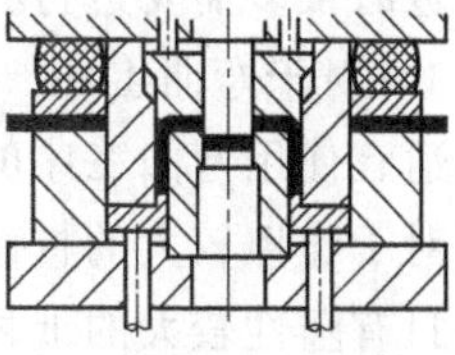
切断、弯曲、冲孔	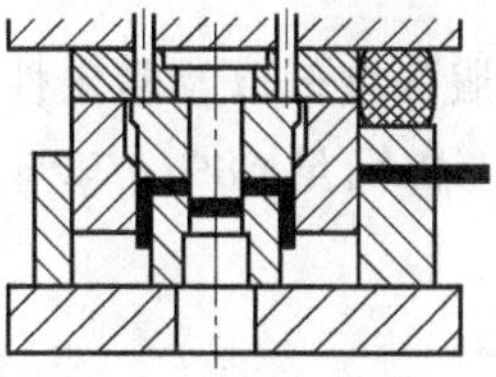	落料、拉深、冲孔、翻边	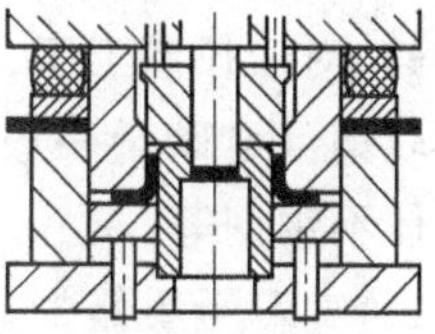
落料、拉深	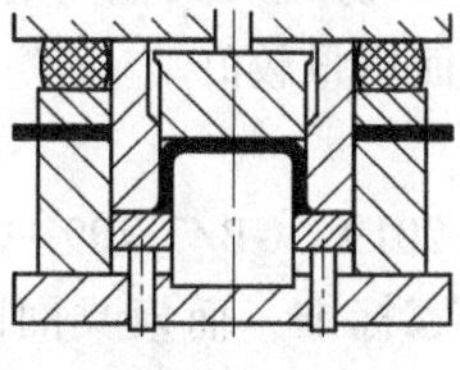	冲孔、翻边	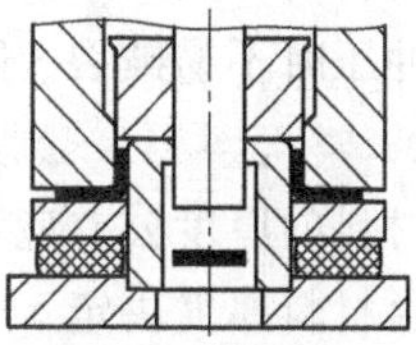
落料、拉深、切边	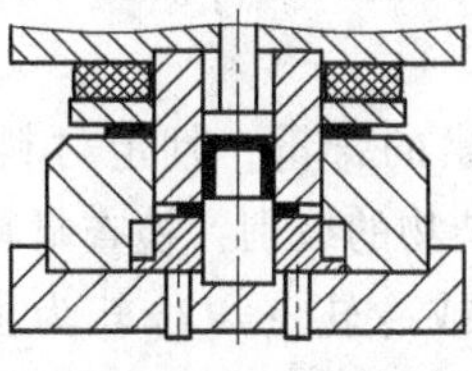	落料、胀形、冲孔	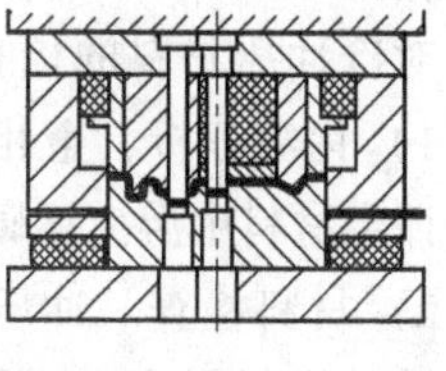

1.5 冷冲压件材料

1.5.1 冷冲压加工对制件材料的工艺要求

冲压件材料的工艺要求主要体现在板料的冲压成形性能、表面质量和厚度公差等方面。

1. 对冲压成形性能的要求

冲压成形性能是指冲压材料对冲压加工的适应能力。材料的冲压成形性能好，是指其便于冲压加工，能用简单的模具、较少的工序、较少的模具消耗得到高质量的工件。

各种冲压工序对于材料冲压成形性能的要求具体表现为以下几个方面。

1) 对于成形类工序，为了便于成形以及提高制件质量，要求冲压材料具有良好的冲压成形性能，即具有良好的抗破裂性、贴膜性和定形性；对于分离工序，则要求材料具有一定的塑性。

2) 对于冲裁工序，要求冲压材料具有足够的塑性使冲裁时不开裂；材料硬度要比冲模工作部分的硬度小得多。软的材料尤其是黄铜冲裁性能最好，能够得到光滑且倾斜度很小的零件断面，青铜也能得到令人满意的冲裁质量。硬的材料，如高碳钢和不锈钢，冲裁质量不好，断面平面度很大，且材料越厚越严重。材料越脆，冲裁时也越容易产生撕裂。非金属材料冲裁时很多需要进行去毛刺或整修等辅助加工。

3）对于弯曲工序，要求冲压材料具有足够的塑性、较低的屈服强度以及较高的弹性模量。适宜使用弯曲工序的材料有软钢（含碳量不超过 0.2%，质量分数，下同）、黄铜和铝等。对于脆性较大的材料，如磷青铜、弹簧钢，则要求具有较大的弯曲半径。对于非金属材料，只有塑性较大的纸板和有机玻璃才能弯曲，一般还需要预加热（如冲裁有机玻璃一般需要加热到 60℃左右）和较大的弯曲半径。

4）对于拉深工序，要求冲压材料塑性高、屈服强度低以及稳定性好。常用于拉深的材料有软钢（含碳量一般不超过 0.14%）、软黄铜（含铜量 68%~72%）、纯铝以及铝合金、奥氏体不锈钢等。

2. 对表面质量的要求

材料的表面应光洁平整，无机械性质的损伤，无锈斑及其他附着物。表面质量好的材料，冲压时不易破裂、不易擦伤模具，所得产品表面质量较好。

3. 对材料厚度公差的要求

材料的厚度公差应符合国家标准（GB/T 708—2019、GB/T 709—2019）。因为模具间隙主要由材料厚度决定，如果材料厚度公差不符合国家标准，而模具间隙又按国家标准选取，不仅会影响到冲压件的质量，还可能导致模具和压力机的损坏。

对冷冲压材料的检查与检测有以下几类。

1）化学分析、金相检验。分析材料中化学元素的含量，判定材料晶粒度级别和均匀程度，评定材料中游离渗碳体、带状组织和非金属夹杂物的级别，检查材料缩孔、疏松等缺陷。

2）材料检查。冲压件加工的材料主要是热轧或冷轧（以冷轧为主）的金属板带材料，冲压件的原材料应有质量证明，它保证材料符合规定的技术要求。当因某些原因无质量证明时，冲压件生产厂可按需要选择原材料进行复验。

3）成形性能试验。对材料进行弯曲试验、杯突试验，测定材料的加工硬化指数 n 值和塑性应变比 r 值等。另外，关于钢板成形性能试验方法，可按薄钢板成形性能和试验方法的规定进行。

4）硬度检测。冲压件的硬度检测采用洛氏硬度计。具有复杂形状的小型冲压件可以用来测试的平面很小，无法在普通台式洛氏硬度计上检测。

5）其他性能要求测定。对材料的电磁性能和镀层、涂层附着能力等的测定。

1.5.2　常用的冷冲压件材料

冷冲压工艺适用于多种金属材料及非金属材料。在金属材料中，有钢、铜、铝、镁、镍、钛、各种贵重金属及各种合金。非金属材料包括各种纸板、纤维板、塑料板、皮革和胶合板等。附录 A 列出了部分常用冲压材料。

由于两类工序（分离工序和塑性成形工序）的变形原理不同，其适用的材料也有所不同。不同的材料有其不同的特性，材料特性在不同工序中的作用也不相同。一般来说，金属材料既适用于分离工序，也适用于塑性成形工序；而非金属材料一般仅适用于分离工序。附录 B 列出了部分常用金属材料的力学性能。附录 C 列出了部分常用非金属材料的抗剪性能。

1. 常用金属材料的规格

冲压用金属材料的供应状态一般是各种规格的板料和带料。板料可用于工程模的生产，带料用于连续模的生产，也可以用于单工序模的生产。板料的尺寸较大，可用于大型零件的冲压，也可以按排样尺寸剪裁成条料后用于中小型零件的冲压；带料（又称卷料）有各种宽度规格，展开长度可达几十米，呈卷状供应，适用于大批量生产的自动送料。冷轧钢板和钢带的尺寸、外形、重量及允许偏差可参考 GB /T 708—2019），热轧钢板和钢带的尺寸、外形、重量及允许偏差可参考 GB /T 709—2019。

2. 中外常用金属材料牌号对照

在工作中，会经常遇到不同国家的技术图样，因此有必要了解中外常用金属材料的牌号对照，以及钢板、钢带常用牌号的化学成分、力学性能参考值。本书配套资源中提供了部分冷冲压材料的参考资料。

第2章 冲裁工艺与模具设计

2.1 设计前的准备工作

2.1.1 冲裁概述

冲裁是冷冲压加工方法中的基础工序，应用极为广泛，它既可以直接冲压出所需的成形零件，又可以为其他冷冲压工序制备毛坯。

材料经过冲裁以后被分离成两部分，一般为冲落部分和带孔部分。若冲裁的目的是获取有一定外形轮廓和尺寸的冲落部分，则这种冲裁工序称为落料工序；反之，若冲裁的目的是获取有一定轮廓和尺寸的内孔，则这种冲裁工序称为冲孔工序。

从冲裁变形的本质而言，冲孔和落料是相同的，但是在工艺上却必须作为两个工序加以区分，因为在冲裁模设计中，两者凸、凹模刃口尺寸的确定是不同的。

冲裁工序所使用的模具称为冲裁模。

2.1.2 冲裁工艺与模具的设计程序

冲裁模设计的总原则：在满足制件精度要求的前提下，力求使模具结构简单、操作方便、材料消耗少、制件成本低。图 2-1 为冲裁模设计程序。

1）审图。审阅制件图的正确性和完整性，包括投影关系的正确性和完整性，尺寸标注的正确性，公差、技术要求、材料等标注的完整性。

2）冲裁工艺性分析。它是指冲裁件结构、形状、尺寸和材料等对冲裁工艺的适应性。对冲裁件进行冲裁工艺性分析，即对照冲裁工艺的要求对制件进行分析。

3）冲裁工艺方案制订。依据制件对冲裁工艺的适应性，结合制件的生产批量和各种冲裁工艺的特点，制订适合制件的冲裁工艺方案。

4）排样设计。依据制件的结构形状特点，在保证制件质量的前提下，采用较为合理的排样方式，以达到较高的经济效益。

5）冲裁模结构类型确定。确定模具类型为单工序模、复合模或级进模，确定模具的定位方式、卸

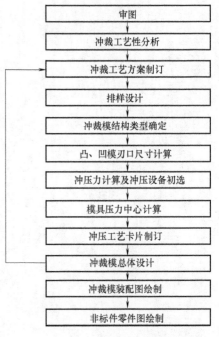

图 2-1 冲裁模设计程序

料及出料方式等。

6）凸、凹模刃口尺寸计算。依据凸、凹模不同的制造方法和冲裁工艺方案，计算出凸、凹模的刃口尺寸。

7）冲压力计算及冲压设备初选。依据凸、凹模的刃口尺寸和冲裁工艺方案，计算所需的冲压力，并据此初步选择压力机的种类及型号。

8）模具压力中心计算。依据凸、凹模的刃口尺寸，冲裁工艺方案和冲压力的大小，计算模具的压力中心位置。

9）冲压工艺卡片制订。根据上述分析与计算，制订冲压工艺卡片，包括工序内容与要求、设备和材料规格等。

10）冲裁模零部件设计。冲裁模零部件结构设计包括非标零件的结构设计、尺寸的计算、材料的选择以及标准零件的选用。

11）冲裁模装配图绘制。冲裁模装配图上包括冲裁模主视图、除去上模后的俯视图、其他补充说明视图、制件图、排样图、技术要求及明细表等。

12）非标件零件图绘制。非标零件包括凸模、凹模、凸凹模、凸（凹）模固定板、凸（凹）模垫板、卸料板、空心垫板、送料零件、定位零件和导向零件等。

2.1.3 案例分析——审图

（1）电动机转子与定子

电动机转子（见图 2-2）与定子（见图 2-3）应具有较好的形状一致性，不存在或存在较小的毛刺，材料一般为电工硅钢（如 DR360-35），料厚 0.35mm，大批量生产。

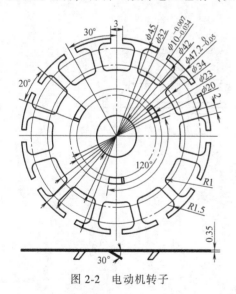

图 2-2　电动机转子　　　　　　　　　图 2-3　电动机定子

（2）密封垫片

密封垫片结构如图 2-4 所示，要求表面平整、无毛刺，尺寸精度要求不高。材料为优质碳素结构钢（如 20），料厚 1.0mm，大批量生产。

（3）U 形支板

U 形支板（见图 2-5）所用材料为 Q235，料厚 1.2mm，大批量生产。

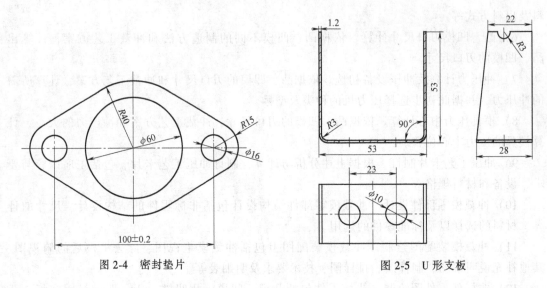

图 2-4 密封垫片　　　　　　　　　图 2-5 U形支板

（4）左支架

左支架是某电器产品上的零件，尺寸精度要求较高，如图 2-6 所示。其材料为冷轧钢板 DC01（GB/T 5213—2019），料厚 1mm，大批量生产。

一般对冷冲压件的尺寸、形状、表面质量、毛刺、冲裁断面、热处理以及供货具有以下技术要求。

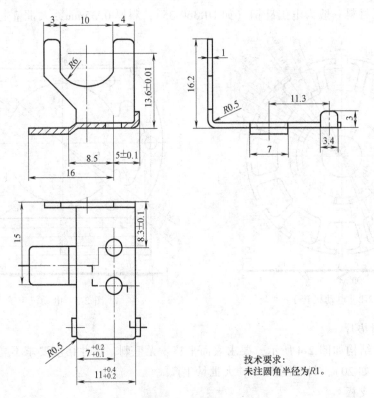

技术要求：
未注圆角半径为R1。

图 2-6 左支架

1）冲压件的形状和尺寸需要符合冲压件产品图和技术文件。

2）冲压件的表面质量要与所用的板料一致，成形过程中在不影响下道工序和质量要求的前提下，允许有轻微的拉毛和轻微的表面不平。

3）经剪切或冲裁的冲压件一般都有毛刺，毛刺的允许高度可按 JB/T 4129-1999《冲压件毛刺高度》的规定来掌握。

4）冲切面的状况一般不做规定。

5）冲压件在冲压成形和焊接后，一般不进行热处理。

6）冲压件的供货应该保证其质量符合冲压件产品图和检查卡，还要满足防锈要求，保证厂内至少 15 天的防锈时间。

2.2 冲裁工艺性分析

2.2.1 冲裁变形过程

图 2-7 所示为无弹压时金属材料的冲裁变形过程。当凸、凹模间隙正常时，其冲裁过程大致可以分为三个阶段。

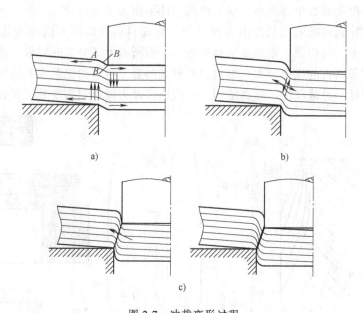

图 2-7 冲裁变形过程
a）弹性变形阶段 b）塑形变形阶段 c）断裂分离阶段

（1）弹性变形阶段

凸模的压力作用使材料产生弹性压缩、弯曲和拉伸等变形，并略被挤入凹模腔内，此时，凸模下的材料略呈拱度（锅底形），凹模上的材料略有上翘，间隙越大，拱弯和上翘越严重。在这一阶段中，因材料内部的应力没有超过弹性极限，处于弹性变形状态，当凸模卸载后，材料即恢复原状。

（2）塑性变形阶段

凸模继续下压，材料内的应力达到屈服强度，材料开始产生塑性剪切变形，同时因凸、凹模间存在间隙，故伴随着材料的弯曲与拉伸变形（间隙越大，变形亦越大）。随着凸模的不断压入，材料变形抗力不断增加，硬化加剧，变形拉力不断上升，刃口附近产生应力集中，达到塑变应力极限（等于材料的拉剪强度），此时塑性变形结束，即将产生断裂。

（3）断裂分离阶段

当刃口附近应力达到材料破坏应力时，凸、凹模间的材料先后在靠近凹、凸模刃口的侧面产生裂纹，并沿最大切应力方向向材料内层扩展，使材料分离。

2.2.2　冲裁件断面质量分析

对普通冲裁零件的断面做进一步的分析可以发现这样的规律：零件的断面与零件平面并非完全垂直，而是带有一定的斜度；除剪切带以外，其余均粗糙无光泽，并有毛刺和塌角，如图 2-8 所示。

观察所有普通冲裁零件的断面，都有明显的区域性特征，所不同的是各个区域的大小占整个断面的比例不同。一般把冲裁断面上各区域分别称为塌角、剪切带（也称为光亮带）、断裂带和毛刺。

较高质量的冲裁件断面应该是：剪切带较宽，约占整个断面的 $1/3 \sim 1/2$ 以上；塌角、断裂带、毛刺高度和断裂角都很小，整个冲裁零件平面无拱弯现象。

但是，影响冲裁件断面质量的因素很复杂，它随材料性能的不同而变化。塑性差的材料，断裂倾向严重，剪切带、塌角及毛刺均较小，而断面大部分是断裂带；塑性好的材料与此相反，其剪切带所占的比例较大。塌角和毛刺在断面上所占的比例也不是固定不变的，它与材料本身的厚度、冲裁间隙、模具结构、冲裁速度及刃口锋利程度等因素有关。

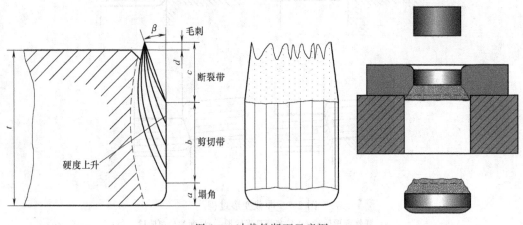

图 2-8　冲裁件断面示意图

2.2.3　冲裁件工艺性要求

冲裁件的工艺性是指该工件在冲裁加工中的难易程度。良好的冲裁工艺性应保证材料消耗少、工序数目少、模具结构简单且寿命长、产品质量稳定、操作安全方便等。因此，冲裁件的工艺性对冲裁件质量、生产效率以及冲裁模的使用寿命均有很大影响。

　　然而，影响冲裁件工艺性的因素很多，如冲裁件的形状、尺寸、精度和材料等，这些因素往往取决于产品的使用要求。

1. 冲裁件的形状与结构

　　1）冲裁件的形状应尽可能简单、对称，最好采用圆形、矩形等规则的几何形状，或由简单的几何图形组成的形状，有利于材料的合理利用。

　　2）冲裁件的外形或内孔的转角处应避免有锐角的清角，应采用圆弧过渡，以利于冲模的加工，减少因热处理产生的应力集中，以及冲裁时尖角处的破裂现象。圆角半径 R 的最小值参照表 2-1 选取（t 为料厚）。

表 2-1 　板料厚度与最小 R 值的确定

工序	落料		冲孔	
简图				
连接角度	$\alpha \geqslant 90°$	$\alpha < 90°$	$\alpha \geqslant 90°$	$\alpha < 90°$
低碳钢	0.25t	0.50t	0.30t	0.60t
黄铜、铝	0.18t	0.35t	0.20t	0.40t
高碳钢、合金钢	0.35t	0.70t	0.45t	0.90t

　　3）应避免冲裁件上有过长的悬臂和窄槽，如图 2-9 所示。一般情况下，最小宽度 $b >$ 1.5t。当工件材料为黄铜、铝、软钢时，$b \geqslant 1.5t$；当工件材料为高碳钢时，$b \geqslant 2t$。当材料厚度 $t < 1mm$ 时，按 $t = 1mm$ 计算，悬臂和窄槽长度 $L \leqslant 5b$。

　　4）冲裁件上的孔与边缘间的距离 b_1、孔与孔的距离 b_2 不能太小，一般取 $b_1 \geqslant 1.5t$、$b_2 \geqslant 2t$，如图 2-10 所示。

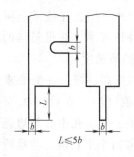

图 2-9 　冲裁件悬臂与窄槽尺寸

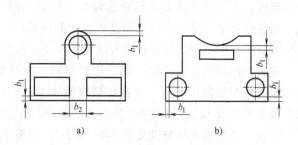

图 2-10 　最小孔边、孔间距离

5) 为了防止冲裁时凸模折断或压弯，冲孔的尺寸不能太小。用有导向和无导向的凸模所能冲制的最小孔径见表2-2和表2-3。

表2-2 无导向凸模冲孔的最小尺寸

材 料				
钢 $\tau_b > 700MPa$	$d \geq 1.5t$	$b \geq 1.35t$	$b \geq 1.1t$	$b \geq 1.2t$
钢 $\tau_b = 400 \sim 700MPa$	$d \geq 1.3t$	$b \geq 1.2t$	$b \geq 0.9t$	$b \geq t$
钢 $\tau_b < 400MPa$	$d \geq t$	$b \geq 0.9t$	$b \geq 0.7t$	$b \geq 0.8t$
黄铜、铜	$d \geq 0.9t$	$b \geq 0.8t$	$b \geq 0.6t$	$b \geq 0.7t$
铝、锌	$d \geq 0.8t$	$b \geq 0.7t$	$b \geq 0.5t$	$b \geq 0.6t$
纸胶板、布胶板	$d \geq 0.7t$	$b \geq 0.7t$	$b \geq 0.4t$	$b \geq 0.5t$
硬纸、纸	$d \geq 0.5t$	$b \geq 0.5t$	$b \geq 0.3t$	$b \geq 0.4t$

表2-3 有导向凸模冲孔的最小尺寸

材 料	高碳钢	低碳钢、黄铜	铝、锌
圆形孔直径 d	$0.5t$	$0.35t$	$0.3t$
长方形孔宽度 b	$0.4t$	$0.3t$	$0.28t$

6) 在弯曲件或拉深件上冲孔时，孔边与直壁之间应保持一定的距离，以免冲孔时凸模受水平推力而折断，如图2-11和图2-12所示。

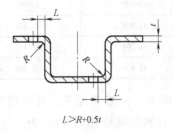

$L > R + 0.5t$

图2-11 弯曲件上的冲孔

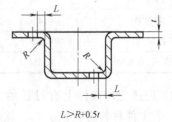

$L > R + 0.5t$

图2-12 拉深件上的冲孔

2. 冲裁件的尺寸精度

冲裁件的精度一般可分为精密级与经济级两类。精密级是指冲压工艺在技术上所允许的最高精度，而经济级是指模具到达最大许可磨损时，其所完成的冲压加工在技术上可以实现，而在经济上又最为合理的精度，即"经济精度"。为了降低冲压成本，获得最佳的技术经济效益，在不影响冲裁件使用要求的前提下，应尽可能采用"经济精度"。

冲裁件的经济公差等级一般不高于IT11，冲孔精度比落料精度高一级。一般要求落料件公差等级最好低于IT10，冲孔件最好低于IT9。普通冲裁件长度（L）、直径（D、d）的极限偏差见附录L。普通冲裁件的内孔与外形尺寸公差、孔中心距公差、孔中心与边缘距离尺寸公差、角度偏差值分别见表2-4~表2-7。如果工件要求的公差值小于表值，冲裁后需经整修或采用精密冲裁。

表 2-4　内孔与外形尺寸公差　　　　　　　（单位：mm）

材料厚度 t	一般精度的工件				较高精度的工件			
	工件尺寸							
	<10	10~50	50~150	150~300	<10	10~50	50~150	150~300
0.2~0.5	$\frac{0.08}{0.05}$	$\frac{0.10}{0.08}$	$\frac{0.14}{0.12}$	0.20	$\frac{0.025}{0.02}$	$\frac{0.03}{0.04}$	$\frac{0.05}{0.08}$	0.08
0.5~1	$\frac{0.12}{0.05}$	$\frac{0.16}{0.08}$	$\frac{0.22}{0.12}$	0.30	$\frac{0.03}{0.02}$	$\frac{0.04}{0.04}$	$\frac{0.06}{0.08}$	0.10
1~2	$\frac{0.18}{0.06}$	$\frac{0.22}{0.10}$	$\frac{0.30}{0.16}$	0.50	$\frac{0.03}{0.03}$	$\frac{0.06}{0.06}$	$\frac{0.08}{0.10}$	0.12
2~4	$\frac{0.24}{0.08}$	$\frac{0.28}{0.12}$	$\frac{0.40}{0.20}$	0.70	$\frac{0.06}{0.04}$	$\frac{0.08}{0.08}$	$\frac{0.10}{0.12}$	0.15
4~6	$\frac{0.30}{0.10}$	$\frac{0.31}{0.15}$	$\frac{0.50}{0.25}$	1.0	$\frac{0.08}{0.05}$	$\frac{0.12}{0.10}$	$\frac{0.15}{0.15}$	0.20

注：1. 分子为外形公差，分母为内孔公差。

　　2. 一般精度的工件采用 IT8~IT7 级精度的普通冲裁模；较高精度的工件采用 IT7~IT6 级精度的高级冲裁模。

表 2-5　孔中心距公差　　　　　　　　（单位：mm）

材料厚度 t	一般精度（模具）			较高精度（模具）		
	孔距基本尺寸					
	≤50	50~150	150~300	≤50	50~150	150~300
≤1	±0.10	±0.15	±0.20	±0.03	±0.05	±0.08
1~2	±0.12	±0.20	±0.30	±0.04	±0.06	±0.10
2~4	±0.15	±0.25	±0.35	±0.06	±0.08	±0.12
4~6	±0.20	±0.30	±0.40	±0.08	±0.10	±0.15

注：1. 表中所列孔距公差，适用于两孔同时冲出的情况。

　　2. 一般精度指模具工作部分达 IT8，凹模后角为 15′~30′；较高精度指模具工作部分达 IT7，凹模后角不超过 15′。

表 2-6　孔中心与边缘距离尺寸公差　　　　　（单位：mm）

材料厚度 t	孔中心与边缘距离尺寸				材料厚度 t	孔中心与边缘距离尺寸			
	≤50	50~120	120~220	220~360		≤50	50~120	120~220	220~360
≤2	±0.50	±0.60	±0.70	±0.80	>4	±0.70	±0.80	±1.00	±1.20
2~4	±0.60	±0.70	±0.80	±1.00					

注：本表适用于先落料再冲孔的情况。

表 2-7　角度偏差值

精度等级 ＼ 短边长度/mm	1~3	3~6	6~10	10~18	18~30	30~50	50~80	80~120	120~180	180~260	260~360	360~500	>500
较高精度	±2°30′	±2°	±1°30′	±1°15′	±1°	±50′	±40°	±30°	±25′	±20′	±15′	±12′	±10′
一般精度	±4°	±3°	±2°30′	±2°	±1°30′	±1°15′	±1°	±50′	±40′	±30′	±25′	±20′	±15′

3. 冲裁件光亮带的表面粗糙度

冲裁件光亮带的表面粗糙度 Ra 一般为 12.5~50μm，当冲裁厚度为 2mm 以下的金属板料时，其光亮带的表面粗糙度可达 3.2~12.5μm。一般冲裁件光亮带的表面粗糙度见表 2-8。通常冲压件的上下表面粗糙度不做要求，其要求主要反映在原材料上，在订购钢板时就选择对应表面粗糙度范围的表面结构的板材。当零件的表面粗糙度要求比较严格时，可能光靠原材料保证不了，那后续会加一些其他的工艺，如抛光、电镀等。

表 2-8　一般冲裁件光亮带表面粗糙度

材料厚度 t/mm	≤1	1~2	2~3	3~4	4~5
光亮带的表面粗糙度 Ra/μm	3.2	6.3	12.5	25	50

注：如果冲裁件光亮带的表面粗糙度要求高于本表所列，则需增加整形工序。

4. 冲裁材料

冲裁材料的选取，取决于对冲裁制件的要求，但应尽可能以"廉价代贵重，薄料代厚料，黑色代有色"为选材原则，采用国家标准规格材料，以保证冲裁件质量及模具寿命。

2.2.4　案例分析——冲裁工艺性

（1）电动机转子

电动机转子如图 2-2 所示，制件结构复杂，形状对称，无悬臂窄槽，孔边距较大，在转子槽口处和切口处存在 90°的转角（见图 2-13）。制件上转子轴孔 φ10mm 的公差为 0.027mm（由附录 K 可知为 IT8 级），外圆 φ47.2mm 的公差为 0.05mm（IT9 级），其他尺寸无精度要求（视为 IT13 级），因此，制件总体精度为 IT8 级。作为电动机转子，其毛刺高度应小于 0.05mm。所用材料为电工硅钢，具有一定的脆性。综上所述，制件具有较好的冲裁性能，适宜采用冲裁加工，但精度要求较高。

（2）电动机定子

电动机定子如图 2-3 所示，制件结构复杂，形状对称，无悬臂窄槽，孔边距较大，在电动机定子外形 R3mm 圆弧处存在尖角（见图 2-14）。制件上内孔 φ48.2mm 的公差为 0.05mm（IT9 级），外圆 φ84mm 的公差为 0.05mm（IT8 级），其他尺寸无精度要求（视为 IT13 级），因此，制件总体精度为 IT8 级。作为电动机定子，其毛刺高度应小于 0.05mm。所用材料为电工硅钢，具有一定的脆性。综上所述，制件具有较好的冲裁性能，适宜采用冲裁加工，但精度要求较高。

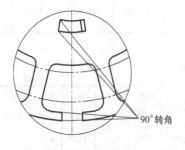

图 2-13　90°的转角

图 2-14　R3 圆弧处尖角

2.3 冲裁工艺方案制订

制订冲裁工艺方案就是在分析制件冲裁工艺性的基础上，首先确定制件所需的基本冲裁工序性质、工序数目和工序顺序，将其排列组合成若干种可行方案，然后对各种工艺方案进行分析比较，综合各种方案的优缺点，最后选出一种最佳方案。分析比较时，应考虑制件尺寸精度、大小和结构复杂程度、生产批量、模具制造条件、冲压设备条件和工人操作的便利性等方面的因素，有时还需必要的工艺计算。

2.3.1 冲裁工序的确定

制件冲裁成形所需的基本工序一般可根据冲裁件的结构特点直接进行判断，冲裁基本工序的确定包括基本工序的数量和类型。

2.3.2 冲裁工序的组合

冲裁工序的组合方式可分为单工序冲裁、复合冲裁和级进冲裁，所使用的模具分别对应的是单工序模、复合模和级进模。三种类型模具的特点对比见表2-9。

表2-9 三种类型模具的特点对比

模具类型 特点	单工序模	复合模	级进模
生产批量	中、小批量或试制	中批量或大批量	大批量或大量
适合的冲裁件尺寸	大、中型	大、中、小型	中、小型
对材料宽度的要求	对条料的宽度要求不严，可用边角料		对条料或带料要求严格
生产精度	低	高，可达到IT10~IT8	介于单工序模和复合模两者之间，可达到IT13~IT10
生产效率	低	较高	高
模具结构复杂程度	较简单	较复杂	复杂
模具制造周期	较短	较长	长
模具制造成本	较低	较高	高
实现操作机械化、自动化的可行性	较易	难，工件与废料排除较复杂	易
安全性	不安全，需采取安全措施	比较安全	不安全，需采取安全措施

2.3.3 冲裁工序安排原则

当采用单工序或级进冲裁的方式进行加工时，是先落料还是先冲孔，就存在一个冲裁顺序的问题。

1）采用级进冲裁时，冲孔或冲缺口工序通常放在第一工位完成，以便于后续工序的定位；落料或切断工序放在最后一个工位，便于利用条料运送工件；当采用定距侧刃时，定距

侧刃切边工序安排为与首次冲孔同时进行，以便控制送料进距，采用两个定距侧刃时，可以安排成一前一后。

2）采用单工序冲裁多工序冲裁件时，一般先落料使坯料与条料分离，再冲孔或冲缺口，主要是为了操作方便。同时要注意后继工序的定位基准应一致，以避免定位误差和尺寸链换算。冲裁大小不同、相距较近的孔时，为减少孔的变形，应先冲大孔后冲小孔。

综上所述，冲裁基本工序、工序组合方式及冲裁顺序都确定后，冲压方案也就能定下来，但这样确定的方案通常有很多种，还需根据已知的产品信息分析比较各种方案的技术可行性和经济合理性，才能确定最终的最佳工艺方案。

2.3.4　案例分析——冲裁工艺方案制订

1. 电动机转子冲裁工艺方案制订

（1）冲裁工艺方案

1）采用单工序的冲裁方法：采用三副模具，第一副落 φ47.2mm 外圆；第二副以 φ47.2mm 外圆定位，冲 φ10mm 孔和定向槽口 R0.3mm；第三副以 φ10mm 孔定位，冲 12 个槽口，如图 2-15 所示。

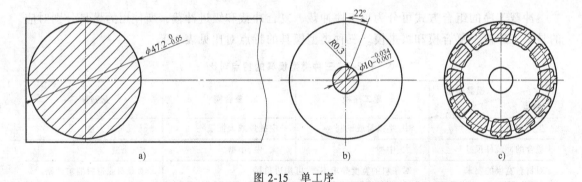

图 2-15　单工序

a）落 φ47.2mm 外圆　b）冲 φ10mm 孔和定向槽口 R0.3mm　c）冲 12 个槽口

2）采用复合工序的冲裁方法：即冲 φ10mm 孔和定向槽口 R0.3mm、落 φ47.2mm 外圆和冲 12 个槽口在同一副模具同一工位的一次冲压行程中完成，如图 2-16 所示。

3）采用级进工序的冲裁方法：冲 φ10mm 孔→间隔冲 6 个槽口→冲剩余的 6 个槽口（第一片冲三个切口槽孔）→落 φ47.2mm 外圆同时冲三个切口（除第一片以外自动叠装），如图 2-17 所示。

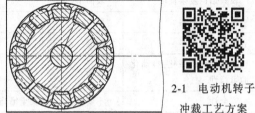

2-1　电动机转子冲裁工艺方案

图 2-16　复合工序

（2）冲裁工艺方案分析

1）第一种方案的优点是模具设计制造简单、周期短，模具成本低，但不能采用切口自动叠装的结构，需采用增加定向槽口的结构，冲裁完成后由人工叠装转子，且整个冲裁过程需采用三副模具，因此生产效率低，不能满足电动机转子大批量生产的需要。

2）第二种方案的优点是冲压的生产效率较高，且制件的平整度较高，但模具结构较第

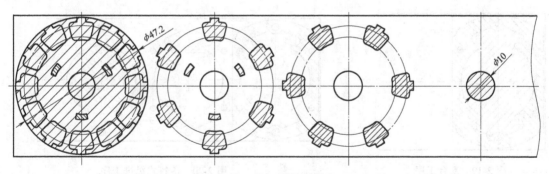

图 2-17　级进工序

一种方案复杂，设计制造周期较长，模具成本较高；与第一种方案相同，不能采用切口自动叠装的结构，需采用增加定向槽口的结构，冲裁完成后由人工叠装转子。

3）第三种方案的优点是冲压生产和转子叠装过程易于实现机械化和自动化，生产效率较高，但模具结构较第一种方案复杂，因此设计制造周期较长，模具成本较高。

综合以上分析，从制件结构看，根据电动机转子叠装方法的不同，其在结构上分别采用定向槽口和叠装切口（叠装凸包）。第一种方案因所采用的模具多，制件质量难以保证，且生产效率不能满足生产纲领要求。第二种方案中，应将切口改成一个定向槽口。第三种方案中，制件利用切口进行模内转子自动叠装，生产效率较前两种方案高，生产成本相对较低。

2. 电动机定子冲裁工艺方案制订

（1）冲裁工艺方案

1）采用单工序的冲裁方法：采用三副模具，第一副模具落外形；第二副模具以外形定位，冲两个腰形孔和 4 个 ϕ4mm 孔；第三副模具冲 ϕ48.2mm 孔和两个 ϕ5mm 孔，如图 2-18所示。

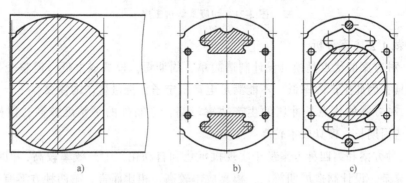

图 2-18　单工序

a）落外形　b）冲两个腰形孔和 4 个 ϕ4mm 孔　c）冲 ϕ48.2mm 孔和两个 ϕ5mm 孔

2）采用复合工序的冲裁方法：即冲 ϕ48.2mm 孔及腰形孔、冲 4 个 ϕ4mm 孔、冲两个 ϕ5mm 孔和外形落料在同一副模具同一工位的一次冲压行程中完成，如图 2-19 所示。

3）采用落料式级进工序的冲裁方法：冲 ϕ48.2mm 孔、两个 ϕ5mm 孔→冲两个腰形孔和 4 个 ϕ4mm 孔（每一定子的第一片）→冲 4 个 SR2mm 的凸包（除每一定子的第一片，自动叠装），外形落料，如图 2-20 所示。

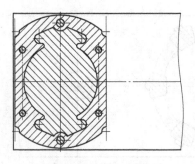

图 2-19 复合工序

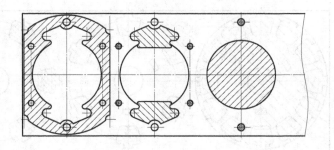

图 2-20 落料式级进工序

4）采用切废式级进工序的冲裁方法：冲 $\phi 48.2$mm 孔、两个 $\phi 5$mm 孔和两个 $\phi 6$mm 孔→冲两个腰形孔和 4 个 $\phi 4$mm 孔（每一定子的第一片）→冲切 $\phi 84$mm 圆弧所对应的外形废料→冲 4 个 $SR2$mm 的凸包（除每一定子的第一片，自动叠装），沿直线边切断，如图 2-21 所示。

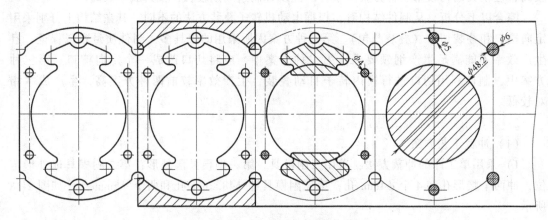

图 2-21 切废式级进工序

（2）冲裁工艺方案分析

1）第一种方案的优点是模具设计制造简单、周期短，模具成本低，但整个冲裁过程需采用三副模具，因此生产效率低，不能满足电动机定子大批量生产的需要。

2）第二种方案的优点是冲压的生产效率较高，且制件的平整度较高，但模具结构复杂，设计制造周期长，模具成本较高。

3）第三种方案和第四种方案易于实现机械化和自动化，生产效率较高，但模具结构尺寸较大、较复杂，设计制造周期较长，模具成本较高。相比而言，第四种方案有利于简化模具结构，制件的平整度高，有利于提高模具强度，延长模具寿命。

2.4 排样设计

排样是指制件在板料或条料上的布置方法。

2.4.1 排样方法的选择

冲裁件的排样与材料的利用率有密切关系，对零件的成本影响很大。为此，应设法在有限的材料面积上冲出最多数量的制件。由于排样方法的不断改进，材料利用率逐步提高，但仅仅考虑材料利用率的提高还不够，排样的好坏同时影响冲裁件精度、生产率、模具寿命及经济效益的高低等，还必须考虑生产操作的便利性和模具结构的合理性等问题。

冲裁排样有两种分类方法。

一种是从废料的角度来分，可分为有废料排样、少废料排样和无废料排样三种。有废料排样时，工件与工件之间、工件与条料边缘之间都有搭边存在，冲裁件质量较容易保证，并具有保护模具的作用，但材料利用率低；少、无废料排样时，工件与工件之间、工件与条料边缘之间存在较少或没有搭边，材料的利用率高，但冲裁时由于凸模刃口受不均匀侧向力的作用，使模具易遭破坏。

另一种是按制件在材料上的排列形式来分，可分为直排法、斜排法、对排法、混合排法、多行排法、交叉排法和冲裁搭边法等多种形式。这种分类法在实际生产中应用较为广泛。其排样方法见表2-10。

表 2-10 排列形式分类示例

排样形式	有废料排样		少、无废料排样	
	简图	适用范围	简图	适用范围
直排	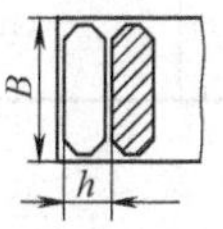	用于方形、圆形、矩形等简单形状的零件	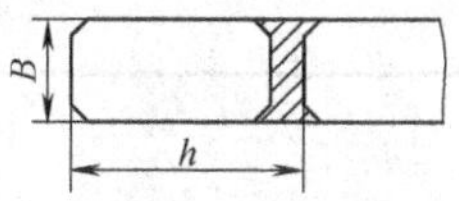	用于方形或矩形的零件
斜排	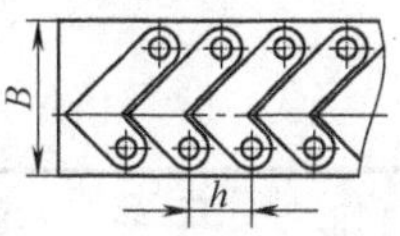	用于椭圆形、T形、L形、S形、十字形的零件	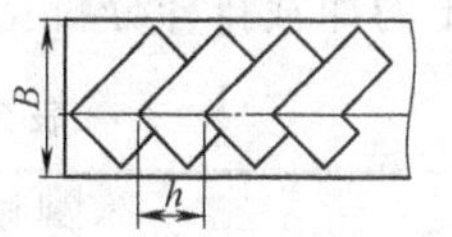	用于椭圆形、T形、L形、S形、十字形的零件，在外形上允许有少量的缺陷
直对排	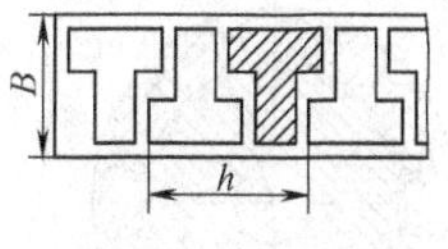	用于梯形、三角形、半圆形、山形、T形、Π形的零件	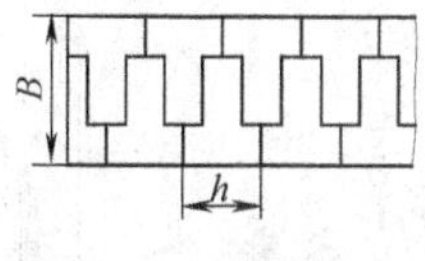	用于梯形、三角形、山形、T形、Π形的零件，在外形上允许有少量的缺陷
斜对排	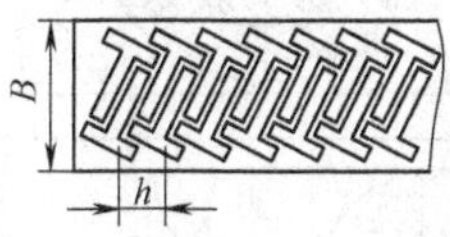	用于椭圆形、T形、L形、S形的零件	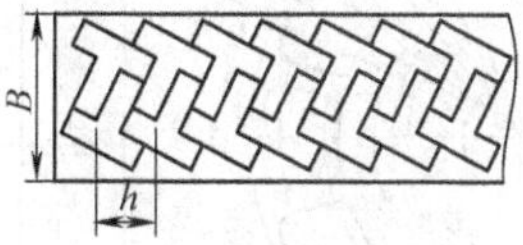	用于椭圆形、T形、L形、S形的零件，在外形上允许有少量的缺陷
混合排	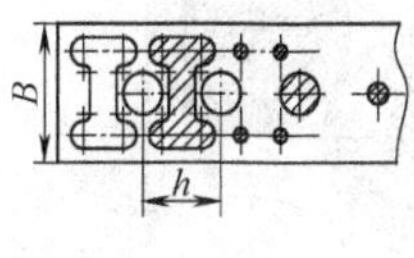	用于材料和厚度相同的两种以上的零件	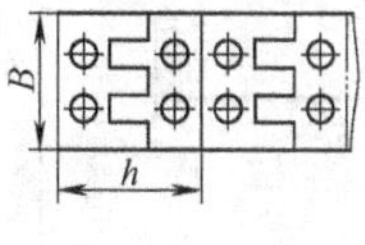	用于两种外形互相嵌入的零件（铰链等）

（续）

排样形式	有废料排样		少、无废料排样	
	简图	适用范围	简图	适用范围
多行排	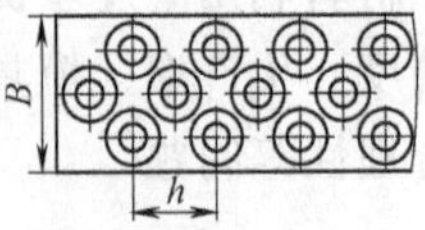	用于大批量生产中尺寸不大的圆形、六角形、方形、矩形的零件	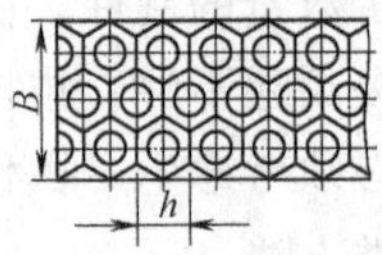	大批量生产中尺寸不大的六角形、方形、矩形的零件
交叉排	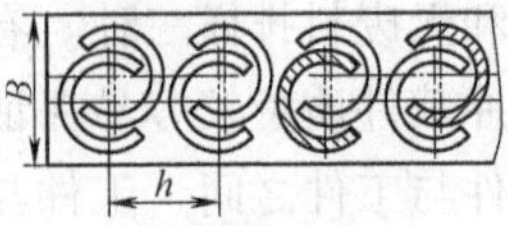	用于 C 形、Ⅱ 形、Ⅲ 形的零件		
冲裁搭边法　整载法	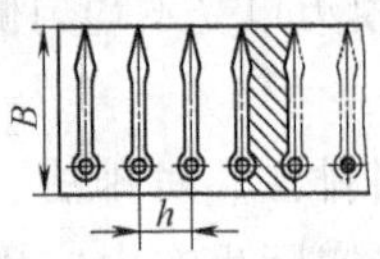	大批量生产中用于小的窄工件（表针类的工件）或带料的连续拉深	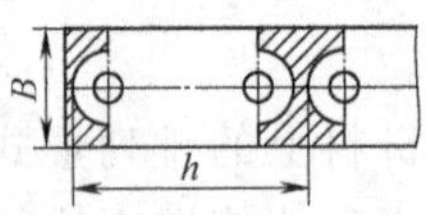	用于宽度均匀的条料或带料进行长形零件的冲裁
分次裁切法	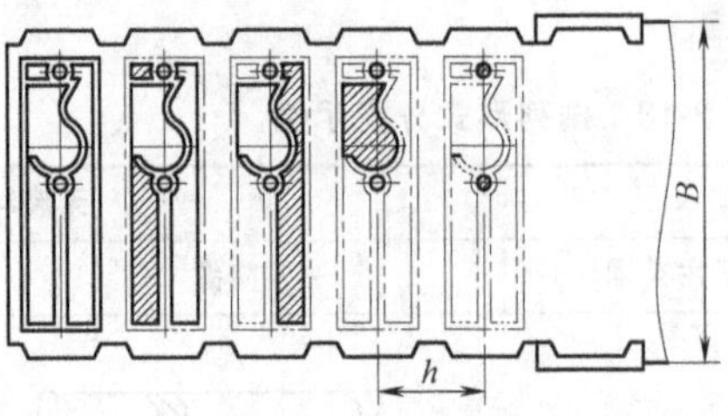			用于窄长复杂的制件（如钟表指针）或用于冲裁带弯曲制件的级进模以及带料连续拉深模

💻 案例分析

电动机转子和定子的冲裁排样分析见表 2-11。

表 2-11　冲裁排样

零件名称	零件图	排样方案	简　图
电动机转子	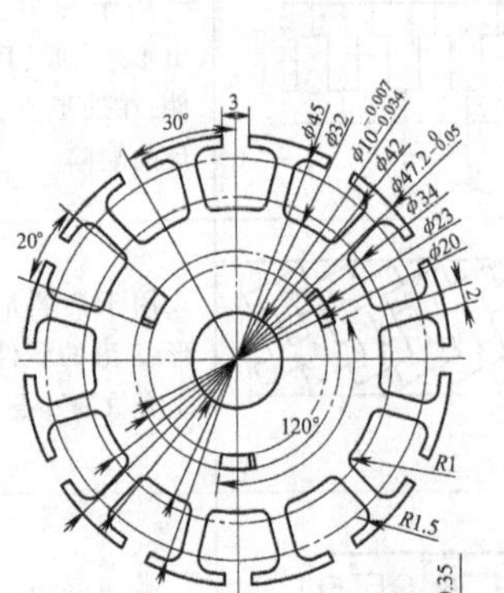	直排	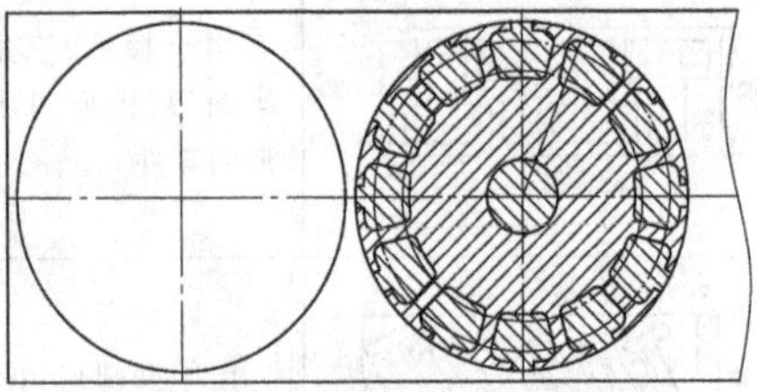
		多行排	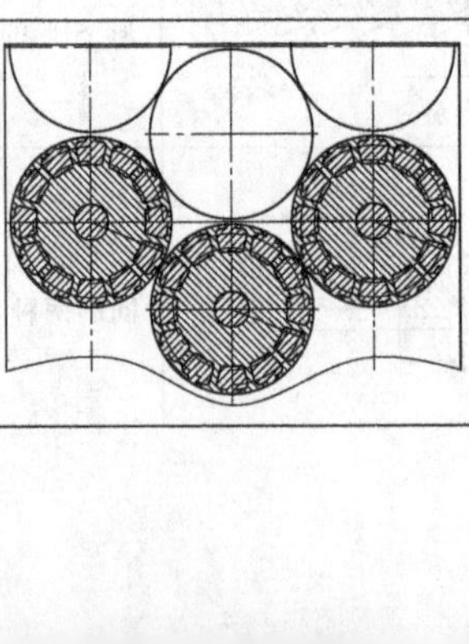

（续）

零件名称	零件图	排样方案	简　图
电动机定子	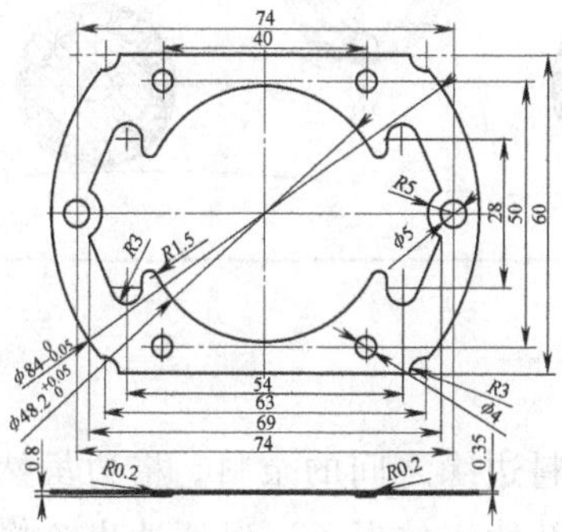	直排	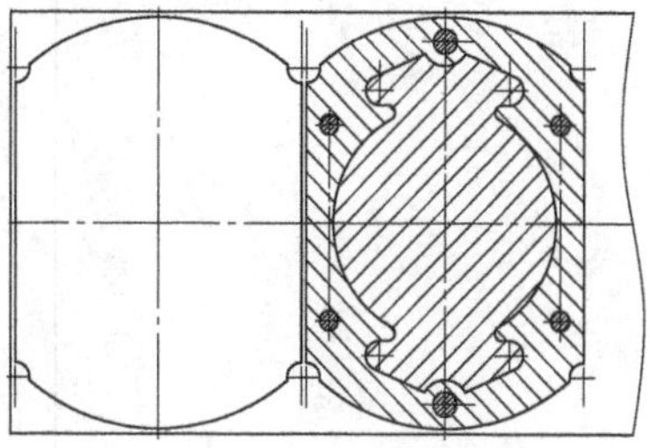 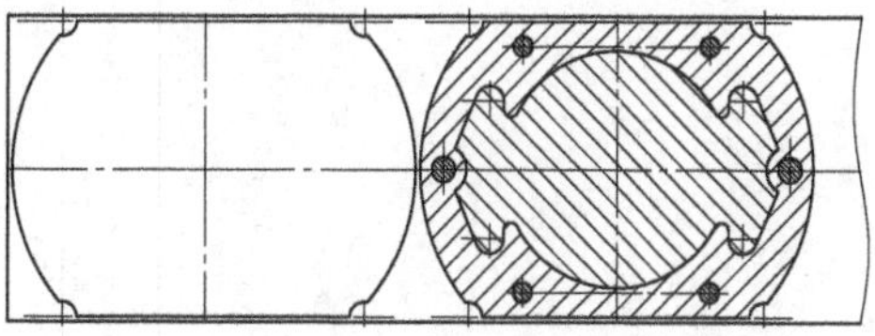
		多行排	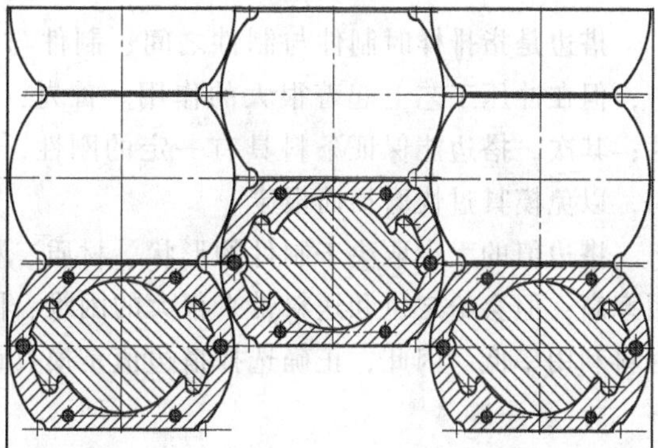
电动机转子与定子混合排（级进工序）		直排	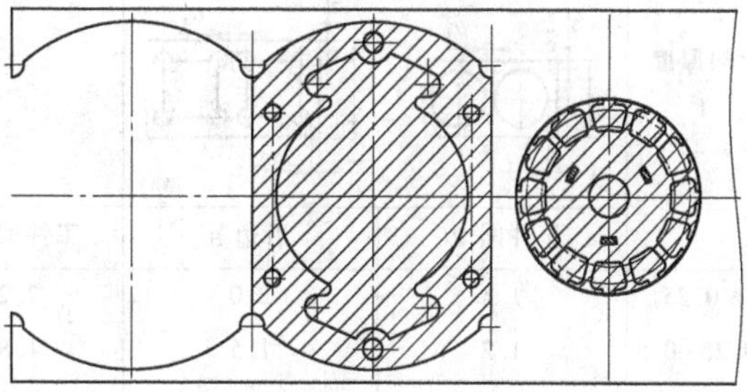

（续）

零件名称	零件图	排样方案	简　图
电动机转子与定子混合排（级进工序）		多行排	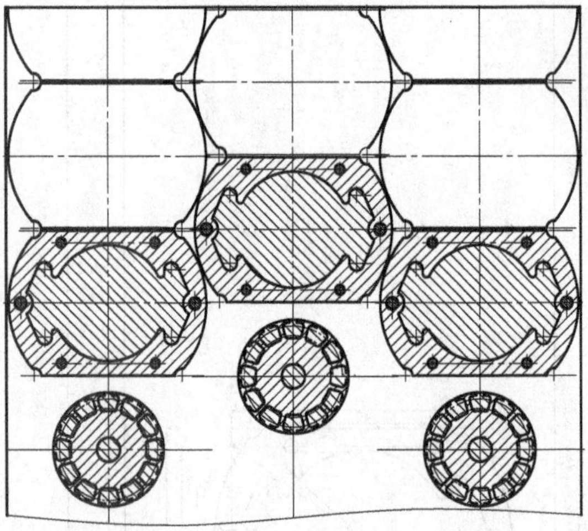

2.4.2　搭边值的确定

搭边是指排样时制件与制件之间、制件与条（板）料边缘之间的余料。搭边虽然是废料，但在冲压工艺上起着很大的作用。首先，搭边能够补偿定位误差，保证冲出合格的制件；其次，搭边能保证条料具有一定的刚性，便于送料；再者，搭边能起到保护模具的作用，以免模具过快磨损而报废。

搭边值的大小取决于制件的形状、材质、料厚及板料的下料方法。搭边值太小，材料利用率高，但会给定位和送料带来很大的困难，同时制件精度也不容易保证；搭边值太大，则材料利用率低。因此，正确选择搭边值是模具设计中不可忽视的重要问题。

1. 普通冲裁

搭边值的选取见表 2-12～表 2-14，一般根据经验确定。

表 2-12　中、小型工件冲裁时的搭边 a 和 a_1 值　　　　　　（单位：mm）

材料厚度 t	圆形件及圆角 $r>2t$		矩形件边长 $L \leqslant 50mm$		矩形件边长 $L>50mm$ 或圆角 $r \leqslant 2t$	
	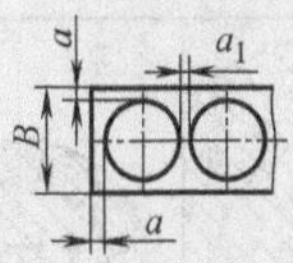 工件间 a_1	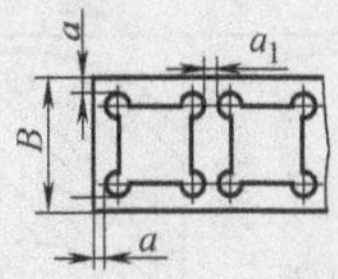 沿边 a	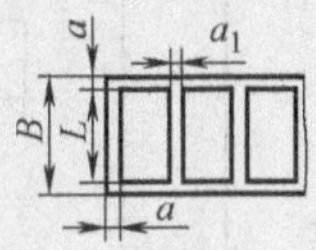 工件间 a_1	沿边 a	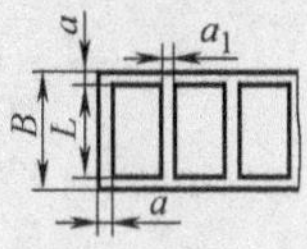 工件间 a_1	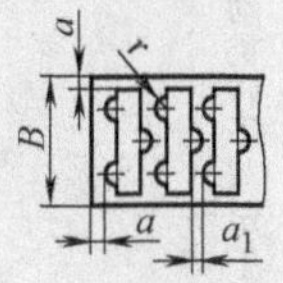 沿边 a
$\leqslant 0.25$	1.8	2.0	2.2	2.5	2.8	3.0
$>0.25\sim0.5$	1.2	1.5	1.8	2.0	2.2	2.5
$>0.5\sim0.8$	1.0	1.2	1.5	1.8	1.8	2.0
$>0.8\sim1.2$	0.8	1.0	1.2	1.5	1.5	1.8

（续）

材料厚度 t	圆形件及圆角 r>2t		矩形件边长 L≤50mm		矩形件边长 L>50mm 或圆角 r≤2t	
	工件间 a_1	沿边 a	工件间 a_1	沿边 a	工件间 a_1	沿边 a
>1.2~1.6	1.0	1.2	1.5	1.8	1.8	2.0
>1.6~2.0	1.2	1.5	1.8	2.0	2.0	2.2
>2.0~2.5	1.5	1.8	2.0	2.2	2.2	2.5
>2.5~3.0	1.8	2.2	2.2	2.5	2.5	2.8
>3.0~3.5	2.2	2.5	2.5	2.8	2.8	3.2
>3.5~4.0	2.5	2.8	2.8	3.2	3.2	3.5
>4.0~5.0	3.0	3.5	3.5	4.0	4.0	4.5
>5.0~12	$0.6t$	$0.7t$	$0.7t$	$0.8t$	$0.9t$	$0.9t$

注：本表适用于低碳钢，对于其他材料，应将表中数值乘以下列系数：中等硬度钢 0.9，硬钢 0.8，硬黄铜 1~1.1，硬铝 1~1.2，软黄铜、纯铝 1.2，其他铝 1.3~1.4，非金属 1.5~2。

表 2-13　大型工件的搭边 a 和 a_1 值　　　　（单位：mm）

材料厚度 t	手工送料						自动送料	
	圆形		非圆形		往复送料			
	沿边 a	工件间 a_1	沿边 a	工件间 a_1	沿边 a	工件间 a_1	沿边 a	工件间 a_1
≤1	1.5	1.5	2	1.5	3	2	3	2
>1~2	2	1.5	2.5	2	3.5	2.5	3	2
>2~3	2.5	2	3	2.5	4	3.5	4	3
>3~4	3	2.5	3.5	3	5	4	4	3
>4~5	4	3	5	4	6	5	5	4
>5~6	5	4	6	5	7	6	6	5
>6~8	6	5	7	6	8	7	7	6
>8	7	6	8	7	9	8	8	7

表 2-14　夹纸、夹布胶木零件的搭边值　　　　（单位：mm）

材料厚度 t	夹纸胶木零件				夹布胶木零件			
	冲裁圆形零件		冲裁矩形零件		冲裁圆形零件		冲裁矩形零件	
	工件间 a_1	沿边 a	工件间 a_1	沿边 a	工件间 a_1	沿边 a	工件间 a_1	沿边 a
0.5	1.5	1.5	2.0	2.0	1.3	1.5	1.5	1.5
0.5~1.0	1.5	1.5	2.0	2.0	1.3	1.5	1.5	1.5
1.0~1.5	2.0	2.5	2.5	3.0	1.5	1.7	1.5	2.0
1.5~2.0	2.5	3.0	3.0	3.5	2.0	2.2	2.0	2.5
2.0~2.5	3.0	3.5	3.5	4.0	2.5	3.0	3.0	3.5
2.5~3.0	3.5	4.0	4.5	5.0	3.0	3.5	4.0	4.5

2. 多工序连续冲压

（1）切断工序中搭边值的选取

主要指制件与制件之间被切除的废料的宽度 C（见表 2-15），板料厚度为 1.2~1.5mm 以上时，切断宽度尺寸取 $C=(1.2~2)t$ 值；在 1.2~1.5mm 以下时，由凸模尺寸、形状和制造等因素确定，一般以表 2-15 中的 C_{min} 作为参考值。

表 2-15　切断工序中工艺废料带的标准值　　　　　　（单位：mm）

头部有要求的废料带标准值			平行带状废料带标准值			中间载体废料带标准值		
带钢宽度 B	C	C_{min}	带钢宽度 B	C	C_{min}	槽长 W	S	S_{min}
0~20	1.2t	1.5	0~20	1.2t	2.0	0~10	1.2t	1.8
20~50	1.5t	2.0	20~50	1.5t	3.0	10~20	1.5t	2.5
50~100	2t	3.0	50~100	2t	4.5	20~40	2t	3.5

（2）切口工序中工艺废料值的确定

设计时可参照表 2-15 的切断加工工艺废料带的标准值。其取值原则与切断工序相同。

（3）材料侧刃切口值的确定

在材料的送进方向上，材料边缘工艺废料切除量的大小与送料进距（步距）有密切的关系，切除条料侧边的工艺废料有两个目的：一是与导料板配合，使板料定位准确；二是获得制件的部分外轮廓。侧刃切口值见表 2-16，一般取侧刃长度等于进距 L，然后根据料厚 t 与侧刃长度 L（或料宽 B）求出切边宽度 b。

表 2-16　侧刃切口值

侧刃长度（进距）L/mm	宽度 B'/mm	凸模高度 H/mm
10 以下	6	50~70
10~20	8	60~80
20~50	10	60~80
50~80	12	60~80

材料厚度 t/mm	切边宽度 b/mm	
	金属材料	非金属材料
≤1.5	1.5	2
>1.5~2.5	2	3
>2.5	2.5	4

案例分析

电动机转子和定子的料厚为 0.35mm，由表 2-12 可查得，转子工件间搭边值 $a_1=$ 1.2mm，沿边搭边值 $a=1.5$mm；定子工件间搭边值 $a_1=2.2$mm，沿边搭边值 $a=2.5$mm。

2.4.3　材料利用率的计算

1. 条料宽度尺寸的确定

有侧压装置

$$B = (L+2a)^0_{-\Delta} \tag{2-1}$$

无侧压装置

$$B = (L+2a+c)^0_{-\Delta} \tag{2-2}$$

采用侧刃

$$B = (L+1.5a+nb)^0_{-\Delta} \tag{2-3}$$

式中　L——制件垂直于送料方向的基本尺寸（mm）；

　　　n——侧刃数；

　　　Δ——条料的宽度公差（mm，见表2-17）；

　　　a——侧面搭边值（mm）；

　　　c——送料保证间隙：$B \leqslant 100$ 时，$c = 0.5 \sim 1.0$mm；$B > 100$ 时，$c = 1.0 \sim 1.5$mm；

　　　b——切边宽度（mm）。

表 2-17　条料宽度公差 Δ

材料宽度 B/mm	材料厚度 t/mm			
	$\leqslant 1$	$1 \sim 2$	$2 \sim 3$	$3 \sim 5$
$\leqslant 50$	0.4	0.5	0.7	0.9
$50 \sim 100$	0.5	0.6	0.8	1.0
$100 \sim 150$	0.6	0.7	0.9	1.1
$150 \sim 220$	0.7	0.8	1.0	1.2
$220 \sim 300$	0.8	0.9	1.1	1.3

2. 材料利用率的计算

一般常用的计算方法是：一个进距内的实际面积与所需板料面积之百分比，一般用 η 表示。

$$\eta = \frac{S}{S_0} \times 100\% = \frac{S}{A \cdot B} \times 100\% \tag{2-4}$$

式中　A——在送料方向，排样图中相邻两个制件对应点的距离（mm）；

　　　B——条料宽度（mm）；

　　　S——一个进距内制件的实用面积（mm^2）；

　　　S_0——一个进距内所需毛坯面积（mm^2）。

📖 案例分析

电动机转子和电动机定子冲裁时的材料利用率计算见表2-18。

表 2-18　冲裁材料利用率计算

冲裁方式		工件面积/mm^2	1 个进距的材料面积/mm^2	材料利用率
电动机转子	直排	$S = 1037.57$	$S_0 = 48.4 \times 50.2 = 2429.68$	$\eta = (1037.57 \div 2429.68) \times 100\% = 42.70\%$
	多排	$S = 1037.57 \times 3 = 3112.71$	$S_0 = 48.4 \times 134 = 6485.6$	$\eta = (3112.71 \div 6485.6) \times 100\% = 47.99\%$

（续）

冲载方式		工件面积/mm²	1个进距的材料面积/mm²	材料利用率
电动机定子	直排 有废料	$S = 2114.36$	$S_0 = 61.5 \times 87.6 = 5387.4$	$\eta = (2114.36 \div 5387.4) \times 100\% = 39.25\%$
	直排 无废料	$S = 2114.36$	$S_0 = 60 \times 87.6 = 5256$	$\eta = (2114.36 \div 5256) \times 100\% = 40.22\%$
	多行排	$S = 2114.36 \times 3 = 6343.08$	$S_0 = 61.5 \times 247 = 15190.5$	$\eta = (6343.08 \div 15190.5) \times 100\% = 41.77\%$
电动机转子与定子混合排		$S = 3151.93$	$S_0 = 60 \times 87.6 = 5256$	$\eta = (3151.93 \div 5256) \times 100\% = 59.97\%$

2.4.4 案例分析——排样设计

电动机转子和电动机定子排样图见表2-19。

表 2-19 案例排样图

零件名称	排样方案	排 样 图

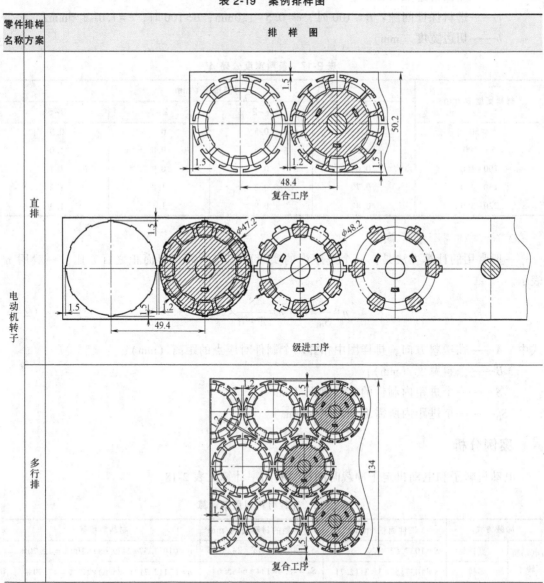

（续）

零件名称	排样方案	排 样 图
电动机转子	多行排	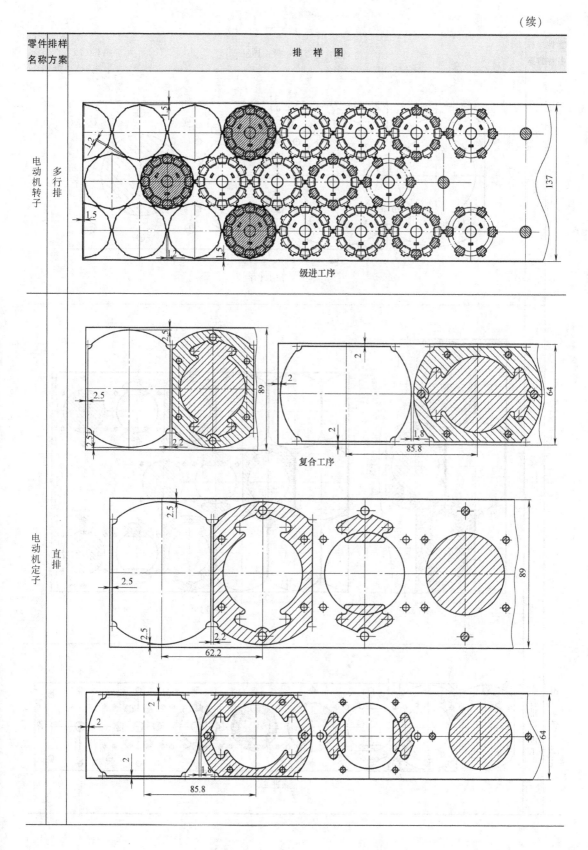
电动机定子	直排	

（续）

零件 名称	排样 方案	排 样 图
电动机定子	直排	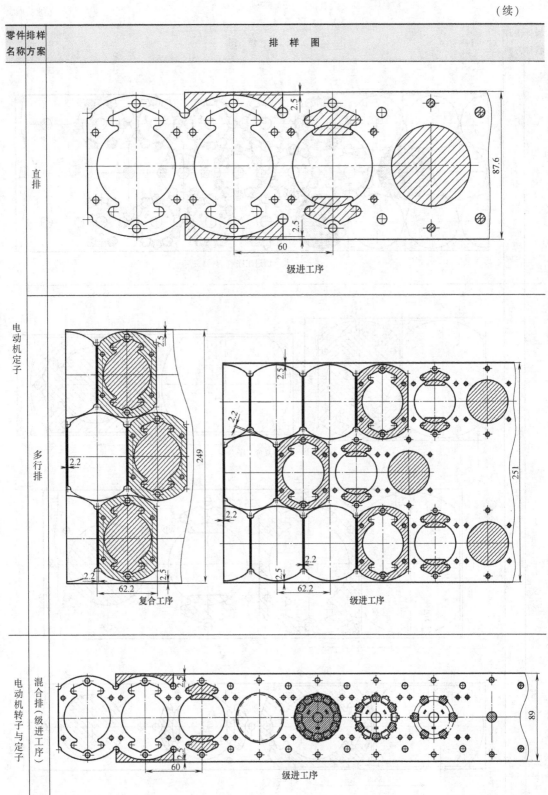
	多行排	
电动机转子与定子	混合排（级进工序）	

2.5 冲裁模类型和结构形式确定

2.5.1 冲裁模类型确定

冲裁模的结构形式很多，一般可按下列不同的特征进行分类。

1）按工序性质不同可分为落料模、冲孔模、切边模、切口模、切断模和剖切模等。

2）按工序组合程度不同可分为单工序模、复合模和级进模。

3）按冲模有无导向装置和导向方法不同可分为无导向模、导板模、导柱模和导筒模等。

4）按送料、出件及排除废料的自动化程度不同可分为手动模、半自动模和自动模。

2.5.2 定位零件设计与标准的选用

送进模具的毛坯通常有两种：条料（带料）和单个毛坯（块料或工序件），为了保证模具正常工作和冲出合格的冲裁件，必须保证毛坯与模具的工作刃口处于正确的相对位置，即必须定位准确。

由于条料是沿着一定的方向送进模具的，因此在模具送料平面中必须有两个方向的定位。

1）在送料方向上的定位，用来控制条料一次送进的距离（通常称为送料步距），即挡料，如图 2-22 所示的销 a，常见的有挡料销、导正销、侧刃。

2）在与送料方向垂直方向上的定位，用来保证条料沿正确的方向送进和条料的横向搭边值，通常称为送进导向，即导料，如图 2-22 所示的销 b、c，常见的有导料销、导料板、侧压装置。

对于单个毛坯（块料或工序件）的定位，只需将其"放进"模具中预先确定的位置即可，如图 2-23 所示的定位板，常用的有定位板或定位销。

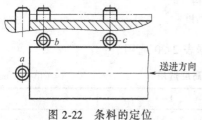

图 2-22 条料的定位

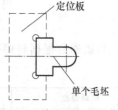

图 2-23 单个毛坯的定位

1. 送料步距的定位零件

（1）挡料销

挡料销的作用是保证条料送进时有准确的送进距离，按其结构形式可分为固定挡料销、活动挡料销和始用挡料销三种。

1）固定挡料销。使用国家标准结构的固定挡料销（JB/T 7649.10—2008）如图 2-24a 所示。其结构简单、制造容易，广泛应用于手工送料的中、小型冲裁件的挡料定距。条料送进时，需要人工抬起条料送进，并将挡料销套入下一孔中，使定位点靠紧挡料销。它一般固定在凹模上，如图 2-24b 所示。从图 2-24b 中可以看出，其在凹模上的安装孔距离凹模刃口较近，会削弱凹模的强度。在国家标准中还有一种钩形挡料销，如图 2-25a 所示，其固定部分可离凹模的刃口更远一些，有利于提高凹模强度，但此种挡料销形状不对称，为防止转动需加止转销防转，如图 2-25b 所示，它适用于加工较大、较厚的冲压件。

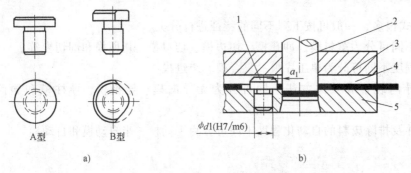

2-2　固定挡料销

图 2-24　固定挡料销及其装配方式

a) A 型和 B 型标准挡料销　b) 固定挡料销的装配方式

1—挡料销　2—凸模　3—卸料板　4—导料板　5—凹模

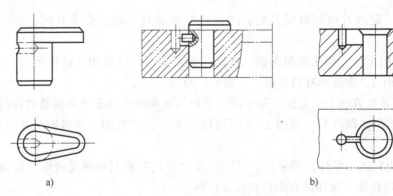

2-3　钩形挡料销

图 2-25　钩形挡料销及其止转结构

a) 钩形挡料销　b) 钩形挡料销止转结构

挡料销通常根据料厚确定其头部高度 h，可根据表 2-20 选用。

表 2-20　挡料销头部高度选用　　　　　　　　　　　　（单位：mm）

材料厚度	<1	1~3	>3
h	2	3	4

2) 活动挡料销。国家标准结构的弹顶挡料装置如图 2-26 所示。其中弹簧弹顶挡料装置（JB/T 7649.5—2008）、扭簧弹顶挡料装置（JB/T 7649.6—2008）和橡胶弹顶挡料装置（JB/T 7649.9—2008，又称活动挡料销）中的挡料销安装于弹性卸料板内，如图 2-26a~c 所示，均适用于手工送料带弹性卸料板的倒装复合模，依靠突出于卸料板的杆部挡住条料的搭边进行定位。回带式挡料装置（JB/T 7649.7—2008）挡料销安装于刚性卸料板内，如图 2-26d 所示，送料时搭边碰撞斜面使挡料销跳起并越过搭边，再将条料后拉，使挡料销挡

住搭边定位，即每次送料都需要先推后拉，做相反方向的两个运动，操作比较麻烦，生产效率低，因此适用于冲裁窄形工件（6~20mm）和材料厚度大于0.8mm、带刚性卸料装置的手工送料的模具。

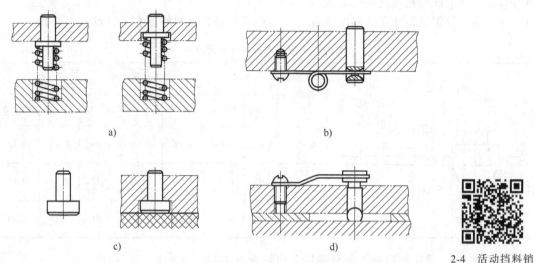

图 2-26 弹顶挡料装置

a）弹簧弹顶挡料装置 b）扭簧弹顶挡料装置 c）橡胶弹顶挡料装置 d）回带式挡料装置

2-4 活动挡料销

3）始用挡料销。国家标准结构的始用挡料装置（JB/T 7649.1—2008）如图 2-27 所示。始用挡料块用于级进模中条料送进时的首次定位。使用时，用手压出挡料块。条料定位后，在弹簧的作用下挡料块自动退出。

（2）导正销（JB/T 7647.1—2008~JB/T 7647.4—2008）

导正销的结构如图 2-28 所示，其安装在上模，冲裁时先插入已冲好的导正孔内，以确定前后工位的相对位置，消除送料导向、送料步距或定位板等粗定位产生的误差。

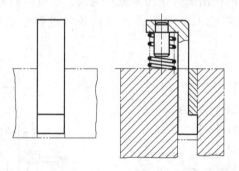

2-5 始用挡料销

图 2-27 始用挡料销

为了使导正销工作可靠，避免折断，导正销的直径一般应大于 2mm，即孔径小于 2mm 不宜使用，可另冲出直径大于 2mm 的工艺孔进行导正。料厚 $t<0.3$mm 的薄料也不宜使用，导正销插入孔内会使孔边弯曲，可采用侧刃定位。

导正销的工作部分由圆锥形的导入部分和圆柱形的导

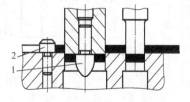

图 2-28 凸模上导正销

1—导正销 2—挡料销

正部分组成。导正部分的直径、高度及公差很重要。导正销的公称直径可按下式计算：

$$d = d_t - 2a$$

式中　d_t——工件孔直径（mm），见表2-21。

　　　a——导正销与冲孔的间隙（mm），与凸模直径和材料厚度有关，可查表2-21。

表 2-21　导正销和冲孔的间隙 a　　　　　　　　（单位：mm）

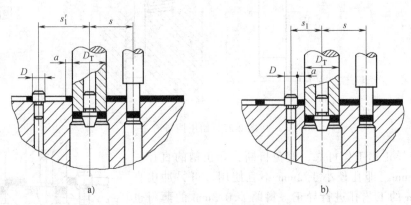

材料厚度 t	工件孔直径 d_t						
	1.5~6	6~10	10~16	16~24	24~32	32~42	42~60
≤1.5	0.04	0.06	0.06	0.08	0.09	0.10	0.12
1.5~3	0.05	0.07	0.08	0.10	0.12	0.14	0.16
3~5	0.06	0.08	0.10	0.12	0.16	0.18	0.20

表2-21中，导正销的导正部分高度 h 值可查表2-22。

表 2-22　导正销导正部分高度 h　　　　　　　　（单位：mm）

材料厚度 t	工件孔直径 d_t		
	1.5~10	10~25	25~50
≤1.5	1	1.2	1.5
1.5~3	0.6t	0.8t	1.0t
3~5	0.5t	0.6t	0.8t

　　级进模常将导正销和挡料销配合使用来进行定位，也可与侧刃配合使用。设计有导正销的级进模时，挡料销的位置应保证导正销在导正条料过程中条料活动的可能，如图2-29所示。

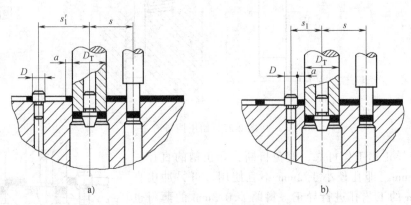

图 2-29　挡料销与导正销的位置关系

按图2-29a所示方式定距，挡料销与导正销的中心距为

$$s_1 = s - \frac{D_T}{2} + \frac{D}{2} + 0.1 = s - \frac{D_T - D}{2} + 0.1 \tag{2-5}$$

按图 2-29b 所示方式定距，挡料销与导正销的中心距为

$$s_1' = s + \frac{D_T}{2} - \frac{D}{2} - 0.1 = s + \frac{D_T - D}{2} - 0.1 \tag{2-6}$$

式中　s——送料步距（mm）；

　　　D_T——导正销安装处凸模直径（mm）；

　　　D——挡料销头部直径（mm）；

　s_1，s_1'——挡料销与落料凹模的中心距（mm）。

导正销一般固定在凸模固定板上或卸料板上，有图 2-30 所示的几种固定方式。

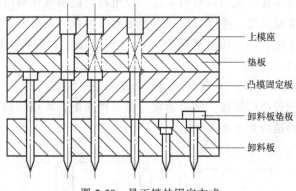

图 2-30　导正销的固定方式

（3）侧刃（JB/T 7648.1—2008）

侧刃是以切去条料旁侧少量材料来限定送料步距的装置，如图 2-31 所示。其中，图 2-31a 所示为长方形侧刃，该种侧刃制造简单，但当侧刃刃口部分磨钝后，会使条料边缘处出现毛刺而影响正常送进。其一般用于板料厚度小于 1.5mm，冲裁件精度要求不高的送料定距。图 2-31b 所示的成形侧刃可以克服上述缺点，但制造较复杂，同时也增大了侧边宽度，材料利用率低。其常用于板料厚度小于 0.5mm，冲裁件精度要求较高的送料定距。图 2-31c 所示的尖角侧刃需与弹簧挡料销配合使用，侧刃在条料边缘冲切角形缺口，条料缺口滑过弹簧挡料销后，反向后拉条料至挡料销卡住缺口而定距。其优点是不浪费材料，缺点是操作麻烦，生产效率低。此侧刃可用于冲裁贵重金属。

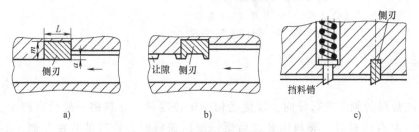

2-6　侧刃

图 2-31　侧刃断面形状

a）长方形侧刃　b）成形侧刃　c）尖角侧刃

在实际生产中，往往遇到两侧边或一侧边有一定形状的冲裁件，如果采用侧刃定距，则可以设计与侧边形状相应的特殊侧刃，这样既可以定距，又可冲裁零件的部分轮廓，此时侧刃的断面形状由冲裁件的形状决定。

侧刃断面的关键尺寸是宽度 b，其他尺寸按国家标准中的规定选取。宽度 b 原则上等于步距，但在侧刃与导正销兼用的级进模中，侧刃的宽度 b 必须保证在导正销导正过程中，条料有少许活动的可能，其宽度为

$$b = \left[s + (0.05 \sim 0.1) \right]_{-\delta_c}^{0} \tag{2-7}$$

式中　b——侧刃宽度（mm）；

　　　s——送料步距（mm）；

　　　δ_c——侧刃制造偏差（mm），一般按基轴制 h6，精密级进模按 h4 制造。

侧刃凹模按侧刃实际尺寸配置，留单边间隙。侧刃可以是一个，也可以是两个。两个侧刃可以在条料两侧并列布置，也可以对角布置，对角布置能够保证料尾的充分利用。

总之，侧刃定距准确可靠，生产效率高，但增大了冲裁力、降低了材料利用率。侧刃一般用于级进模的送料定距，冲压用材料厚度为 0.1~1.5mm。在能用挡料销满足定距要求的场合，一般不采用侧刃。

（4）侧刃挡块（JB/T 7648.2—2008 和 JB/T 7648.3—2008）

为防止导料板被侧刃凸模磨损，侧刃通常与侧刃挡块配合使用。侧刃挡块安装在导料板内，其国家标准规定的结构如图 2-32 所示。

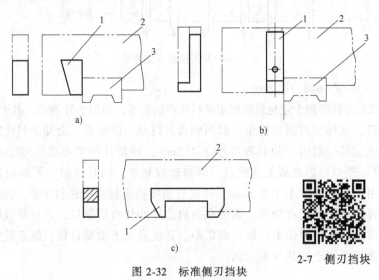

图 2-32　标准侧刃挡块

a）A 型　　b）B 型　　c）C 型

1—侧刃挡块　2—导料板　3—侧刃

2-7　侧刃挡块

2. 送进导向的定位零件

（1）导料销

导料销是对条料或带料的侧向进行导向，以免送偏的定位零件。导料销一般设有两个，并位于条料的同一侧。左右送料时，导料销装在后侧；前后送料时，导料销装在左侧，如图 2-33 所示。导料销常用于复合模和单工序模。

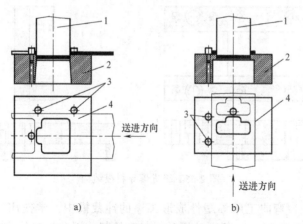

图 2-33 导料销布置方式

a) 左右送料 b) 前后送料

1—凸模 2—凹模 3—导料销 4—条料

导料销可设在凹模面上（一般为固定式），也可设在弹压卸料板上（一般为活动式），还可以设在固定板或下模座上（导料螺钉）。固定式和活动式导料销的结构尺寸与挡料销完全一样，可分别按照固定挡料销和活动挡料销选用相应的国家标准。

（2）导料板

导料板也是对条料或带料的侧向进行导向，防止送偏的定位零件。其与导料销的区别是用一块或两块导料板导向而不是销。常见的导料板结构有两种，一种是标准分离式结构（JB/T 7648.5—2008），如图 2-34a 所示，其与卸料板分开制造；另一种是与卸料板合成一体的整体式结构，如图 2-34b 所示。

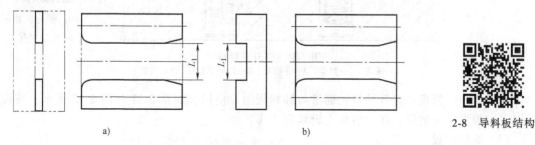

2-8 导料板结构

图 2-34 导料板结构

a) 分离式 b) 整体式

图 2-34 所示导料板结构中，两侧导料板定位部分之间的距离 L_1 应等于条料宽度加上 0.1~1.0mm 的间隙。导料板的厚度取决于挡料方式和所冲条料的厚度，通常导料板的厚度是条料厚度的 2.5~4 倍，料厚时取小值，但标准导料板的厚度 $H=4\sim18$mm。

在需要浮料的级进模中，导料板如图 2-35 所示。导料板采用固定式的结构，一般会搭配顶出销或顶出块做设计。利用导料板的侧面部分作为水平方向的导引，上方凸出部分与顶出销之间的空间作为垂直方向的定位，凸出部分结构亦有强制脱料的功能。使用导料板结构设计时，一般会将导料板固定在下模板上，卸料板（也称脱料板）依据导料板的形状进行避让孔（逃孔）让位设计，一般需要较大顶出高度的冲压制品不适合使用导料板方式设计。

图 2-35 级进模导料板结构

2-9 级进模导料板结构

在高速冲裁模或含弯曲工序等塑性成形工序的冲裁模中，常使用浮升导料销（又称为浮升两用销），如图 2-36 所示。每次冲压后板料需抬起，因此板料依靠模具起始端设置的导料板进行初始导向，中间部位采用带导向槽的浮升导料销，其具有导向、浮顶与强行脱料的作用。浮升导料销是冲压五金的标准件，根据五金零件类型目录设定运用。

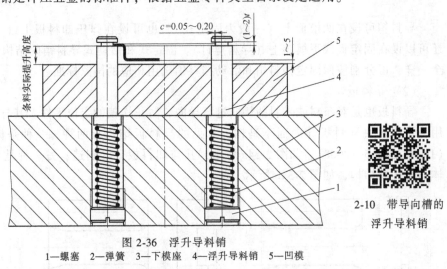

图 2-36 浮升导料销
1—螺塞 2—弹簧 3—下模座 4—浮升导料销 5—凹模

2-10 带导向槽的浮升导料销

级进模中导料板和浮升导料销通常与卸料板组合使用，如图 2-37 和图 2-38 所示。在设计时，需根据实际情况，在卸料板上设置避让孔。

（3）侧压装置

如果条料宽度公差过大，则需在一侧导料板上装侧压装置，保证条料总是被压向另一侧

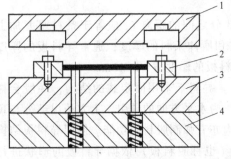

图 2-37 卸料板与导料板组合
1—卸料板 2—导料板 3—凹模 4—下模座

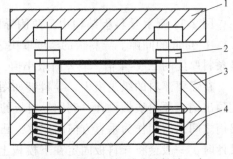

图 2-38 卸料板与浮升导料销组合
1—卸料板 2—浮升导料销 3—凹模 4—下模座

称为基准导料板的定位面上，以消除条料的宽度误差。国家标准规定的侧压装置有两种：图 2-39a 所示的弹簧式侧压装置（JB/T 7648.3—2008），适用于较厚板料的冲裁模；图 2-39b 所示的簧片式侧压装置（JB/T 7648.4—2008），适用于板料厚度为 0.3~1mm 的薄板冲裁模。实际生产中还有两种侧压装置：图 2-39c 所示的簧片压块式侧压装置，与簧片式侧压装置相似；图 2-39d 所示的板式侧压装置，适用于侧刃定距的级进模。

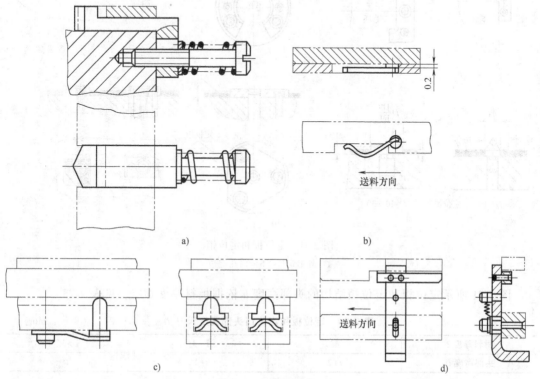

图 2-39 侧压装置

a）弹簧式侧压装置 b）簧片式侧压装置 c）簧片压块式侧压装置 d）板式侧压装置

需要注意的是，板料厚度小于 0.3mm 的薄板不宜采用侧压装置。此外，由于带侧压装置的模具送料阻力较大，所以备有辊轴自动送料装置的模具也不宜设置侧压装置。

（4）承料板（JB/T 7648.6—2008）

承料板一般固定在导料板的下方，用于承接板料或条料伸出模具的部分，保证板料或条料能够顺利进入导料板，此时导料板的长度大于凹模，如图 2-40 所示。

3. 单个毛坯的定位零件

单个毛坯进行冲压加工时，一般采用定位板或定位销定位。其主要形式如图 2-41 所示。图 2-41a 用于毛坯以外形定位；图 2-41b 用于毛坯以内孔定位。

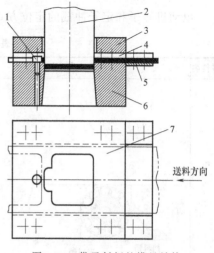

图 2-40 带承料板的模具结构
1—挡料销 2—凸模 3—卸料板
4—导料板 5—承料板 6—凹模 7—条料

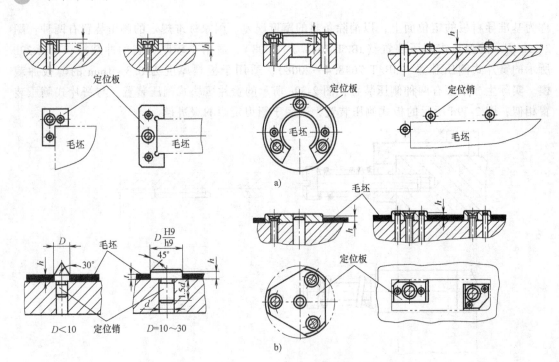

图 2-41　定位板和定位销

a) 外形定位　b) 内孔定位

图 2-41 所示定位板和定位销结构的头部高度 h 依据板料厚度确定，见表 2-23。

表 2-23　定位板和定位销头部高度尺寸 h 　　　　　（单位：mm）

材料厚度 t	<1	1~3	>3
头部高度 h	$t+2$	$t+1$	t

案例分析

电动机转子和定子冲裁的定位方式确定见表 2-24。

表 2-24　定位方式确定

零件名	图　　示

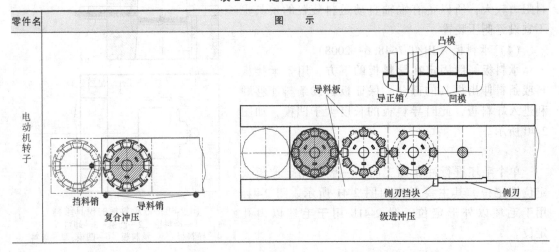

（续）

零件名	图　示
电动机定子	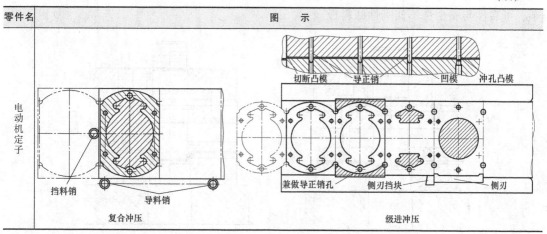

复合冲压　　　　　　　　　　　　　　　　　　级进冲压

2.5.3　卸料装置及出件装置设计与标准的选用

1. 卸料装置的确定（JB/T 7650—2008）

卸料装置的作用是卸下箍在凸模或凸凹模外面的制件或废料。根据卸料力的不同，可分为刚性卸料和弹性卸料两种形式。

（1）刚性卸料装置

刚性卸料装置只有一块刚性卸料板，其结构如图 2-42 所示。其中，图 2-42a 是封闭式刚性卸料板，适用于冲压厚度在 0.5mm 以上的条料；图 2-42b 是悬臂式刚性卸料板，适用于窄而长的毛坯；图 2-42c 是钩形刚性卸料板，适用于简单的弯曲模和拉深模。刚性卸料板用螺钉和销钉固定在下模上，能够承受较大的卸料力，其卸料可靠、安全，但操作不便，生产效率不高。

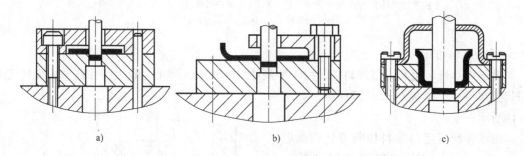

a)　　　　　　　　　　　b)　　　　　　　　　　　c)

图 2-42　刚性卸料板

a）封闭式刚性卸料板　b）悬臂式刚性卸料板　c）钩形刚性卸料板

（2）弹性卸料装置

弹性卸料装置结构如图 2-43 所示，一般由弹性卸料板、弹性元件（弹簧或橡胶）和卸料螺钉三种零件组成。图 2-43a 和图 2-43b 是顺装式模具的弹性卸料板，其中，图 2-43a 是平板结构，用于导料销导料的模具中；图 2-43b 是带台阶结构，用于导料板导料的模具中。图 2-43c 是倒装式模具的弹性卸料板。图 2-43d 采用橡胶等弹性卸料板。弹性卸料板有敞开的工作空间，操作方便，生产效率高，冲压前对毛坯有压紧作用，冲压后又使冲压件平稳卸料，从而使冲裁件较为平整。但由于受弹簧、橡胶等零件的限制，卸料力较小，且结构复杂，可靠性与安全性不如刚性卸料板。

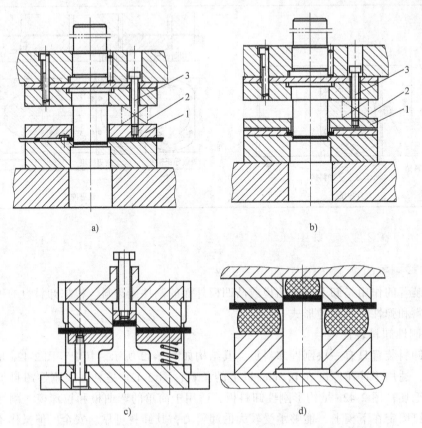

图 2-43　弹性卸料板

a）平板弹性卸料板　　b）带台阶弹性卸料板　　c）倒装式模具　　d）采用橡胶等弹性元件

1—弹性卸料板　2—弹簧　3—卸料螺钉

（3）废料切断刀

对于成形件切边和大型落料件，由于冲裁件尺寸较大，卸料力较大，往往采用废料切断刀代替卸料板，将废料切断而卸料，如图 2-44 所示。

国家标准规定的废料切断刀结构如图 2-45 所示。图 2-45a 为圆形废料切断刀（JB/T 7651.1—2008），用于小型模具和切薄板；图 2-45b 为方形废料切断刀（JB/T 7651.2—2008，用于大型模具和厚板料。废料切断刀的刃口长度应比废料宽度大些，刃口高度比凸模刃口高度低 2.5~4 个料厚，并且不小于 2mm。

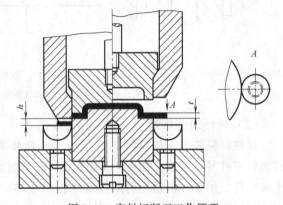

图 2-44　废料切断刀工作原理

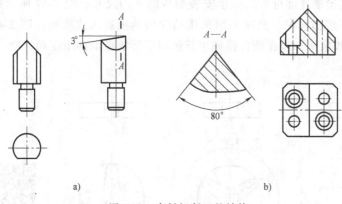

图 2-45 废料切断刀的结构
a）圆形 b）方形

2-11 废料切断刀

2. 出件装置的确定

出件装置的作用是顺着冲压方向卸出卡在凹模孔内的制件或废料。根据冲压方向的不同，向下出件的装置称为推件装置；向上出件的装置称为顶件装置。

（1）推件装置。根据推件力的来源不同分为刚性推件装置和弹性推件装置。

1）刚性推件装置。典型的刚性推件装置结构如图 2-46a 所示，由打杆 1、推板 2、连接推杆 3 和推件块 4 组成。有的刚性推件装置无需中间的传递结构，可省去推板和连接推杆，直接由打杆推动推件块，如图 2-46b 所示，甚至有的可直接由打杆推出制件，如图 2-46c 所示。

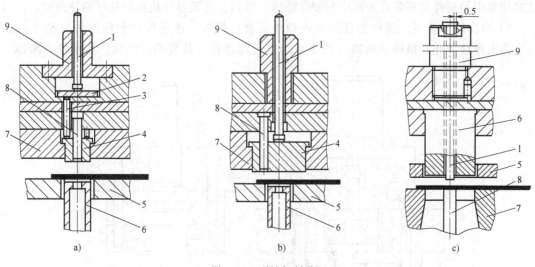

图 2-46 刚性卸料装置

1—打杆 2—推板 3—连接推杆 4—推件块 5—卸料板（弹性） 6—凸凹模 7—凹模 8—凸模 9—模柄

刚性推件装置的设计内容如下。

① 打杆。打杆装配在模柄孔中，并能在模柄孔内上下运动，因此它的直径比模柄内的孔径单边小 0.5mm，长度由模具结构决定，在模具开启时一般超出模柄 10~15mm。

② 推板（JB/T 7650.4—2008）。国家标准规定的推板结构如图 2-47 所示。推板的形状无须与工件的形状一致，只要有足够的刚度。其平面形状和尺寸可根据实际需要选用，不必

设计得太大，能够覆盖到连接推杆即可，以减小安装推板的孔的尺寸。图 2-47 所示的 A 型常用于正装复合模制件孔较多的情况，此时必须采用凸缘模柄或旋入式模柄；图 2-47 所示的 B、C、D 型常用于压入式模柄，应保证在模柄中开槽时不影响模柄的刚度和强度。

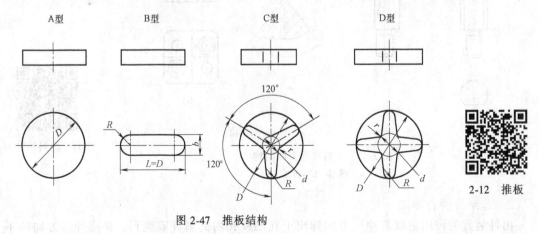

图 2-47 推板结构

③ 连接推杆。连接推杆是连接推板和推件块的传力杆，通常需要 2~4 根，且分布均匀、长度一致，可根据模具的结构进行设计。

④ 推件块。推件块与落料凹模及冲孔凸模进行配合，当推件块以内孔导向时，其型孔与凸模按 H9/h6 配合，外形与凹模按 H7/h12 配合；当推件块以外形导向时，其型孔与凸模按 H7/h12 配合，外形与凹模按 H9/h6 配合。刚性推件装置推件力大，工作可靠，可用于倒装式冲模中的推件和正装式冲模中的卸件或推出废料，尤其是冲裁板料较厚的冲裁模。

2）弹性推件装置。弹性推件装置由弹性元件、推板、连接推杆和推件块（图 2-48a）或直接由弹性元件和推件块组成（图 2-48b）。与刚性推件装置不同的是，其推件力来源于

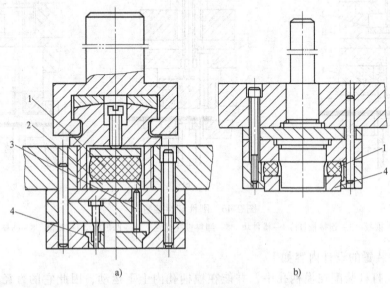

a)   b)

图 2-48 弹性推件装置
1—弹性元件 2—推板 3—连接推杆 4—推件块

弹性元件被压缩后的弹力，因此推件力不大，但出件平稳无撞击，同时兼有压料的作用，从而使冲压件质量较高，多用于冲压薄板以及工件精度要求较高的模具。弹性推件装置各组成零件的设计方法参考刚性推件装置。

（2）顶件装置

顶件装置一般是弹性的，其结构如图 2-49 所示，由顶件块、顶杆、托板和弹性元件组成。弹性元件可以是橡胶或弹簧。这种结构的顶件力容易调节，工作可靠，兼有压料作用，冲压件平面度较高，质量较好。

顶件装置各组成零件的设计方法参考刚性推件装置。顶件块外形与落料凹模呈间隙配合，一般情况下，其外形尺寸按 h8 制造。当零件要求平整时，按 f7 制造。

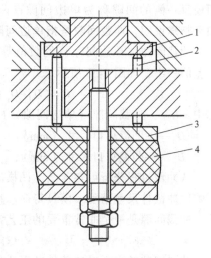

图 2-49　顶件装置
1—顶件块　2—顶杆　3—托板　4—弹性元件

2.5.4　案例分析——冲裁模结构类型确定

（1）电动机转子、电动机定子（落料形式）采用正装复合模时卸料、出料装置的选择

由于制件及废料均存于下模上表面，在冲裁时需及时清理下模上表面，因而只能采用弹性卸料板卸料。

制件由弹性顶件装置顶出落料凹模。

冲孔废料处理采用刚性推件和弹性推件两种形式，因弹性推件的使用使模具结构变得较为复杂、尺寸增大、冲压力增加，而刚性推件结构简单、不加大冲压力，所以宜选用刚性推件装置。

（2）电动机转子、电动机定子（落料形式）采用倒装复合模时卸料、出料装置的选择

由于制件存于下模上表面，在冲裁时需及时清理模具上表面，因而只能采用弹性卸料板卸料。

制件处理也有刚性推件和弹性推件两种形式，同理，因弹性顶件的使用使模具结构变得较为复杂、尺寸增大、冲压力增加，而刚性推件结构简单、不加大冲压力，所以宜选用刚性推件装置。

废料可由凸凹模漏料孔直接下出料。

（3）电动机转子、电动机定子采用级进模冲裁时卸料、出料装置的选择

一般采用下出件形式，若采用叠片切口（或叠片泡），则在模具内可直接叠压成所需片数后下出料。

由于材料厚度较小，不宜采用刚性卸料，而是选用弹性卸料。

2.6　冲裁模刃口尺寸计算

2.6.1　冲裁间隙的确定

冲裁间隙（GB/T 16743—2010）是指冲裁模凸模与凹模刃口侧壁之间的距离。凸模与

凹模每一侧的间隙称为单边间隙；两侧间隙之和称为双边间隙。**如无特殊说明，冲裁间隙是指单边间隙。**

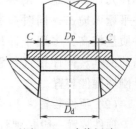

冲裁间隙（单边间隙）的数值等于凹模刃口与凸模刃口尺寸之差的一半，如图 2-50 所示。

$$C = (D_d - D_p)/2 \qquad (2\text{-}8)$$

式中　C——冲裁间隙（单边间隙）（mm）；

　　　D_d——凹模刃口尺寸（mm）；

　　　D_p——凸模刃口尺寸（mm）。

图 2-50　冲裁间隙

从冲裁过程分析可知，凸、凹模间隙对冲裁件断面质量有极其重要的影响。此外，冲裁间隙对冲裁件尺寸精度、模具寿命、冲裁力、卸料力、推件力和顶件力也有较大的影响。因此，冲裁间隙是一个非常重要的工艺参数。

1. 间隙对冲裁件断面质量的影响

冲裁间隙的大小对冲裁件断面质量的影响可分为下面四种情况进行对比，即间隙正常、间隙过大、间隙过小和间隙分布不均匀。从冲裁变形过程分析可知，当冲裁间隙合理时，能够使材料在凸、凹模刃口所产生的上下裂纹相互重合于同一位置，这样所得到的冲裁件断面剪切带 B 较大，而塌角高度 R 和毛刺高度 h 较小，断裂角 α 适中，零件表面较平整。冲裁件可得到较满意的质量，如图 2-51 所示。

间隙较小时，剪切带增加，塌角、毛刺、断裂带均减小；如果间隙过小，则在冲裁的断面上会出现两条剪切带，上端的毛刺高度也较大。如果间隙过大，冲裁件断面上出现较大的断裂带，使剪切带变小，毛刺和断裂角变大，塌角也有所增加，断面质量更差，如图 2-52 所示。

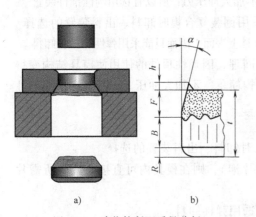

图 2-51　冲裁件断面质量分析

a）冲裁件断面方向　b）冲裁件断面区域符号

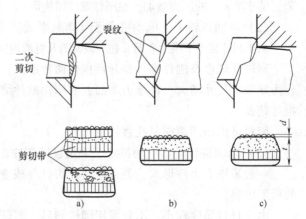

图 2-52　冲裁裂纹与断面变化

a）间隙过小　b）间隙适合　c）间隙过大

另外，即使选用了合理的间隙值，但由于装配模具时没能保证冲模间隙的均匀分布，同样会得不到理想的断面质量，间隙小的一边与间隙大的一边将出现不同的断面特征。

2. 冲裁间隙对冲裁件尺寸精度的影响

冲裁件的尺寸偏差主要是由两个方面造成的：一是冲模的制造偏差；二是冲裁件实际尺寸与冲模刃口尺寸之间的偏差，这里主要讨论后者。

金属的塑性变形是在应力超过弹性极限时产生的，因此在金属产生塑性变形时一定同时存在着弹性变形。冲裁时材料内部有弹性变形存在，当冲裁结束后，材料弹性变形立即恢复，这种弹性变形的恢复就使得冲裁实际尺寸与凸、凹模刃口尺寸之间产生一定的偏差，而决定弹性恢复量大小的重要因素是冲裁间隙。当冲裁结束后，随着受压缩金属的弹性恢复，使落料件外形尺寸比凹模刃口尺寸大，而冲孔件孔的尺寸比凸模尺寸小。

3. 冲裁间隙对冲裁力、卸料力、推件力、顶件力的影响

冲裁间隙对冲裁力的影响具有一定的规律。间隙越小，冲裁时所需的冲裁力也就越大。反之，间隙越大，冲裁时所需的冲裁力就越小。冲裁间隙的大小，对卸料力、推件力和顶件力也有相应的影响。间隙越小，卸料力、推件力和顶件力随之增加；间隙越大，卸料力、推件力和顶件力随之减小；一般当间隙增大到料厚的10%~20%时，卸料力几乎减少到零。

4. 冲裁间隙对冲模寿命的影响

实践证明，冲裁间隙是模具寿命诸多影响因素中最主要的一个。冲裁过程中，凸模与冲孔件之间，凹模与落料件之间均有剧烈的摩擦，而且间隙越小摩擦越严重。因此，过小的间隙对模具的寿命极为不利，而较小的间隙可使凸模和凹模的刃口侧面与材料间摩擦减小，并可减缓由于模具制造和安装误差所造成的间隙不均匀的不利影响，从而提高模具的使用寿命。

5. 合理间隙值的确定

所谓合理间隙，就是指采用这一间隙进行冲裁时，能够得到令人满意的冲裁件断面质量、较高的尺寸精度和较小的冲压力，并使模具有较长的使用寿命。然而，从上面分析的冲裁间隙对冲裁的影响规律可以看出，采用一个间隙同时满足上述各项要求是不可能的。因此，在生产上根据零件的具体要求区分主次，在满足主要因素的前提下兼顾次要因素，选择一个适当的间隙范围作为合理间隙，其上限为最大合理间隙，其下限为最小合理间隙。合理间隙是一个范围值，在具体设计时，根据零件在生产中的具体要求可按下列原则进行选取。

1）当冲裁件尺寸精度要求不高，或对断面质量无特殊要求时，为了提高模具使用寿命和减小冲压力，从而获得较大的经济效益，一般采用较大的间隙值。

2）当冲裁件尺寸精度要求较高，或对断面质量有较高要求时，应选择较小的间隙值。

3）在设计冲裁模刃口尺寸时，考虑到模具在使用过程中的磨损会使刃口间隙增大，应按最小间隙值来计算刃口尺寸。

确定合理间隙的方法有理论计算法、有限元分析法、经验确定法及查表法等。查表法是工厂中设计模具时普遍采用的方法之一。选用金属板料冲裁间隙时，可先参考表2-25确定间隙类别，再根据表2-26选择适合的冲裁间隙值。

表2-25 金属板料冲裁间隙分类

项目名称 \ 类别	Ⅰ类	Ⅱ类	Ⅲ类	Ⅳ类	Ⅴ类
剪切面特征	毛刺细长 α很小 剪切带很大 塌角很小	毛刺中等 α小 剪切带大 塌角小	毛刺一般 α中等 剪切带中等 塌角中等	毛刺较大 α大 剪切带小 塌角大	毛刺大 α大 剪切带最小 塌角大
精度要求	高	较高	一般	不高	较低

表 2-26　金属板料冲裁间隙值 （GB/T 16743—2010）

材　　料	初始间隙/%t				
	Ⅰ类	Ⅱ类	Ⅲ类	Ⅳ类	Ⅴ类
低碳钢 08F、10F、10、20、Q235-A	1.0~2.0	3.0~7.0	7.0~10.0	10.0~12.5	21.0
中碳钢 45,不锈钢 1Cr18Ni9Ti、40Cr13	1.0~2.0	3.5~8.0	8.0~11.0	11.0~15.0	23.0
高碳钢 T8A、T10A、65Mn	2.5~5.0	8.0~12.0	12.0~15.0	15.0~18.0	25.0
纯铝 1060、1050A、1035、1200,铝合金（软态）3A21,黄铜（软态）H62,纯铜（软态）T1、T2、T3	0.5~1.0	2.0~4.0	4.5~6.0	6.5~9.0	17.0
黄铜（硬态）H62,铅黄铜 HPb59-1,纯铜（硬态）T1、T2、T3	0.5~2.0	3.0~5.0	5.0~8.0	8.5~11.0	25.0
铝合金（硬态）ZA12、锡磷青铜 QSn4-4-2.5、铝青铜 QA17、铍青铜 QBe2	0.5~1.0	3.5~6.0	7.0~10.0	11.0~13.5	20.0
镁合金 MB1、MB8	0.5~1.0	1.5~2.5	3.5~4.5	5.0~7.0	16.0
电工硅钢	—	2.5~5.0	5.0~9.0	—	—

注：该表适用于厚度为 10mm 以下的金属板料,当料厚≤1mm 时,各类间隙取其下限值,随料厚的增加而递增（可参考国家标准 GB/T 16743—2010）；其他金属板料的冲裁间隙值可参照表中抗剪强度相近的材料进行选取。

由于各类间隙值之间没有绝对的界限,因此还必须根据冲裁件尺寸与形状,模具材料和加工方法,以及冲压方法、速度等因素酌情增减间隙值。

1）在同样的条件下,可根据不同的零件质量要求,依据生产实践把握,使冲孔间隙比落料间隙适当大一些。

2）冲小孔（一般为孔径小于料厚）时,凸模易折断,间隙应取大值。但这时要采取有效措施,防止废料回升。

3）硬质合金冲裁模应比钢模的间隙大 30% 左右。

4）复合模的凸凹模壁单薄时,为防止胀裂,根据不同的产品质量要求,适当放大冲孔凹模间隙。

5）硅钢片随含硅量增加,间隙相应取大些,由试验确定放大间隙量。

6）采用弹性压料装置时,间隙可大些,放大的间隙量根据不同弹压装置实际应用测定。

7）高速冲压时,模具容易发热,间隙应增大。如行程次数超过每分钟 200 次,间隙应增大 10% 左右。

8）电加工模具刀口时,间隙应考虑变质层的影响。

9）加热冲裁时,间隙应减小,减小的间隙量由实际情况测定。

10）凹模为斜壁刃口时,应比直壁刃口间隙小。

11）对需要攻丝的孔,间隙应取小些,减小的间隙量由实际情况测定。

🖥 案例分析

电动机转子和定子对冲裁断面质量要求较高,一般为Ⅲ类断面,由表 2-26 可查得 $c = (5\% \sim 9\%)t$,即 $c = 0.018 \sim 0.032$mm。

2.6.2 凸、凹模刃口尺寸计算的原则

在冲裁过程中，凸、凹模的刃口尺寸及制造公差直接影响冲裁件的尺寸精度。合理的冲裁间隙也要依靠凸、凹模刃口尺寸的准确性来保证。因此，正确选取冲裁模刃口尺寸及制造公差是冲裁模设计过程中的一项关键性工作。

在讨论冲裁模刃口尺寸计算原则之前，根据生产实际应首先明确下列问题。

1) 凸、凹模之间存在间隙，因此落下来的料和冲出来的孔都是带有锥度的，且落料件的大端尺寸等于凹模尺寸，冲孔件的小端尺寸等于凸模尺寸。

2) 在测量与使用中，落料件以大端尺寸为基准，冲孔孔径以小端尺寸为基准，即冲裁件的尺寸是以测量剪切带尺寸为基准的。

3) 冲裁时，凸、凹模与冲裁件或废料发生摩擦，凸模越磨越小，凹模越磨越大，从而导致凸、凹模间隙越用越大。

在确定刃口尺寸及制造尺寸公差时应遵循的原则如下。

1) 落料尺寸取决于凹模尺寸，冲孔尺寸取决于凸模尺寸，所以，在设计落料模时，以凹模为基准，间隙取在凸模上，冲裁间隙通过减小凸模的刃口尺寸来取得；在设计冲孔模时，以凸模为基准，间隙取在凹模上，冲裁间隙通过增大凹模刃口的尺寸来取得。

2) 根据磨损规律，设计落料模时，凹模基本尺寸应取制件尺寸公差范围内的较小尺寸；设计冲孔模时，凸模基本尺寸则应取制件孔尺寸公差范围内的较大尺寸。这样，在凸、凹模磨损到一定程度的情况下，仍能冲出合格制件。磨损留量用 $x\Delta$ 表示，其中，Δ 为工件的公差值，x 称磨损系数，其值在 0.5~1 之间，与冲裁件制造精度有关。一般当冲裁件精度在 IT10 以上时，$x=1$；当冲裁件精度在 IT11~IT13 时，$x=0.75$；当冲裁件精度在 IT14 时，$x=0.5$。x 值也可按表 2-27 选取。

表 2-27 磨损系数 x

材料厚度 t/mm	非圆形			圆形	
	1	0.75	0.5	0.7	0.5
	制件公差 Δ/mm				
≤1	≤0.16	0.17~0.35	≥0.36	<0.16	≥0.16
>1~2	≤0.20	0.21~0.41	≥0.42	<0.20	≥0.20
>2~4	≤0.24	0.25~0.49	≥0.50	<0.24	≥0.24
>4	≤0.30	0.31~0.59	≥0.60	<0.30	≥0.30

3) 不管是落料还是冲孔，在初始设计模具时，冲裁间隙一般采用最小合理间隙值。

4) 冲裁模刃口尺寸的制造偏差方向，原则上单向指向金属实体内部，即凹模（内表面）刃口尺寸制造偏差取正值（$+\delta_d$）；凸模（外表面）刃口尺寸制造偏差取负值（$-\delta_p$）；而对刃口尺寸磨损后不变化的尺寸，制造偏差应取双向偏差（$\pm\delta_d$ 或 $\pm\delta_p$）。对于形状简单的圆形、方形刃口，其制造偏差可按 IT6~IT7 级来选取或按表 2-28 选取；对于形状复杂的刃口，其制造偏差按工件相应部位公差值的 1/4 来选取；对于刃口尺寸磨损后无变化的制造偏差可取工件相应部位公差值的 1/8 并以 "±" 选取；如果工件没有标注公差，可以认为工件为 IT14 级取值。

表 2-28　规则形状（圆形、方形）凸、凹模刃口尺寸偏差　　　　　　（mm）

基本尺寸	凸模偏差 δ_p	凹模偏差 δ_d
≤18		+0.020
>18~30	−0.020	+0.025
>30~80		+0.030
>80~120	−0.025	+0.035
>120~180	−0.030	+0.040
>180~260		+0.045
>260~360	−0.035	+0.050
>360~500	−0.040	+0.060
>500	−0.050	+0.070

5）冲裁模加工方法不同，其刃口尺寸的计算方法也不同。冲裁模的加工方法分为互换加工法（也叫分别加工法）和配做加工法两种，见表 2-29。

表 2-29　两种加工模具的方法比较

模具加工方法	互换加工法	配做加工法
定义	凸模和凹模分别按照各自的图样加工到最后的尺寸	先加工基准模，非基准模的刃口尺寸根据已加工好的基准模刃口的实际尺寸，按照最小合理间隙配做
优点	凸、凹模可以并行制造，缩短了模具的制造周期；模具零件可以互换	模具间隙在配做时保证，降低了模具加工难度；只需绘制详细的基准模零件图，绘图工作量减少
缺点	需分别绘制凸、凹模的零件图；模具间隙靠模具加工精度保证，增加了模具的加工难度	非基准模必须在基准模制造完成后才能制造，模具制造周期长，模具零件不能互换
应用情况	随着模具制造技术的发展，实际生产中绝大多数的模具都是采用互换加工法制造的，配做加工法的应用已越来越少	

2.6.3　凸、凹模刃口尺寸计算方法

采用互换加工法时，设计时需要在图样上分别标注凸、凹模的刃口尺寸及制造公差。为了保证冲裁间隙在合理范围内，需满足下列关系式：

$$|\delta_p| + |\delta_d| \leqslant Z_{max} - Z_{min} \tag{2-9}$$

或取

$$\delta_d = 0.6(Z_{max} - Z_{min})$$

$$\delta_p = 0.4(Z_{max} - Z_{min})$$

1）落料

$$D_d = (D_{max} - x\Delta)_{0}^{+\delta_d} \tag{2-10}$$

$$D_p = (D_d - Z_{min})_{-\delta_p}^{0} = (D_{max} - x\Delta - Z_{min})_{-\delta_p}^{0} \tag{2-11}$$

2）冲孔

$$d_p(d_{min} + x\Delta)_{-\delta_p}^{0} \tag{2-12}$$

$$d_d = (d_p + Z_{min})_{0}^{+\delta_d} = (d_{min} + x\Delta + Z_{min})_{0}^{+\delta_d} \tag{2-13}$$

3）孔心距

$$L_d = (L_{min} + 0.5\Delta) \pm 0.125\Delta \qquad (2\text{-}14)$$

式中　D_d——落料凹模基本尺寸（mm）；

　　　D_p——落料凸模基本尺寸（mm）；

　　　d_d——冲孔凹模基本尺寸（mm）；

　　　d_p——冲孔凸模基本尺寸（mm）；

　　　L_d——同一工步中凹模孔距基本尺寸（mm）；

　　　D_{max}——落料件上极限尺寸（mm）；

　　　d_{min}——冲孔件孔的下极限尺寸（mm）；

Z_{max}，Z_{min}——凸、凹模最大/小初始双边间隙（mm）；

　　　x——磨损系数，按刃口尺寸计算原则2）中所述选取（或查表2-27）；

　　　Δ——制件公差；

　　　δ_p——凸模下极限偏差，按IT6~IT7选取（或查表2-28）；

　　　δ_d——凹模上极限偏差，按IT6~IT7选取（或查表2-28）。

采用其他方法加工冲模时，凸、凹模刃口尺寸的计算见本书配套资源。

2.6.4　案例分析——刃口尺寸计算

电动机转子和定子的刃口尺寸计算见表2-30。

表2-30　刃口尺寸计算

零件名称	零件尺寸	基准件刃口尺寸
电动机转子		按零件精度IT9级，取 $x = 1$ 由附录K按IT9级查得：$\Delta_{\phi45}$、$\Delta_{\phi32}$、$\Delta_{\phi42}$、$\Delta_{\phi34}$ 为 0.062mm；$\Delta_{\phi20}$、$\Delta_{\phi23}$ 为 0.052mm；$\Delta_{\phi10} = 0.027$mm；$\Delta_{\phi47.2} = 0.050$mm 由表2-28查得，所有尺寸的凸模制造偏差 δ_p 为 0.02mm，各尺寸的凹模制造偏差依次为：$\delta_{d\phi47.2}$、$\delta_{d\phi45}$、$\delta_{d\phi32}$ 为 0.03mm；$\delta_{d\phi20}$、$\delta_{d\phi23}$ 为 0.025mm；$\delta_{d\phi10}$ 为 0.02mm 电动机转子冲裁间隙 $Z = 2C = 0.036 \sim 0.64$mm，经分析不满足 $\|\delta_p\| + \|\delta_d\| \leqslant Z_{max} - Z_{min}$，则 $\delta_d = 0.017$mm，$\delta_p = 0.012$mm $D_{d\phi47.2} = (47.2 - 1 \times 0.05)^{+0.017}_{0}$ mm $= 47.15^{+0.017}_{0}$ mm $D_{p\phi47.2} = (47.15 - 0.036)^{0}_{-0.012}$ mm $= 47.114^{0}_{-0.012}$ mm $D_{d\phi45} = (45 - 1 \times 0.062)^{+0.017}_{0}$ mm $= 44.938^{+0.017}_{0}$ mm $D_{p\phi45} = (44.938 - 0.036)^{0}_{-0.012}$ mm $= 44.902^{0}_{-0.012}$ mm $D_{d\phi32} = (32 - 1 \times 0.062)^{+0.017}_{0}$ mm $= 31.938^{+0.017}_{0}$ mm $D_{p\phi32} = (31.938 - 0.036)^{0}_{-0.012}$ mm $= 31.902^{0}_{-0.012}$ mm $d_{p\phi23} = (23 + 1 \times 0.052)^{0}_{+0.012}$ mm $= 23.052^{0}_{+0.012}$ mm $d_{d\phi23} = (23.052 + 0.036)^{+0.017}_{0}$ mm $= 23.088^{+0.017}_{0}$ mm $d_{p\phi20} = (20 + 1 \times 0.052)^{0}_{-0.012}$ mm $= 20.052^{0}_{-0.012}$ mm $d_{d\phi20} = (20.052 + 0.036)^{+0.017}_{0}$ mm $= 20.088^{+0.017}_{0}$ mm $d_{p\phi10} = (10 + 1 \times 0.027)^{0}_{-0.012}$ mm $= 10.027^{0}_{-0.012}$ mm $d_{d\phi10} = (10.027 + 0.036)^{+0.017}_{0}$ mm $= 10.063^{+0.017}_{0}$ mm $L_{d34} = (34 + 0.5 \times 0.062)$ mm $\pm 0.125 \times 0.062$ mm 　　$= (34.031 + 0.008)$ mm $L_{d34} = (42 + 0.5 \times 0.062)$ mm $\pm 0.125 \times 0.062$ mm 　　$= (42.031 + 0.008)$ mm

（续）

零件 名称	零件尺寸	基准件刃口尺寸
电动机定子		按零件精度 IT8 级,取 $x=1$ 由附录 N 按 IT8 级查得:$\Delta_{\phi5}$、$\Delta_{\phi4}$ 为 0.018mm;Δ_{28} 为 0.033mm;Δ_{50}、Δ_{40} 为 0.039mm;Δ_{54}、Δ_{63}、Δ_{74} 为 0.046mm;$\Delta_{\phi84}$、$\Delta_{\phi48.2}$ 为 0.05mm 由表 2-28 查得:凸模制造偏差 $\delta_{p\phi5}$、$\delta_{p\phi4}$、$\delta_{p\phi48.2}$ 为 0.02mm,$\delta_{p\phi84}$ 为 0.025mm;凹模制造偏差 $\delta_{d\phi5}$、$\delta_{d\phi4}$ 为 0.02mm;$\delta_{d\phi48.2}$ 为 0.03mm;$\delta_{d\phi84}$ 为 0.035mm 电动机定子冲裁间隙 $Z=2C=0.036\sim0.064$mm,经分析不满足 $\mid\delta_p\mid+\mid\delta_d\mid\leqslant Z_{max}-Z_{min}$,则 $\delta_d=0.017$mm,$\delta_p=0.012$mm $D_{d\phi84}=(84-1\times0.05)^{+0.017}_{0}mm=83.95^{+0.017}_{0}$mm $D_{p\phi84}=(83.95-0.036)^{0}_{-0.012}mm=83.914^{0}_{-0.012}$mm $d_{p\phi48.2}=(48.2+1\times0.05)^{0}_{-0.012}mm=48.25^{0}_{-0.012}$mm $d_{d\phi48.2}=(48.25+0.036)^{+0.017}_{0}mm=48.286^{+0.017}_{0}$mm $d_{p\phi5}=(5+1\times0.018)^{0}_{-0.012}mm=5.018^{0}_{-0.012}$mm $d_{d\phi5}=(5.018+0.036)^{+0.017}_{0}mm=5.054^{+0.017}_{0}$mm $d_{p\phi4}=(4+1\times0.018)^{0}_{-0.012}mm=4.018^{0}_{-0.012}$mm $d_{d\phi4}=(4.018+0.036)^{+0.017}_{0}mm=4.054^{+0.017}_{0}$mm $d_{p\phi10}=(10+1\times0.027)^{0}_{-0.012}mm=10.027^{0}_{-0.012}$mm $d_{d\phi10}=(10.027+0.036)^{+0.017}_{0}mm=10.063^{+0.017}_{0}$mm $L_{d28}=(28+0.5\times0.033)mm\pm0.125\times0.033$mm $\quad=28.002\pm0.004$mm $L_{d50}=(50+0.5\times0.039)mm\pm0.125\times0.039$mm $\quad=50.020\pm0.005$mm $L_{d40}=(40+0.5\times0.039)mm\pm0.125\times0.039$mm $\quad=40.020\pm0.005$mm $L_{d74}=(74+0.3\times0.046)mm\pm0.125\times0.046$mm $\quad=74.023\pm0.006$mm $L_{d54}=(54+0.3\times0.046)mm\pm0.125\times0.046$mm $\quad=754.023\pm0.006$mm $L_{d63}=(63+0.5\times0.046)mm\pm0.125\times0.046$mm $\quad=63.023\pm0.006$mm

随着模具材料性能的不断改善，实际生产中的模具寿命在绝大多数情况下已经完全能够满足生产纲领的需要，即模具的报废不再是因为寿命的原因，而是因为产品换代的原因。因此实际生产中，模具刃口尺寸的计算基本上不考虑模具刃口的磨损对模具寿命的影响，普遍使用的方法是，首先将产品的尺寸和公差转换成正负偏差的标注形式，若是落料，则直接取凹模刃口的尺寸为产品的尺寸；若是冲孔，则直接取冲孔凸模的刃口尺寸为产品的尺寸。

2.7 冲压力计算

冲压力是冲裁力、卸料力、推件力和顶件力的总称，如图 2-53 所示。

2.7.1 冲裁力的计算

冲裁力是冲裁时凸模冲穿板料所需的压力，它是随凸模进入板料的深度而变化的，如图 2-54 所示。

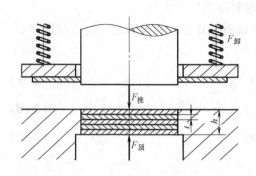

图 2-53　卸料力、推件力、顶件力

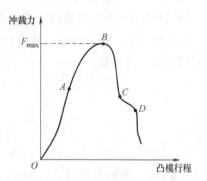

图 2-54　冲裁力曲线

图 2-54 中，OA 段为冲裁的弹性变形阶段，AB 段为塑性剪切阶段，B 点的冲裁力最大，此时板料开始出现剪裂纹，BC 段是裂纹扩展、重合阶段，CD 段的压力主要是克服材料与刃口的摩擦力。

影响冲裁力的因素很多，主要有材料力学性能、料厚、冲裁轮廓线长度、模具间隙大小以及刃口锋利程度。

一般平刃口模具冲裁时，其冲裁力可按下式计算：

$$F = K \cdot L \cdot t \cdot \tau \tag{2-15}$$

式中　F——冲裁力（N）；

$\quad\quad K$——考虑模具间隙的不均匀、刃口的磨损、材料力学性能与厚度的波动等因素引入
$\quad\quad\quad\quad$ 的修正系数，一般取 $K = 1.3$；

$\quad\quad L$——冲裁件周边长度（mm）；

$\quad\quad t$——材料厚度（mm）；

$\quad\quad \tau$——材料抗剪强度（MPa）。

对于同一种材料，其抗拉强度与抗剪强度的关系为 $R_m \approx 1.3\tau_b$，冲裁力也可按下式计算：

$$F = L \cdot t \cdot R_m \tag{2-16}$$

式中　R_m——材料抗拉强度（MPa）。

分析冲裁力公式可知，当材料的厚度 t 一定时，冲裁力的大小主要与零件的周边长度和

材料的强度成正比，因此，降低冲裁力主要考虑这两个因素。采用一定的工艺措施和改变冲模的结构完全可以达到降低冲裁力的目的。同时，还可以减小冲击、振动和噪声，这对改善冲压环境也有积极意义。

2.7.2 冲裁辅助力的计算

冲裁成形过程除了需要冲裁力外，还需要卸料力、推件力或顶件力等辅助力协助完成冲裁过程。

1）卸料力（stripping force）是指从凸模或凸、凹模上将制件或废料卸下来所需的力。

2）推件力（ejecting force）是指从凹模内顺冲裁方向将制件或废料推出所需的力。

3）顶件力是指从凹模内逆冲裁方向将制件或废料顶出所需的力。

影响卸料力、推件力和顶件力的因素很多，要精确计算是比较困难的。在实际生产中，常采用经验公式计算：

$$F_{卸} = K_{卸} F \tag{2-17}$$

$$F_{推} = n K_{推} F \tag{2-18}$$

$$F_{顶} = K_{顶} F \tag{2-19}$$

式中 $K_{卸}$——卸料力系数；

      $K_{推}$——推件力系数；

      $K_{顶}$——顶件力系数；

      n——同时卡在凹模孔里的工件（或废料）数，$n = h/t$，h 为凹模刃口高度，t 为材料厚度。

卸料力、推件力、顶件力系数的值见表 2-31。

表 2-31 卸料力、推件力和顶件力系数

料 厚		$K_{卸}$	$K_{推}$	$K_{顶}$
钢	≤0.1	0.060~0.090	0.100	0.14
	>0.1~0.5	0.040~0.070	0.065	0.08
	>0.5~2.5	0.025~0.060	0.050	0.06
	>2.5~6.5	0.020~0.050	0.045	0.05
	>6.5	0.015~0.040	0.025	0.03
铝、铝合金		0.030~0.080	0.03~0.07	
纯铜、黄铜		0.020~0.060	0.03~0.09	

2.7.3 案例分析——冲压力计算

电动机转子和定子的冲压力计算见表 2-32。

表2-32　冲压力计算

冲裁形式		冲裁力	卸料力	推件力	顶件力	总冲压力
电动机转子	正装复合	D31的 $\tau=190$MPa $F_{\phi10}=1.3\times31.42\times0.35\times190\approx2831(N)$ $F_{槽}=1.3\times25.3\times0.35\times190\approx2187(N)$ $F_{\phi47.2}=1.3\times112\times0.35\times190\approx9682(N)$ $F=2831+2187\times12+9682=38757(N)$	$K_{卸}=0.040\sim0.070$ 取 $K_{卸}=0.055$ $F_{卸}=0.055\times35926\approx1976(N)$	$F_{推}=0$	$K_{顶}=0.08$ $F_{顶}=0.08\times38757\approx3101(N)$	$F_\Sigma=38757+1976+3101=43834(N)$
	倒装复合	$F_{\phi47.2}=1.3\times112\times0.35\times190\approx9682(N)$ $F=2831+2187\times12+9682=38757(N)$	$K_{卸}=0.065$ $F_{卸}=0.055\times35926\approx1976(N)$	$F_{推}=10\times0.065\times2831\approx1840(N)$	$F_{顶}=0$	$F_\Sigma=38757+1976+1840=42573(N)$
	级进	$F_{槽}=1.3\times29.1\times0.35\times190\approx2516(N)$ $F_{切口}=1.3\times31.51\times0.35\times190\approx2724(N)$ $F=2831+2516\times12+9682+2724=45429(N)$	$F_{卸}=0.055\times45429\approx2499(N)$	$F_{推}=10\times0.065\times45429\approx29528(N)$	$F_{顶}=0$	$F_\Sigma=45429+2499+29528=77456(N)$
电动机定子	正装复合	$F_{槽}=1.3\times119.26\times0.35\times190\approx10310(N)$ $F_{\phi48.2}=1.3\times103.47\times0.35\times190\approx4628(N)$ $F_{外}=1.3\times252.65\times0.35\times190\approx21842(N)$ $F_{\phi5}=1.3\times15.92\times2\times0.35\times190\approx2753(N)$ $F_{\phi4}=1.3\times12.57\times4\times0.35\times190\approx4336(N)$ $F=10310+4628+21842+2753+4336=43869(N)$	$F_{卸}=0.055\times21842\approx1201(N)$	$F_{推}=0$	$F_{顶}=0.08\times43869\approx3510(N)$	$F_\Sigma=43869+1201+3510=48580(N)$
	倒装复合			$F_{推}=10\times0.065\times17399\approx11309(N)$	$F_{顶}=0$	$F_\Sigma=43869+1201+11309=56379(N)$
	级进	$F_{侧刃}=1.3\times64.22\times0.35\times190\approx5552(N)$ $F_{\phi5}=1.3\times15.92\times2\times0.35\times190\approx2753(N)$ $F_{\phi4}=1.3\times12.57\times4\times0.35\times190\approx4336(N)$ $F_{\phi6}=1.3\times18.85\times2\times0.35\times190\approx3259(N)$ $F_{\phi48.2}=1.3\times103.47\times0.35\times190\approx4628(N)$ $F_{槽}=1.3\times183.14\times0.35\times190\approx15832(N)$ $F_{切废}=1.3\times155.95\times0.35\times190\approx13482(N)$ $F_{切断}=1.3\times57\times0.35\times190\approx4928(N)$ $F=5552+2753+4336+3259+4628+15832+13482+4928=54770(N)$	$F_{卸}=0.055\times31154\approx1713(N)$ 注:冲裁轮廓线不封闭时仅考虑有相应对边的卸料力	$F_{推}=10\times0.065\times31154\approx20250(N)$	$F_{顶}=0$	$F_\Sigma=54770+1713+20250=76733(N)$

（续）

冲裁形式	冲裁力	卸料力	推件力	顶件力	总冲压力
电动机转子与定子混合排	$F_{侧刃} = 1.3 \times 64.22 \times 0.35 \times 190 \approx 5552(N)$ $F_{\phi6} = 1.3 \times 18.85 \times 2 \times 0.35 \times 190 \approx 3259(N)$ $F_{\phi5} = 1.3 \times 15.92 \times 2 \times 0.35 \times 190 \approx 2753(N)$ $F_{\phi10} = 1.3 \times 31.42 \times 0.35 \times 190 \approx 2831(N)$ $F_{切口} = 1.3 \times 31.51 \times 0.35 \times 190 \approx 2724(N)$ $F_{\phi4} = 1.3 \times 12.57 \times 4 \times 0.35 \times 190 \approx 4336(N)$ $F_{槽1} = 1.3 \times 343.45 \times 0.35 \times 190 \approx 29691(N)$ $F_{\phi47.2} = 1.3 \times 113.68 \times 0.35 \times 190 \approx 9828(N)$ $F_{\phi48.2} = 1.3 \times 103.47 \times 0.35 \times 190 \approx 4628(N)$ $F_{槽2} = 1.3 \times 152.42 \times 0.35 \times 190 \approx 13178(N)$ $F_{切废} = 1.3 \times 155.95 \times 0.35 \times 190 \approx 13482(N)$ $F_{切断} = 1.3 \times 57 \times 0.35 \times 190 \approx 4928(N)$ $F = 5552+3259+2753+2831+2724+4336$ $+29691+9828+4628+13178+13428+4928$ $= 97136(N)$	$F_{卸} = 0.055 \times 73574$ $\approx 4047(N)$	$F_{推} = 10 \times 0.065 \times 73574$ $\approx 47823(N)$	$F_{顶} = 0$	$F_{\Sigma} = 97136+4047+47823$ $= 137970(N)$

2.7.4 弹簧和橡胶零件的选用

弹簧和橡胶零件是模具中广泛应用的弹性零件，主要用于卸料、推件和压边等场合。下面主要介绍矩形截面模具弹簧和橡胶的选用办法。

1. 矩形截面模具弹簧

矩形截面模具弹簧（简称模具弹簧）具有安装体积小、弹性好、刚度大、精密度高等特点，主要用于冲压模、金属压铸模、塑料注射模以及结构精密的机械设备等。

模具弹簧主要选用 50CrVA，制作材料呈矩形及表面分色喷涂（镀），外表美观。目前其标准化产品主要有日本标准 B5012（较小载荷、轻载荷、中载荷、重载荷、超重载荷）、美国联合标准（中载荷、中等载荷、重载荷、超重载荷）、美国 ISO 标准（轻载荷、中载荷、重载荷、超重载荷）、德标 ISO 10243（1S、2S、3S、4S、5S）等规格。

虽然不同国家和企业制定了各自的标准，但模具弹簧规格仍基本分为较小载荷、轻载荷、中载荷、重载荷、超重载荷几种。

模具弹簧的主要参数有定数、压缩量、载荷。可以通过查表 2-33 计算弹簧压缩需要的力。

表 2-33 模具弹簧使用次数和压缩比的关系

载荷种类	使用 100 万	使用 50 万次	使用 30 万次	最大压缩度	色别
	(压缩比：占自由高度的%)				
较小	40.0	45.0	50.0	58.0	黄色
轻	32.0	36.0	40.0	48.0	蓝色
中	25.6	28.8	32.0	38.0	红色
重	19.2	21.6	24.0	28.0	绿色
超重	16.0	18.0	22.0	24.0	棕色

定数就是弹簧的刚度系数 k（又称劲度系数），k 是常数，单位一般为 kgf/mm，根据胡克定律，弹力 $f=kx$，刚度系数在数值上等于弹簧伸长（或缩短）单位长度时的弹力。

压缩量就是弹簧允许的最大拉伸或压缩量，即变形极限。

载荷就是该弹簧的承受拉力或压力的最大值。

例：某小型轻载荷弹簧（外径 16 mm、内径 8mm、自由长度 40mm、定数 1.05kgf/mm、压缩量 20mm、载荷 20kgf），压缩这个弹簧长度到 30mm 时需要多少力？压缩到 25mm 需要多少力？该弹簧承受的最大力为多少？

该小型轻载荷弹簧定数为 1.05kgf/mm，即该弹簧压缩 1mm 需要的力是 1.05kgf（千克力或公斤力），即 1.05×9.8N = 10.29N。

弹簧原长 40mm，压缩到 30mm，压缩了 10mm，压缩弹簧需要的力为 10×1.05kgf = 10.5kgf，也就是 10.5 公斤的重力，即 10.5×9.8N = 102.9N。弹簧压缩到 25mm，压缩量是 15mm，压缩弹簧需要的力为 15×1.05kgf = 15.75kgf，也就是 15.75 公斤的重力，即 15.75×9.8N = 154.35N。

弹簧的载荷为 20kgf，即在最大压缩时，承受的最大力为 20×9.8N = 196N，即只能承受 20 公斤的力。

64 \\\\\

设计模具时，压缩弹簧一般按照标准选用（参见附录O）。

（1）选用标准弹簧时应满足的要求

1）弹簧应有足够的预压力，即

$$F_{预} \geqslant F_{卸}/n \qquad (2-20)$$

式中 $F_{预}$——弹簧的预压力（N）；

  $F_{卸}$——卸料力或推件、压边力（N）；

  n——弹簧根数。

2）压缩量应足够，即

$$s_1 \geqslant s_{总} = s_{预} + s_{工作} + s_{修磨} \qquad (2-21)$$

式中 s_1——弹簧允许的最大压缩量（mm）；

  $s_{总}$——弹簧需要的总压缩量（mm）；

  $s_{预}$——弹簧的预压缩量（mm），一般选用1个料厚或3mm；

  $s_{工作}$——卸料板、推件块或压边圈的工作行程（mm），一般选用1个料厚；

  $s_{修磨}$——模具的修磨量或调整量（mm），一般取4~6mm。

3）应符合模具结构空间的要求。模具闭合高度的大小限定了所选弹簧在预压状态下的长度，上下模座的尺寸限定了卸料板的面积，也就限定了允许弹簧占用的面积，所以必须根据模具结构空间的要求选取弹簧的根数、直径和长度。

（2）选择压缩弹簧的步骤

1）根据弹簧需要的总压缩量 $s_{总}$ 和压缩比（见表2-33），初步确定按规定次数工作的弹簧的自由长度 H_0。

$$H_0 \geqslant s_{总}/压缩比 \qquad (2-22)$$

2）根据模具结构确定弹簧根数 n，并计算出每根弹簧分担的卸料力（或推件力、压边力）$F_{预}$，然后计算弹簧定数 k。

$$k \geqslant F_{预}/(s_{预} \times 9.8) \qquad (2-23)$$

3）根据弹簧自由长度 H_0、定数 k 与 s_1，在弹簧规格表中选出合适的规格。

4）检查弹簧的装配长度（即弹簧预压缩后的长度=弹簧的自由长度 H_0-预压缩量 $s_{预}$）、根数、直径是否符合模具结构空间尺寸，如符合要求，则为最后选定的弹簧规格，否则重选。这一步骤一般在绘图过程中检查。

2. 橡胶

橡胶允许承受的负荷比弹簧大，且安装调试方便、成本低，是模具中广泛使用的弹性元件。橡胶受压力所产生的变形与其所受的压力不呈线性关系，其特性曲线如图2-55所示。由图可知橡胶的单位压力与橡胶的压缩量、形状及尺寸的关系（图中 a 曲线指空心圆柱橡胶、b 曲线指实心圆柱橡胶、c 曲线指方形橡胶、d 曲线指长方形橡胶）。橡胶所能产生的压力为

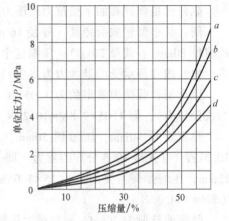

图 2-55 橡胶的受压特性曲线

$$F = AP \tag{2-24}$$

式中　A——橡胶的横截面积（mm^2）；

　　　P——与橡胶压缩量有关的单位压力（MPa），由图 2-55 查出。

　　为了保证橡胶的正常使用，不至于过早损坏，应控制其允许的最大压缩量 $s_{总}$，一般取自由高度 $H_{自由}$ 的 35%~45%。而橡胶的预压缩量 $s_{预}$ 一般取自由高度 $H_{自由}$ 的 10%~15%。则橡胶的工作行程为

$$s_{工作} = s_{总} - s_{预} = (0.25 \sim 0.30) H_{自由} \tag{2-25}$$

　　所以橡胶的自由高度为

$$H_{自由} = s_{工作} \div (0.25 \sim 0.30) \approx (3.5 \sim 4.0) s_{工作} \tag{2-26}$$

式中　$s_{工作}$——卸料板、推件块或压边圈等的工作行程与模具修磨量或调整量（4~6mm）
　　　　　　之和再加 1 个料厚。

　　橡胶的高度 H 与直径 D 之比必须在下式范围内

$$0.5 \leqslant H/D \leqslant 1.5 \tag{2-27}$$

　　如果 H/D 超过 1.5，则应将橡胶分成若干段，在其间垫钢垫圈，并使每段橡胶的 H/D 仍在上述范围内。

　　橡胶的断面面积一般是凭经验估计或根据表 2-34 中的公式计算，并根据模具空间大小进行合理布置。同时，在橡胶装上模具后，周围要留有足够的空隙，以允许橡胶压缩时断面尺寸的增大。

表 2-34　橡胶板的截面尺寸计算

类型代号	橡胶板型式	尺寸/mm	计算公式
a	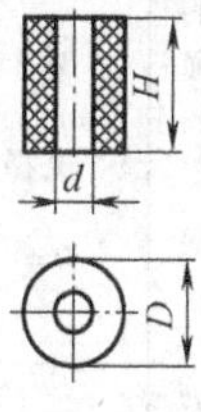	d	D
		按结构选用	$\sqrt{d^2 + 1.27 \dfrac{F}{P}}$
b	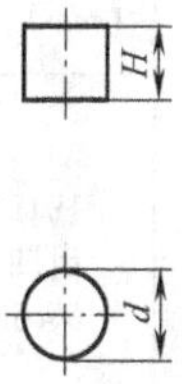	d	$\sqrt{1.27 \dfrac{F}{P}}$
c		a	$\sqrt{\dfrac{F}{P}}$

（续）

类型代号	橡胶板型式	尺寸/mm	计算公式
d		a	$\dfrac{F}{bP}$
		b	$\dfrac{F}{ap}$

选用橡胶时的计算步骤如下。

1）根据工作行程 $s_{工作}$ 计算橡胶的自由高度 $H_{自由}$

$$H_{自由} = (3.5 \sim 4.0)s_{工作} \qquad (2\text{-}28)$$

2）根据 $H_{自由}$ 计算橡胶的装配高度 H_2

$$H_2 = (0.85 \sim 0.90)H_{自由} \qquad (2\text{-}29)$$

3）在模具装配时，根据模具大小确定橡胶的断面面积。

📖 **案例分析**

电动机转子和定子冲裁模弹性元件的工艺计算见表 2-35。

表 2-35 弹性元件的工艺计算

冲裁零件	冲裁形式		卸料	
			弹簧	橡胶
电动机转子	复合	正装	1）$s_{总} = 3 + 0.35 + 4 = 7.35$（mm），根据重载荷弹簧的30万次工作与压缩自由长度的24%的关系，确定弹簧自由长度 $H_0 \geqslant s_{总} \div 0.24 = 30.6$（mm） 2）因模板为圆形，选弹簧数 $n=3$，则 $F_0 \geqslant 1976 \div 3 \approx 859$（N），从重型载荷模具用矩形弹簧规格表中，根据定数 $k \times s_{预} \times 9.8 = k \times 3 \times 9.8 \geqslant 859$（N），确定弹簧定数 $k > 29.3$（kgf）	取 $s_{工作} = 5.5$mm，则 $H_{自由} = 5.5 \div 0.3 = 16.5$（mm） 选择 a 型橡胶，$P = 1.8$MPa，选 $d = 18$（mm） $D = \sqrt{18^2 + 1.27\dfrac{1976}{1.8}} = 42$（mm）
		倒装	3）根据 $s_{最} > 17.35$N，$H_0 > 30.6$mm，$k > 29.3$kgf，查模具用矩形弹簧规格表，确定弹簧编号为 KH30×35（$H_0 = 35$mm，$k = 32.14$kgf，$s_{30万} = 8.4$mm）	选择 c 型橡胶（3 块），$a = \sqrt{\dfrac{859}{1.25}} = 27$（mm），$P = 1.25$MPa
	级进		因模板为长矩形，选弹簧数 $n=6$，初步选择使用50万次的中载荷弹簧 $F_0 \geqslant 2499 \div 6 \approx 417$（N），$s_{总} = 3 + 0.35 + 4 = 7.35$（mm） $H_0 \geqslant 7.35 / 0.288 = 25.5$（mm） $k \geqslant 417/(3 \times 9.8) = 14.18$（kgf） 确定弹簧编号为 KM27×30	选择 d 型橡胶（4 块），$P = 0.8$MPa 由凹模设计尺寸可得：$a = 25$mm $b = 625 \div (0.8 \times 25) = 32$（mm）
电动机定子	复合	正装	因模板为矩形，选弹簧数 $n=4$，初步选择使用50万次的中载荷弹簧 $F_0 \geqslant 1201 \div 4 \approx 301$（N），$s_{总} = 3 + 0.35 + 4 = 7.35$（mm） $H_0 \geqslant 7.35 / 0.288 = 25.5$（mm）	取 $s_{工作} = 5.5$mm，则 $H_{自由} = 5.5 \div 0.3 = 16.5$（mm） 选择 a 型橡胶，$P = 1.8$MPa，选 $d = 18$（mm） $D = \sqrt{18^2 + 1.27\dfrac{1201}{1.8}} = 35$（mm）
		倒装	$k \geqslant 301/(3 \times 9.8) = 10.24$（kgf） 确定弹簧编号为 KM25×30	选择 c 型橡胶（4 块），$P = 1.25$MPa $a = \sqrt{\dfrac{301}{1.25}} = 16$（mm）

（续）

冲裁零件	冲裁形式	卸料	
		弹簧	橡胶
电动机定子	级进	因模板为长矩形,选弹簧数 $n=6$,初步选择使用 50 万次的中载荷弹簧 $F_0 \geqslant 1713 \div 6 \approx 286(\mathrm{N}), s_{总}=3+0.35+4=7.35(\mathrm{mm})$ $H_0 \geqslant 7.35/0.288=25.5(\mathrm{mm})$ $k \geqslant 286/(3 \times 9.8)=9.73(\mathrm{kgf})$ 确定弹簧编号为 KM22×30	选择 d 型橡胶(4 块),$P=0.8\mathrm{MPa}$ 由凹模设计尺寸可得:$a=20\mathrm{mm}$ $b=429 \div(0.8 \times 20)=27(\mathrm{mm})$
电动机转子与定子混合排	级进	因模板为长矩形,选弹簧数 $n=8$,初步选择使用 50 万次的中载荷弹簧 $F_0 \geqslant 4047 \div 8 \approx 506(\mathrm{N}), s_{总}=3+0.35+4=7.35(\mathrm{mm})$ $H_0 \geqslant 7.35/0.288=25.5(\mathrm{mm})$ $k \geqslant 506/(3 \times 9.8)=17.21(\mathrm{kgf})$ 确定弹簧编号为 KM30×30	选择 d 型橡胶(6 块),$P=0.8\mathrm{MPa}$ 由凹模设计尺寸可得:$a=25\mathrm{mm}$ $b=675 \div(0.8 \times 25)=34(\mathrm{mm})$

2.7.5　冲压力的计算

冲裁所需总冲压力为冲裁力、卸料力、推件力、顶件力的最大组合,选择压力机时,要根据不同的模具结构计算出所需的总冲压力。

1）采用弹性卸料和上出料方式时,总冲压力为

$$F_{\Sigma}=F+F_{卸}+F_{顶} \tag{2-30}$$

2）采用刚性卸料和下出料方式时,总冲压力为

$$F_{\Sigma}=F+F_{推} \tag{2-31}$$

3）采用弹性卸料和下出料方式时,总冲压力为

$$F_{\Sigma}=F+F_{卸}+F_{推} \tag{2-32}$$

2.8　冲压设备的选用

冲压加工中常用的压力机为锻压机械中的某一类,锻压机械的基本型号由一个汉语拼音的大写字母和几个阿拉伯数字组成,字母代表压力机的类别,其分类见表 2-36。机械压力机为常用冲压设备的一种,按其结构形式和使用条件不同分成若干系列,每个系列中又分若干组别（附录 J 机械压力机列、组别）。

表 2-36　压力机的分类

类型名称	拼音代号	类型名称	拼音代号	类型名称	拼音代号
机械压力机	J	精密压力机	M	高速压力机	G
液压压力机	Y	数控压力机	K	其　他	T
自动压力机	Z	气动压力机	Q		

GB/T 28761—2012 规定，曲柄压力机的型号由汉语拼音、英文字母和数字表示。例如：

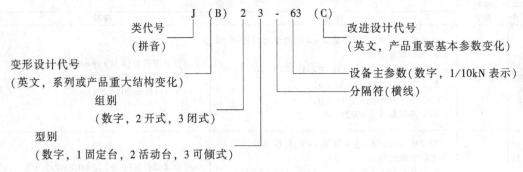

其含义如下。

J——机械压力机类代号；

B——参数与基本型号不同的第二种变型；

2——开式压力机；

3——可倾式工作台；

63——公称压力为 630kN；

C——结构和性能对原形做了第三次改进。

在冲压生产中，最常用的是气动压力机、摩擦压力机、偏心压力机、曲柄压力机（俗称冲床），以及液压机等。下面简要介绍曲柄压力机的分类、基本参数和选用原则。

2.8.1 曲柄压力机的分类

可以按照不同的分类方式对曲柄压力机进行分类。

1）按床身结构分为开式压力机和闭式压力机两种。图 2-56 所示为开式压力机，其床身结构为 C 型，操作者可以从前、左、右接近工作台，操作空间大，可前后或左右送料。图 2-57 所示为闭式压力机，其床身为左右两侧封闭，叫作框架式或龙门式，操作者只能从前、后两个方向接近工作台，操作空间小，只能前后送料。

图 2-56 开式压力机

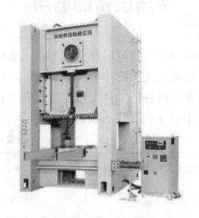

图 2-57 闭式压力机

2）按连杆数目分为单点、双点和四点压力机。滑块由一个连杆驱动的压力机称为单点压力机，如图 2-58a 所示，用于小吨位台面较小的情况；滑块由两个连杆驱动的压力机称为双点压力机，如图2-58b所示，用于大吨位台面较宽的情况；滑块由四个连杆驱动的压力机称为四点压力机，如图2-58c所示，用于前、后、左、右工作台面都较大的情况。

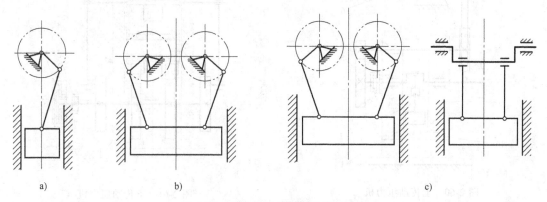

图 2-58 压力机按连杆数分类示意图

a）单点压力机 b）双点压力机 c）四点压力机

3）按滑块数目分为单动、双动和三动压力机。只有一个滑块的压力机称为单动压力机，如图2-59a所示；具有内、外两个滑块的压力机称为双动压力机，如图2-59b所示，其外滑块用于压边、内滑块用于拉深；具有内、外滑块和可动工作台的压力机称为三动压力机，如图2-59c所示，主要用于复杂工件的拉深。

4）按传动机构的位置分为上传动和下传动两种。传动机构设在工作台以上的压力机称为上传动压力机，如图2-60所示；传动机构设在工作台以下的压力机称为下传动压力机，如图2-61所示。

5）开式压力机按后侧立柱的数量分为单柱、双柱压力机两种。单柱压力机（见图2-62）不能前后送料；双柱压力机（见图2-63）可前后、左右送料。

6）开式压力机按工作台结构可分为固定台式、可倾台式和升降台式三种。固定台式（见图2-62）工作台不可动；可倾台式（见图2-63）工作台可倾斜一定角度；升降台式（见图2-64）工作台可升降一定距离。其中固定台式应用最广。

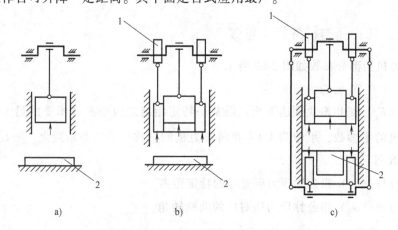

图 2-59 压力机按运动滑块数分类示意图

a）单动压力机 b）双动压力机 c）三动压力机

1—凸轮 2—工作台

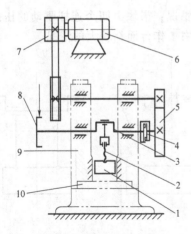

图 2-60 上传动压力机

1—滑块 2—连杆 3—曲柄 4—离合器 5—齿轮
6—电动机 7—带轮 8—制动器 9—床身 10—工作台

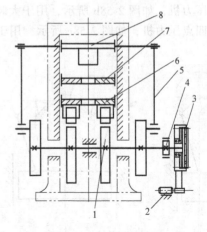

图 2-61 下传动压力机

1—凸轮 2—电动机 3—离合器 4—制动器
5—连杆 6—工作台 7—压边滑块 8—拉深滑块

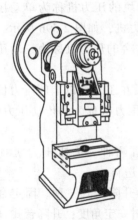

图 2-62 单柱固定台式压力机

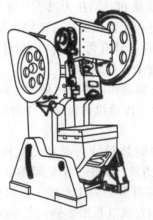

图 2-63 双柱可倾台式压力机

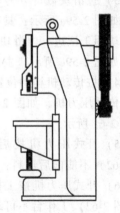

图 2-64 升降台式压力机

2.8.2 曲柄压力机的基本参数

曲柄压力机的部分参数如图 2-65 所示。

1. 公称力 F_g 及公称力行程 S_g

公称力（F_g）是指滑块到达下死点前某一特定距离之内所允许承受的最大作用力。公称力是压力机的主参数，单位为 kN。我国压力机的公称压力已经系列化，如 63kN、100kN、160kN、250kN 等。

公称力行程（S_g）指公称压力所对应的特定距离。

公称压力角（α_g）指公称压力所对应的曲柄转角。

2. 滑块行程 S

滑块行程（S）是指滑块从上死点到达下死点所经过的距离。$S = 2R$（R 为曲柄半径），S 越大，可生产工件越高。

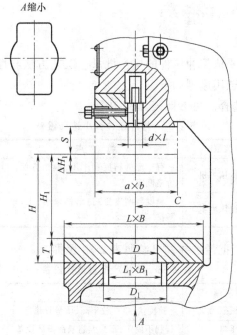

图 2-65 压力机基本参数

3. 滑块行程次数 n

滑块行程次数（n）是指滑块每分钟往复运动的次数。n 越大，生产效率越高。

4. 最大装模高度 H_1 及装模高度调节量 ΔH_1

装模高度（H_1）是指滑块在下死点位置时，滑块下表面到工作台垫板上表面的距离。

最大装模高度（H_1+S）是指调节装置将滑块调整到最高位置时的装模高度。

装模高度调节量（ΔH_1）是指调节装置的可调范围，由组合连杆的螺杆长度决定。在安装不同闭合高度的模具时，可以通过改变连杆长度而改变压力机的闭合高度以适应不同的安装要求。一般用于微调压力机的闭合高度。

封闭高度（H，$H = H_1 + T$）指滑块在下死点位置时，滑块下表面到工作台上表面的距离。

5. 工作台板（垫板）及滑块底面尺寸

工作台板（垫板）尺寸包括 $L \times B$（左右尺寸×前后尺寸）和孔径 D（直径）；滑块底面尺寸 $a \times b$ 为左右×前后尺寸。

6. 工作台孔尺寸

工作台孔尺寸包括 $L_1 \times B_1$（左右尺寸×前后尺寸）和 D_1（直径）。

7. 立柱间距和喉深（C）

立柱间距是指双柱式压力机立柱内侧之间的距离。

喉深（C）是指滑块中心线至机身壁的距离，是开式压力机特有的参数。

8. 模柄孔尺寸

模柄孔尺寸为 $d \times l$（孔径×孔深），模柄尺寸应与之匹配。

2.8.3 冲压设备选用原则

1. 设备类型的选用原则

冲压设备类型的选用要依据冲压件的生产批量、工艺方法与性质及冲压件的形状、尺寸与精度等要求来进行。其选用原则如下。

1）根据冲压件大小选择。可参照表2-37选择。

表2-37 按冲压件大小选择设备

零件大小	选用类型	特 点	适用工序
小型或中小型	开式机械压力机	有一定的精度和刚度；操作方便，价格低廉	分离及成形（深度浅的成形件）
大中型	闭式机械压力机	精度与刚度更高；结构紧凑，工作平稳	分离、成形（深度浅的成形件及复合工序）

2）根据冲压件的生产批量选择。可参照表2-38选择。

表2-38 按生产批量选择设备

冲压件批量		设备类型	特 点	适用工序
小批量	薄板	通用机械压力机	速度快、生产效率高、质量较稳定	各种工序
	厚板	液压机	行程不固定，不会因超载而损坏设备	拉深、胀形、弯曲等
大中批量		高速压力机	高效率	冲裁
		多工位自动压力机	高效率，消除了半成品堆储等问题	各种工序

3）考虑精度与刚度。在选用设备类型时，应充分注意到设备的精度与刚度。尤其是在进行校正弯曲、校形及整修这类工艺时，更应选择刚度与精度较高的压力机。在这种情况下，板料的规格（如料厚波动）应该控制更严格，否则，设备过大的刚度和过高的精度反而容易造成模具或设备的超负载损坏。

4）考虑生产现场的实际可能。在进行设备选择时，还应考虑生产现场的实际可能。如果没有较理想的设备供选择，则应该设法利用现有设备来完成工艺过程。

5）考虑技术上的先进性。需要采用先进技术进行冲压生产时，可以选择带有数字显示的、利用计算机操作的及具有数控加工装置的各类新设备。

2. 冲压设备规格的选用原则

设备规格的选择应根据冲压件的形状、尺寸、模具尺寸及工艺变形力等进行。从模具在设备上安装并能开始顺利工作来考虑，设备规格的主要参数见附录N。选择设备规格时主要应考虑以下因素。

1）公称压力。压力机的公称压力必须大于冲压工艺所需的冲压力。对于冲裁工序，压力机的公称压力应大于或等于冲裁时总冲压力的1.1~1.3倍，即

$$F_{公} \geq (1.1 \sim 1.3) F_{\Sigma} \tag{2-33}$$

式中 $F_{公}$——压力机的公称压力；

F_{Σ}——冲裁时的总冲压力。

2）行程。压力机行程的大小应该保证坯料的方便放进与零件的方便取出。例如，对于拉深工序所用的压力机行程，至少应保证压力机行程$s > 2h$（h为零件高度）。

3）装配模具的相关尺寸。压力机的工作台面尺寸应大于模具的平面尺寸50~70mm

（一般是模具底板），保证留有模具安装与固定的余地，但过大的余地对工作台受力不利；工作台面中间孔的尺寸要保证漏料或顺利安装模具顶出装置；模具模柄尺寸应与压力机滑块模柄孔尺寸一致。

4）模具闭合高度。压力机的闭合高度要与模具的闭合高度相适应，如图 2-66 所示，模具闭合高度与压力机闭合高度之间要符合下式

$$H_{\max}-5\text{mm} \geqslant H+h \geqslant H_{\min}+10\text{mm} \quad (2\text{-}34)$$

式中　H——模具的闭合高度（mm）；

$H_{\max}$——压力机的最大封闭高度（mm）；

$H_{\min}$——压力机的最小封闭高度（mm）；

h——压力机的垫板厚度（mm），和图 2-65 中的 T 含义相同。

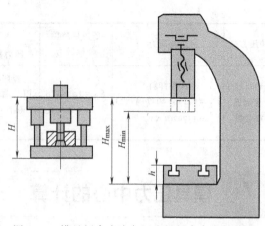

图 2-66　模具闭合高度与压力机闭合高度的关系

2.8.4　案例分析——冲压设备规格的选用

电动机转子和定子冲压时所需冲压设备的型号及其相关参数见表 2-39。

表 2-39　冲压设备的选用

冲压方式		总冲压力	压力机所需公称压力	冲压设备基本参数					
				压力机型号	其他参数（以工程压力为 100kN 为例）				
电动机转子	正装复合	弹性卸料 $F_\Sigma = 38757+1976+3101 = 43834(\text{N})$	$F_公 = 1.1×43.8 ≈ 48(\text{kN})$	查附录 N 选用公称压力为 63kN 的开式压力机	滑块行程 /mm	60	工作台孔尺寸 /mm	左右	180
	倒装复合	弹性卸料 $F_\Sigma = 38757+1976+1840 = 42573(\text{N})$	$F_公 = 1.1×42.6 ≈ 47(\text{kN})$		行程次数 /(次·min⁻¹)	135		前后	90
	级进	弹性卸料 $F_\Sigma = 45429+2499+29528 = 77456(\text{N})$	$F_公 = 1.1×77.5 ≈ 85(\text{kN})$	查附录 N 选用公称压力为 100kN 的开式压力机	装模高度调节量 /mm	50		直径	130
电动机定子	正装复合	弹性卸料 $F_\Sigma = 43869+1201+3510 = 48580(\text{N})$	$F_公 = 1.1×48.6 ≈ 54(\text{kN})$	查附录 N 选用公称压力为 63kN 的开式压力机	最大装模高度 /mm	固定台或可倾式	180	立柱间距/mm	180
						活动台位置	最低	达到公称压力时滑块距下死点距离/mm	4
	倒装复合	弹性卸料 $F_\Sigma = 43869+1201+11309 = 56379(\text{N})$	$F_公 = 1.1×56.4 ≈ 62(\text{kN})$				最高	活动台压力机滑块中心到床身紧固工作台平面距离 /mm	
	级进	弹性卸料 $F_\Sigma = 54770+1713+20250 = 76733(\text{N})$	$F_公 = 1.1×76.7 ≈ 85(\text{kN})$	查附录 N 选用公称压力为 100kN 的开式压力机	滑块中心到床身距离 /mm	130		模柄孔尺寸（直径/mm×深度/mm）	Φ30×50

（续）

冲压方式	总冲压力	压力机所需公称压力	冲压设备基本参数			
			压力机型号	其他参数（以工程压力为 100kN 为例）		
电动机转子与定子混合排	弹性卸料 $F_\Sigma = 97136+4047+47823 = 137970(\mathrm{N})$	$F_公 = 1.1\times138 \approx 152(\mathrm{kN})$	查附录 N 选用公称压力为 160kN 的开式压力机	工作台尺寸 /mm	左右	360	工作台板厚度 /mm	50
					前后	240	倾斜角（可倾式工作台压力机）	30°

2.9　模具压力中心的计算

　　冲裁模的压力中心是指冲裁合力的作用点。在设计冲裁模时，其压力中心要与压力机滑块中心相重合，否则冲裁模在工作中就会产生偏弯矩，发生歪斜，从而加速其导向机构的不均匀磨损，冲裁间隙得不到保证，刃口迅速变钝，将直接影响冲裁件的质量和模具的使用寿命，同时压力机导轨与滑块之间也会发生异常磨损。冲裁模压力中心的确定，对大型复杂冲裁模、无导柱冲裁模、多凸模冲裁模及多工序级进冲裁模尤为重要。因此，在设计时必须确定模具的压力中心，并使其通过模柄的轴线，从而保证模具压力中心与压力机滑块中心重合。

2.9.1　简单形状工件和刃口轮廓的压力中心计算

　　对于形状对称（如矩形、正多边形和圆形等）的冲裁件或简单刃口轮廓（如直线段、圆弧），冲模的压力中心在其刃口轮廓图形的几何中心上，如图 2-67 所示。等半径的圆弧段的压力中心位于任意角 2α 角平分线上，且距离圆心为 y，如图 2-68 所示。

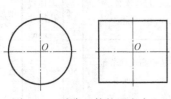

图 2-67　对称工件的压力中心

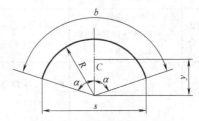

图 2-68　圆弧段的压力中心

$$y = R \cdot \sin\alpha/\alpha = R \cdot S/b \tag{2-35}$$

式中　α——弧度；

　　　b——冲裁线弧长。

2.9.2　复杂工件或多凸模冲裁件的压力中心计算

　　对于复杂工件或多凸模冲裁件的压力中心，可根据力矩平衡原理进行计算，即各分力对某坐标轴力矩之和等于其合力对该坐标轴的力矩，即

$$X_0 = \frac{F_1 x_1 + F_2 x_2 + \cdots + F_n x_n}{F_1 + F_2 + \cdots + F_n} \tag{2-36}$$

$$Y_0 = \frac{F_1 y_1 + F_2 y_2 + \cdots + F_n y_n}{F_1 + F_2 + \cdots + F_n} \qquad (2\text{-}37)$$

其计算步骤如下。

1）按比例画出工件的轮廓图，如图 2-69 所示。

2）在任意处选取坐标轴 X、Y（选取坐标轴不同，则压力中心位置也不同）。

3）将工件分解成若干直线段或圆弧段 l_1、l_2、$\cdots$、l_n。

4）由于冲裁力与冲裁线的长度成正比，所以可以用各线段的长度 l_1、l_2、l_3、$\cdots$、l_n 代替各线段的冲裁力 F_1、F_2、F_3、$\cdots$、F_n，此时压力中心坐标的计算公式为

$$X_0 = \frac{l_1 x_1 + l_2 x_2 + \cdots + l_n x_n}{l_1 + l_2 + \cdots + l_n} \qquad (2\text{-}38)$$

$$Y_0 = \frac{l_1 y_1 + l_2 y_2 + \cdots + l_n y_n}{l_1 + l_2 + \cdots + l_n} \qquad (2\text{-}39)$$

计算各基本线段的中心到 Y 轴的距离 x_1、x_2、$\cdots$、x_n 和到 X 轴的距离 y_1、y_2、$\cdots$、y_n，则根据力矩原理可计算模具的压力中心。此外也可使用面域法计算压力中心，如图 2-70 所示。

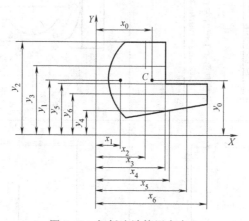

图 2-69　解析法计算压力中心

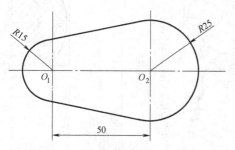

图 2-70　面域法计算压力中心例图

2-13　确定冲裁件的压力中心

2.9.3　案例分析——模具压力中心计算

电动机转子和定子冲裁模的压力中心计算见表 2-40。

表 2-40 压力中心计算

零件名	复合	级进
电动机转子	压力中心位于制件形心(0,0)	取模具第 3 工位的中心为坐标原点(0,0),因制件形状对称,在忽略侧刃冲压力时,有 $X_0 = \dfrac{31.4\times96.8+199.9\times48.4+174.6\times0+112\times(-96.8)}{31.4+199.9+174.6+112} \approx 3.6$ $Y_0 = 0$
电动机定子	压力中心位于制件形心(0,0)	取模具第 2～第 3 工位的中心为坐标原点(0,0),因制件形状对称,在忽略侧刃冲压力时 $X_0 = \dfrac{37.6\times120+182.8\times90+226.1\times30+154.4\times(-30)+57.8\times(-120)+64.4\times90}{37.6+182.8+226.1+154.4+57.4+64.4} \approx 29$ $Y_0 = 0$

2.10 冲压工艺卡片的制订

冷冲压工艺卡片的内容应包括产品型号与名称、零件型号与名称、材料牌号及规格、毛坯尺寸、工序内容、工序简图、工序冲压设备与模具类型等内容。表 2-41 和表 2-42 分别是电动机转子与电动机定子正装复合冲压的工艺卡片。

表 2-41　电动机转子冷冲压工艺卡片

(厂名)	冷冲压工艺卡片		产品型号		零(部)件名称	电动机转子	共　页
			产品名称		零(部)件型号		第　页
材料牌号及规格			材料技术要求	毛坯尺寸	每毛坯可制件数	毛坯重量	辅助材料
电工硅钢 D31　0.35±0.01 条料				137mm 宽钢带			
工序号	工序名称	工序内容		加工简图	设备	工艺装备	工时
0	备料	分条料		0.35mm×137mm	钢带分条机		
1	落料、冲孔	落料、冲孔复合			J23-6.3 压力机	落料、冲孔正装复合模	
2	检验	按产品零件图检验					
					编制 (日期)	审核 (日期)	会签 (日期)
标记	处数	更改文件号	签字	日期	标记	处数	更改文件号	签字	日期

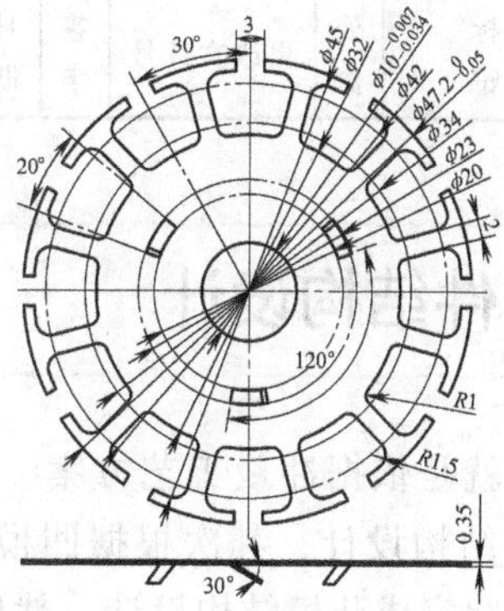

表 2-42　电动机定子冷冲压工艺卡片

（厂名）	冷冲压工艺卡片	产品型号		零（部）件名称		电动机定子		共　页
		产品名称		零（部）件型号				第　页

材料牌号及规格		材料技术要求	毛坯尺寸		每毛坯可制件数	毛坯重量	辅助材料
电工硅钢 D31　0.35±0.01 条料			247mm 宽钢带				

工序号	工序名称	工序内容		加工简图		设备	工艺装备	工时
0	备料	条料		0.35mm×247mm		钢带分条机		
1	落料、冲孔	落料、冲孔复合				J23-6.3 压力机	落料、冲孔正装复合模	
2	检验	按产品零件图检验						

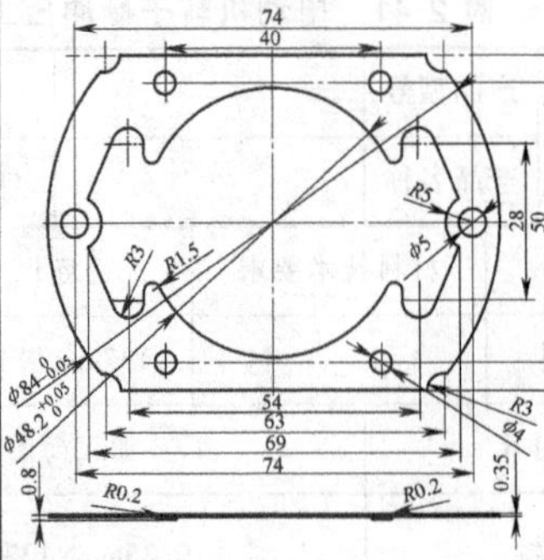

					编制 （日期）	审核 （日期）	会签 （日期）

标记	处数	更改文件号	签字	日期	标记	处数	更改文件号	签字	日期

2.11　冲裁模零部件结构设计

冲裁模零部件结构设计就是依据冲裁工艺方案、排样形式、凸（凹）模刃口尺寸及所选压力机，首先进行凹模的结构设计，其次根据凹模的厚度和尺寸进行凸模固定板、卸料板、垫板的结构设计，并据此完成凸模结构设计，然后根据凹模相关尺寸选择模架规格，接着进行其他零件的结构设计，最后根据冲裁模零部件的结构和使用情况选择合理的材料。

2.11.1　凹模结构设计

1. 凹模的结构形式

按照凹模刃口部分的组成方式，凹模可分为整体式、镶套式和镶拼式三类，如图 2-71 所示。

1）整体式（见图 2-71a）凹模结构简单，制造方便，但当凹模局部损坏时，就可能导致整个凹模板报废，其常用于中小型冲压件的模具。国家标准中，整体式凹模根据外形的不同又分为矩形（JB/T 7643.1—2008）和圆形（JB/T 7643.4—2008）两种。

2）镶套式（见图 2-71b）是将凹模工作部分单独作为一小块整体镶套在凹模固定板内，这样可以防止模具开裂，提高模具寿命，节省贵重的模具材料，而且当某凹模镶块损坏时，仅需单独更换，而不影响其他的凹模镶块，一般用于成形凹模。国家标准规定的圆形组合凹模有 A 型和 B 型两种（JB/T 5830—2008），可以冲制直径为 1~36mm 的圆形制件。

3）镶拼式（见图2-71c）是将凹模工作部分分为更小的拼块，从而将凹模的型孔转变为外形加工，以便磨削。它具有镶套式的各种优点，但对制造精度要求更高，一般用于冲制窄槽、形状复杂的冲裁模或大型成形类凹模。

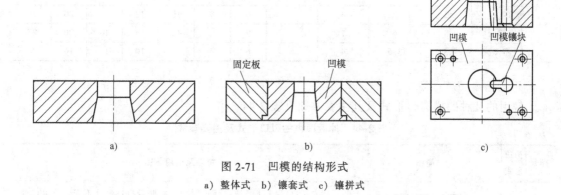

图 2-71　凹模的结构形式
a）整体式　b）镶套式　c）镶拼式

2. 凹模的固定方式

对于整体式凹模或大型镶拼式凹模，一般都是采用螺钉和销钉固定在凹模固定板或模座表面上，如图2-72a所示。镶套式和中小型镶拼式凹模则根据具体情况可采用图2-72b和图2-72c所示的方法固定。

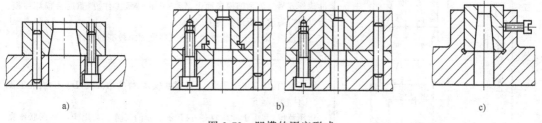

图 2-72　凹模的固定形式
a）整体式销钉和螺钉固定　b）镶套式凹模压配后，用销钉和螺钉固定　c）镶拼式凹模采用螺钉固定

凹模采用螺钉和销钉定位时，要保证螺钉（或沉孔）间，螺钉孔与销孔间，以及螺钉孔、销钉孔与凹模刃壁间的距离不能太近，否则会影响模具的使用寿命。孔距的最小值可参考表2-43。

表 2-43　螺钉孔（或沉孔）、销钉孔之间及至刃壁的最小距离　　（单位：mm）

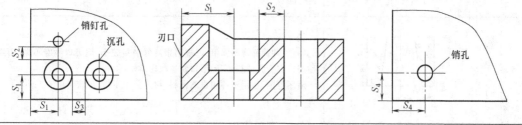

（续）

螺钉孔		M4	M6		M8	M10	M12	M16	M20	M24
S_1	淬火	8	10		12	14	16	20	25	30
	不淬火	6.5	8		10	11	13	16	20	25
S_2	淬火	7	12		14	17	19	24	28	35
S_3	淬火					5				
	不淬火					3				
销钉孔		2	3	4	5	6	8	10	12	16	20	25
S_4	淬火	5	6	7	8	9	11	12	15	16	20	25
	不淬火	3	3.5	4	5	6	7	8	10	13	16	20

3. 凹模的刃口形式

常用的几种凹模刃口形式及其主要参数见表2-44。

表2-44　冲裁凹模的刃口形式及主要参数

序号	刃口形式	简图	特点及适用范围
1	直筒形刃口		特点:刃口为上下直通式,强度较高,修磨后刃口尺寸不变。但刃口处容易卡料,不便于后续冲裁 适用范围:多用于冲裁大型或精度要求较高的零件,要求模具带有顶出装置且不适宜下漏料出件方式
2			特点:刃口强度较高,修磨后刃口尺寸不变,但是在孔口内容易积存冲裁件,增加冲裁力和孔壁的磨损,磨损后孔口形成倒锥形状,使孔口内的冲裁件容易反跳到凹模表面上,影响正常冲裁工作,严重时会损坏冲模,所以刃口高度 h 不适宜过大 适用范围:常用于冲裁形状复杂或精度要求较高的零件
3			特点:柱孔口直向形凹模,刃口强度较高,修磨后刃口尺寸不变,加工简单,工件容易漏下 适用范围:常用于冲裁直径小于 $\phi5mm$ 的工件。常用于冲裁形状复杂或精度要求较高的中、小型零件,也可用于装有顶出装置的模具
4			特点:凹模硬度较低,一般为40HRC,可用于手锤敲击刃口外侧斜面以调整冲裁间隙 适用范围:多用于冲裁薄而软的金属或非金属零件
5	锥形刃口		特点:冲裁件容易漏下,凹模磨损后修磨量较小,但刃口强度不高,刃磨后刃口有变大的趋势,锥形口制造较困难 适用范围:适用于冲制自然漏料、精度要求不高、形状简单的工件

(续)

序号	刃口形式	简图	特点及适用范围
6	锥形刃口	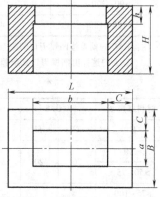	特点:孔口不易积存工件或废料,刃口强度略差 适用范围:一般用于形状简单,精度要求不高的工件冲裁

	材料厚度 t/mm	$\alpha/'$	$\beta/°$	刃口高度 h/mm	备注
主要参数	<0.5	15	2	≥4	表中 α 值适用于钳工加工。当采用线切割加工时取 $\alpha = 4' \sim 20'$
	0.5~1			≥5	
	1~2.5			≥6	
	2.5~6	30	3	≥8	
	>6			≥10	

4. 凹模的外形设计

凹模的外形设计主要有两点:①设计形状;②设计外形尺寸。凹模的形状通常有两种形式:矩形或圆形。通常情况下,如果所冲工件的形状接近于矩形,则选用矩形凹模;如果所冲工件的形状接近于圆形,则选用圆形凹模。

如果采用标准模架,凹模的外形尺寸是选择模架的依据,其外形尺寸按照计算值取靠近标准推荐的尺寸,否则取整,如图 2-73 所示。

凹模厚度　　　　$H = Kb$　　　　　　　　　　(2-40)

凹模壁厚　　　　$C = (1.5 \sim 2)H$　　　　　　(2-41)

凹模外形尺寸　　$L = b + 2C$　　　　　　　　(2-42)

$$B = a + 2C \qquad (2-43)$$

式中　a——送料方向的凹模孔最大宽度(mm);

　　　b——垂直于送料方向的凹模孔的最大宽度(mm);

　　　K——系数,见表 2-45;

　　　H——凹模厚度,其值 ≥15mm;

图 2-73　凹模厚度与壁厚的确定

　　　C——送料方向的凹模孔壁与凹模边缘的最小距离,即凹模壁厚(mm);

　　　L——送料方向凹模孔壁间的最大距离(mm);

　　　B——垂直于送料方向的凹模宽度(mm)。

表 2-45　系数 K 的数值

	料厚 t/mm	0.5	1	2	3	>3
b/mm	<50	0.30	0.35	0.42	0.50	0.60
	>50~100	0.20	0.22	0.28	0.35	0.42
	>100~200	0.15	0.18	0.20	0.24	0.30
	>200	0.10	0.12	0.15	0.18	0.22

上式中，对于复合模，要求凹模壁厚 C 不小于 $30 \sim 40$mm；对于多工序的级进模，则可按表 2-46 选取凹模壁厚 C。上式中的凹模厚度 H 和凹模壁厚 C 也可查表 2-47。

表 2-46　凹模刃口与边缘、刃口与刃口之间的距离　　　　　（单位：mm）

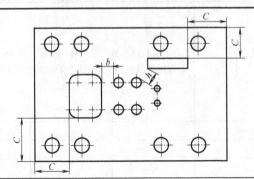

C 的一般数值				
材料宽度	材料厚度 t			
	≤0.8	>0.8~1.5	>1.5~3.0	>3.0~5.0
≤40	20	22	28	32
>40~50	22	25	30	35
>50~70	28	30	36	40
>70~90	34	36	42	46
>90~120	38	42	48	52
>120~150	40	45	52	55

注：1. C 的偏差按凹模刃口的复杂程度可取 ±8mm；

　　2. b 的选择由凹模刃口复杂程度而定，一般不小于 5mm，但对薄材料小孔之间可小些，大孔之间应大些。

表 2-47　凹模厚度 H 和壁厚 C　　　　　（单位：mm）

材料厚度 t	≤0.8		>0.8~1.5		>1.5~3		>3~5		>5~8		>8~12	
B	C	H	C	H	C	H	C	H	C	H	C	H
≤50	26	20	30	22	34	25	40	28	47	30	55	35
>50~75												
>75~100	32	22	36	25	40	28	46	32	55	35	65	40
>100~150												
>150~175	38	25	42	28	46	32	52	36	60	40	75	45
>175~200												
>200	44	28	48	30	52	35	60	40	68	45	85	50

按上式计算的凹模外形尺寸可以保证凹模有足够的强度和刚度，一般不再进行强度校核。上述公式得出的尺寸只是凹模外形的计算尺寸，实际尺寸还要通过查询标准 JB/T 7643.1—2008 和 JB/T 7643.4—2008 得到。

冲圆孔的凹模应尽量采用圆形毛坯。这是因为圆形毛坯用料最少，同时凹模壁厚均匀，热处理变形小，凹模易于淬硬、淬透，模具寿命长，不易开裂。此外，采用圆形毛坯也便于车削、磨削加工。

5. 凸凹模的最小壁厚

凸凹模是复合模中同时具有落料凸模和冲孔凹模作用的工作零件。凸凹模的内、外缘均为刃口，内、外缘之间的壁厚取决于冲裁件的尺寸，为保证凸凹模的强度，凸凹模应具有一定的壁厚。凸凹模的最小壁厚 C 一般按经验数据确定。倒装复合模的凸凹模最小壁厚见表 2-48。正装复合模的凸凹模最小壁厚可比倒装复合模小些。黑色金属等硬材料的凹模壁厚约为冲裁件厚度的 1.5 倍，但不小于 0.7mm；有色金属等软材料约等于板料厚度，但不小于 0.5mm。

表 2-48　倒装复合模的凸凹模最小壁厚 C　　　　　　　（单位：mm）

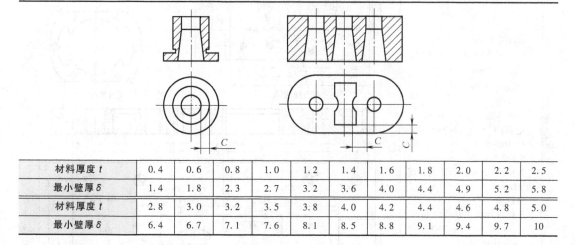

材料厚度 t	0.4	0.6	0.8	1.0	1.2	1.4	1.6	1.8	2.0	2.2	2.5
最小壁厚 δ	1.4	1.8	2.3	2.7	3.2	3.6	4.0	4.4	4.9	5.2	5.8
材料厚度 t	2.8	3.0	3.2	3.5	3.8	4.0	4.2	4.4	4.6	4.8	5.0
最小壁厚 δ	6.4	6.7	7.1	7.6	8.1	8.5	8.8	9.1	9.4	9.7	10

🖥 案例分析

电动机转子和定子的凹模与凸凹模结构设计见表 2-49。

表 2-49　凹模设计示例

零件名	尺寸计算	图　　例
电动机转子	由表 2-45 得 $K_{复合} = 0.30$ $H_{复合} = 0.3 \times 47.2 \approx 14.2mm$ $H_{复合}$ 取 15mm 由表 2-47 得，C 取 26mm，$H_{级进}$ 取 20mm 复合模 凹模外形尺寸为 $D > 99.2mm$ 由 JB/T 7643.4—2008 查得 $D = 100mm$ 凸凹模长度为 40mm，计算见式(2-46) 级进模凹模外形尺寸 $L > 278mm$，$B > 99.2mm$ 由 JB/T 7643.1—2008 查得 $L = 315mm$ $B = 200mm$	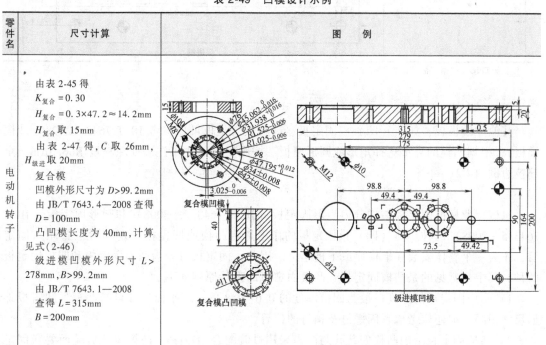

（续）

零件名	尺寸计算	图例
电动机定子	由表 2-47，取 $C_{复合} = 26\text{mm}$，$H_{复合} = 20\text{mm}$ $C_{级进} = 32\text{mm}$ $H_{级进} = 22\text{mm}$ 复合模 凹模外形尺寸 $L > 136\text{mm}$ 由 JB/T 7643.4—2008 查得 $L = 160\text{mm}$ $B = 125\text{mm}$ 根据式(2-46)，凸凹模长度为 52mm 级进模 凹模外形尺寸 $B > 140.6\text{mm}$ 由 JB/T 7643.1—2008 查得 $L = 315\text{mm}$ $B = 200\text{mm}$	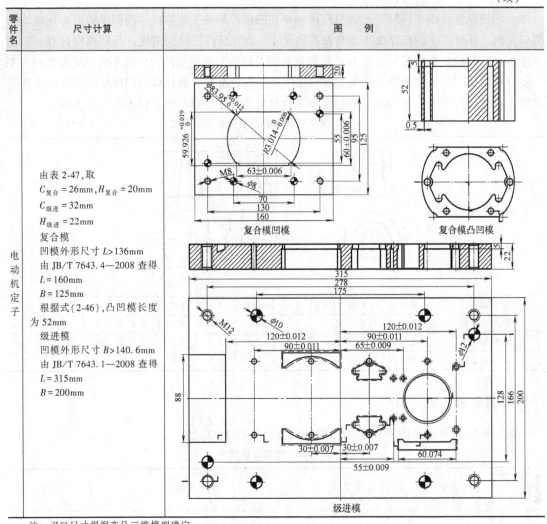 复合模凹模　　　复合模凸凹模 级进模

注：刃口尺寸根据产品三维模型确定。

2.11.2　冲裁模其他模板结构设计

其他冲模模板，如凸（凹）模固定板、卸料板、垫板可以参考 JB/T 7643—2008《冲模模板》，根据凹模的外形选择矩形或圆形模板。按照要求标注未注表面粗糙度 Ra6.3μm，全部棱边倒角 C2。

1. 凸（凹）模固定板结构设计

机械行业标准固定板结构分为矩形固定板（JB/T 7643.2—2008）和圆形固定板（JB/T 7643.5—2008）两种。凸（凹）模固定板的作用是将凸模或凹模按一定相对位置压入固定后，作为一个整体安装在上模座或下模座上。因此，固定板可分为凸模固定板和凹模固定板两种，其中最常见的是凸模固定板。凸模固定板的设计原则如下。

1）凸模固定板的厚度一般为凹模厚度的 0.6~0.8 倍，其平面尺寸可与凹模、卸料板外形尺寸相同，但还应考虑紧固螺钉及销钉的位置。

2）凸模固定板上的凸模安装孔与凸模采用过渡配合 H7/m6，凸模压装后端面要与固定板一起磨平。

3）凸模固定板的上、下表面应磨平，并与凸模安装孔的轴线垂直。固定板基面和压装配合面的表面粗糙度为 Ra1.6~0.8μm，另一非基准可适当降低要求。

2. 卸料板结构设计

（1）刚性卸料板

刚性卸料板的外形及平面尺寸一般与凹模相同；刚性卸料板内孔与凹模孔基本相同，与凸模之间的间隙一般取 0.2~0.5mm（板料薄时取小值，板料厚时取大值）。刚性卸料板的厚度取决于板料厚度，根据表 2-50 选用。若刚性卸料板兼作导板，则需与凸模保持 H7/h6 的配合，且应保证导板与凸模之间的间隙小于凸、凹模之间的冲裁间隙；其厚度取凹模厚度的 0.8~1 倍。

（2）弹性卸料板

带弹性卸料板的模具开启时，卸料板的底面比凸模底面略低 0.3~0.5mm。

弹性卸料板的平面形状和尺寸一般与凹模保持一致，当安装弹性元件过多或过大时，允许将弹性卸料板的平面尺寸加大。弹性卸料板的厚度根据材料厚度从表 2-50 中选取。

表 2-50　卸料板的厚度　　　　　　　　　　　　　　（单位：mm）

材料厚度	卸料板宽度 B									
	≤50		>50~80		>80~125		>125~200		>200	
	s	s′	s	s′	s	s′	s	s′	s	s′
≤0.8	6	8	6	10	8	12	10	14	12	16
>0.8~1.5	6	10	8	12	10	14	12	16	14	18
>1.5~3	8	—	10	—	12	—	14	—	16	—
>3~4.5	10	—	12	—	14	—	16	—	18	—
>4.5	12	—	14	—	16	—	18	—	20	—

注：s 为刚性卸料板厚度；s′ 为弹性卸料板厚度。

图 2-43b 所示带台阶的弹性卸料板凸台部分的高度可按下式计算

$$h = H - (0.1 \sim 0.3)t \qquad (2-44)$$

式中　　h——卸料板凸台高度（mm）；

　　　　H——导料板高度（mm）；

　　　　t——板料厚度（mm）。

弹性卸料板与凸模的单边间隙可根据冲裁材料的厚度按表 2-51 选用。

表 2-51　弹性卸料板与凸模的间隙值（单位：mm）

材料厚度	<0.5	0.5~1	>1
单边间隙	0.05	0.1	0.15

3. 垫板结构设计

垫板设在凸、凹模与模座之间，承受和分散冲压负荷，防止上、下模座被压出凹坑，如图 2-74 所示。

垫板是标准件，有圆形垫板（JB/T 7643.6—2008）和矩形

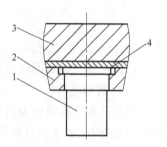

图 2-74　垫板

1—凸模　2—凸模固定板

3—上模座　4—垫板

垫板（JB/T 7643.3—2008），选用依据是凹模的外形和尺寸，即垫板的平面尺寸与凹模相同，厚度一般为 5~12mm。

案例分析

电动机转子和定子冲裁模其他模板的结构设计见表 2-52。

表 2-52　电动机转子和定子其他模板尺寸设计

零件名称	模板名称	模板尺寸设计	
		正装复合模	级进模
电动机转子	凸模固定板、凸凹模固定板	由表 2-49 得,落料凹模厚度 $H_{落料凹模}=15mm$,凸凹模厚度 $H_{凸凹模}=40mm$。凸模固定板的厚度一般为凹模厚度的 0.6~0.8 倍,即 $H_{凸模}=(0.6~0.8)H_{落料凹模}=12~18mm$,取 15mm,考虑到凸模固定板的强度,按照凸凹模厚度计算凸凹模固定板的厚度,因此 $H_{凸凹模固定板}=(0.6~0.8)H_{凸凹模}=24~32mm$,取 25mm	由表 2-49 得, $H_{级进}=20mm$,则 $H_{凸模固定板}=(0.6~0.8)H_{级进}=12~16mm$ 考虑到凸模固定板的强度,取凸模固定板的厚度为 22mm
		平面尺寸与落料凹模保持一致	平面尺寸与凹模保持一致
	卸料板	采用弹性卸料的方式,查表 2-50 得,卸料板厚度 $H_{卸}=12mm$。考虑到卸料板强度,取 $H_{卸}=22mm$	
		其平面尺寸与落料凹模保持一致	平面尺寸与凹模保持一致
	垫板	垫板厚度一般为 5~12mm,此处取 $H_{垫}=6mm$	
		其平面尺寸与落料凹模保持一致	平面尺寸与凹模保持一致
电动机定子	凸模固定板、凸凹模固定板	由表 2-49 得,落料凹模厚度 $H_{落料凹模}=20mm$,凸凹模厚度 $H_{凸凹模}=52mm$。凸模固定板的厚度一般为凹模厚度的 0.6~0.8 倍,即 $H_{凸模}=(0.6~0.8)H_{落料凹模}=12~18mm$,取 15mm,考虑到凸模固定板的强度,按照凸凹模厚度计算凸凹模固定板的厚度,因此 $H_{凸凹模固定板}=(0.6~0.8)H_{凸凹模}=31.2~41.6mm$,取 32mm	由表 2-49 得, $H_{级进}=22mm$,则 $H_{凸模固定板}=(0.6~0.8)H_{级进}=13.2~17.6mm$ 考虑到凸模固定板的强度,取凸模固定板的厚度为 22mm
		平面尺寸与落料凹模保持一致	平面尺寸与凹模保持一致
	卸料板	采用弹性卸料的方式,查表 2-50 得,卸料板厚度 $H_{卸}=12mm$。考虑到卸料板强度,取 $H_{卸}=22mm$	
		其平面尺寸与落料凹模保持一致	平面尺寸与凹模保持一致
	垫板	垫板厚度一般为 5~12mm,此处取 $H_{垫}=6mm$	
		其平面尺寸与落料凹模保持一致	平面尺寸与凹模保持一致

2.11.3　凸模结构设计

1. 凸模的结构形式

凸模按其工作断面的形式可分为圆形和非圆形，它主要根据制件的形状和尺寸来确定。

（1）圆形凸模

圆形凸模是指断面为圆形的凸模，常见的圆形凸模结构形式见表 2-53。此外，机械行业标准中还有 60°锥头直杆圆凸模和球锁紧圆凸模。

（2）非圆形凸模

非圆形凸模的形状复杂多变，可将其近似分为圆形类和矩形类。圆形类凸模的固定部分可做成圆柱形台阶，但需注意凸模定位，常用骑缝销来防止凸模的转动，如图 2-75 所示。

矩形类凸模的固定部分一般做成矩形体台阶，如图 2-76 所示。如果用线切割加工凸模，则固定部分和工作部分的尺寸及形状一致，即为直通式凸模（如图 2-77 所示）。此外还有镶拼式凸模。

表 2-53　圆形凸模结构形式、特点和适用范围

名称 说明项	圆柱头直杆 圆凸模	圆柱头缩杆 圆凸模	60°锥头缩杆 圆凸模	带保护套的 小圆凸模	大型圆凸模
简图					
特点	结构简单，加工方便	为避免台肩处的应力集中和保证凸模强度、刚度，在中间加过渡段	为避免台肩处的应力集中和保证凸模强度、刚度，做成圆滑过渡形式	由于采用了保护套结构，可以提高凸模的抗弯能力，并能节省模具材料	为减少磨削面积，凸模外径与端面都加工成凹形，以减轻重量
适用范围	适用于冲裁直径为 1～36mm 的工件	适用于冲裁直径为 1～35.9mm 的工件	适用于冲裁直径为 0.5～2.9mm 的工件	适用于冲制孔径与材料厚度相近的小孔或孔径 ≤2mm 的工件	适用于冲制大孔或作为落料用凸模

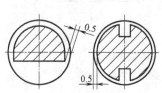

图 2-75　圆形类凸模

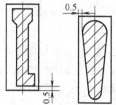

图 2-76　矩形类凸模

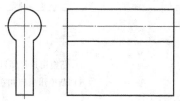

图 2-77　直通式凸模

2. 凸模的固定方式

凸模的固定方式有很多种，有台肩的圆凸模和 60°锥头的圆凸模可以采用台阶式固定法（见表 2-53），其他常用凸模固定方式如图 2-78 所示，此外还有铆接式固定法、浇注粘结式固定法等凸模固定方式。

3. 凸模长度的确定

凸模长度应根据冲模的整体结构来确定，如图 2-79 所示。一般情况下，在满足使用要求的前提下，凸模越短，其强度越高，材料越省。

如图 2-79a 所示，采用固定卸料板的冲裁模凸模长度为

$$L = h_1 + h_2 + h_3 + h_{附加} \tag{2-45}$$

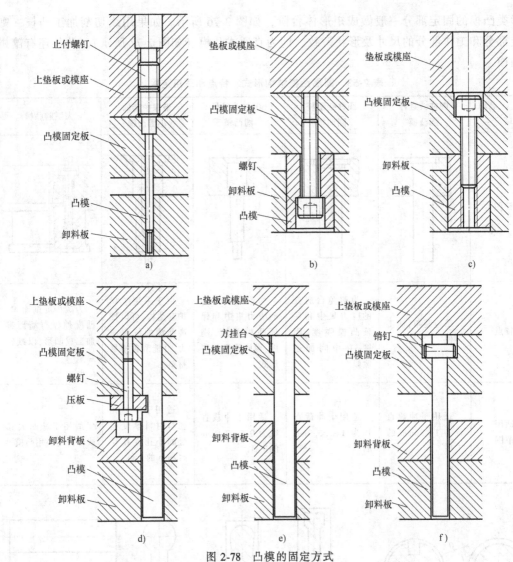

图 2-78 凸模的固定方式

a) 凸模用止付螺钉顶住　b) 凸模用螺钉反面固定　c) 凸模用螺钉正面固定
d) 凸模用压板扣在凸模固定板上　e) 凸模用方挂台固定　f) 凸模穿销固定

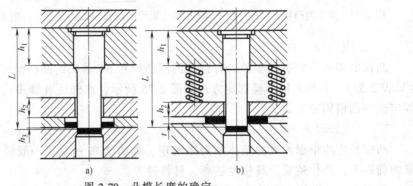

图 2-79 凸模长度的确定

a) 刚性卸料板　b) 弹性卸料板

式中 h_1——凸模固定板厚度（mm）；

    h_2——固定卸料板厚度（mm）；

    h_3——导料板厚度（mm）；

    L——凸模长度（mm）。

    $h_{附加}$——一般取 10~20mm，包括凸模修模量（一般取 4~6mm，模具表面做超硬化处理时可提高凸模寿命，不需要刃磨）、凸模进入凹模的深度（0.5~1mm，且大于毛刺高度）、模具闭合状态下凸模固定板与卸料板之间的安全距离之和，一般应根据具体结构再加以修正。

如图 2-79b 所示，采用弹压卸料板的冲裁模凸模（包括凸凹模）长度为

$$L = h_1 + h_2 + t + h_{附加} \tag{2-46}$$

式中 h_1——凸模（包括凸凹模）固定板厚度（mm）；

    h_2——弹压卸料板厚度（mm）；

    t——冲压材料厚度（mm）；

    L——凸模长度（mm）。

国家标准 JB/T 5825—2008~JB/T 5829—2008 分别规定了圆柱头直杆圆凸模（杆部直径 $D = 1~36mm$）、圆柱头缩杆圆凸模（杆部直径 $D = 5~36mm$）、锥头直杆圆凸模（刃口直径 $D = 0.5~15mm$）、60°锥头缩杆圆凸模（刃口直径 $D = 2~3mm$）和球锁紧圆凸模（直径 $D = 6.0~32mm$）的结构、尺寸及标记实例。凸模长度 L 进行上述分析计算之后，尽量参照标准选用长度值。凸模经分析计算后，除刃口部分带有小数外，其余尽量取整。

在一般情况下，凸模的强度是足够的，无须校核。但对于特别细长的凸模或板料厚度较大的情况，应对凸模进行压应力和弯曲应力的校核，检查其危险断面尺寸和自由长度是否满足长度要求。

💻 案例分析

设计圆凸模时，如无特殊要求，其长度（厚度）尺寸一般按机械行业标准（JB/T 5825—2008《冲模 圆柱头直杆圆凸模》）选取，级进模凸模设计示例见表 2-54。

表 2-54 凸模设计示例

零件名	国家标准相关结构参数	简　图
电动机转子	固定板厚度：22mm 卸料板厚度：22mm 弹性元件厚度：27mm $L = 22 + 22 + 27$ $= 71mm$ 注：此处弹性元件厚度为初选矩形弹簧 KM27×30，预压缩 3mm 的厚度	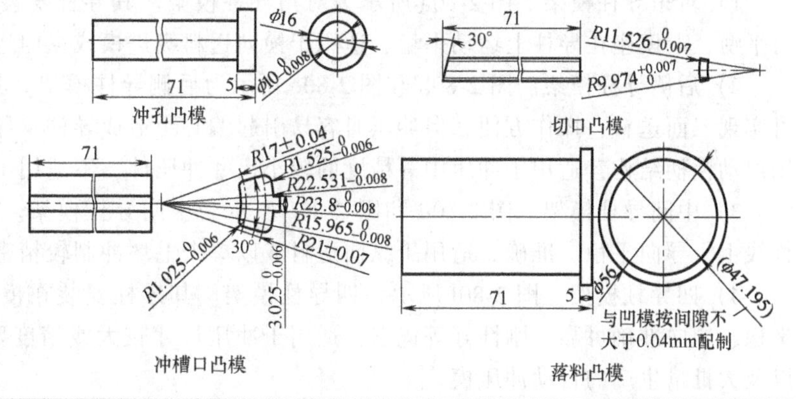

（续）

零件名	国家标准相关结构参数	简图
电动机定子	固定板厚度：22mm 卸料板厚度：22mm 弹性元件厚度：27mm $L = 22+22+27$ $= 71\text{mm}$ 凸模的悬空长度为49mm 若不考虑导向，则 $L_{\Phi 4max} \leqslant \dfrac{95\times 4^2}{\sqrt{1086}} = 46\text{mm}$ $L_{\Phi 5max} \leqslant \dfrac{95\times 5^2}{\sqrt{1358}} = 64\text{mm}$ 因此，$\phi 4$ 的冲孔凸模应设计成阶梯形式 注：此处弹性元件厚度为矩形弹簧 KM30×30，预压缩 3mm 的厚度	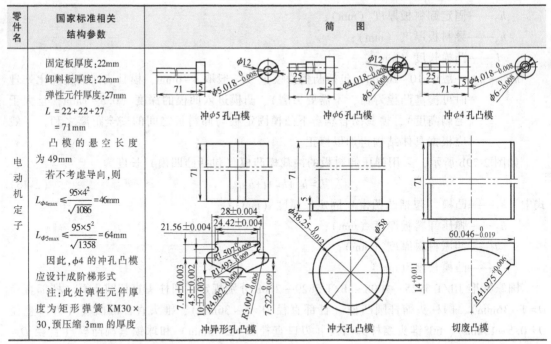

注：刃口尺寸由产品三维模型确定。

2.11.4 模架规格选用

1. 标准导向模架

模架是整副模具的骨架，主要用于安装模具的工作零件和其他结构零件，保证模具的工作部分在冲压过程中具有正确的相对位置，并承受冲压过程中的全部载荷。

（1）导柱式模架

冲模标准模架由上、下模座及导向装置（导柱和导套）组成。根据上、下模座的材料将模座分为铸铁模架和钢板模架两大类；依照模架中导向方式的不同，又将模架分为冲模滑动导向模架（即 GB/T 2851—2008）和冲模滚动导向模架（即 GB/T 2852—2008）。每类模架中又可由导柱的安装位置及导柱数量的不同分为对角导柱模架、后侧导柱模架、中间导柱模架和四导柱模架等，其结构如图 2-80 所示。

1）对角导柱模架。图 2-80a 所示为对角导柱模架。其导柱安装在模具的对角线上，受力平衡，上模座在导柱上运动平稳，适用于横向送料级进模或纵向送料的落料模、复合模。

2）后侧导柱模架。图 2-80b 和图 2-80c 所示为后侧导柱模架。其导柱安装在模具后侧，可实现三面送料，操作方便，但冲压时容易引起偏心距造成导柱、导套单边磨损，且不能使用浮动模柄结构，适用于冲压中等精度的较小尺寸冲压件，不适用于大型冲压件。

3）中间导柱模架。图 2-80d 和图 2-80e 所示为中间导柱模架。其导柱安装在模具的对称线上，导向平稳、准确，适用于纵向送料或以单个毛坯冲制较精密的冲压件。

4）四导柱模架。图 2-80f 所示为四导柱模架。其导柱安装在模具的四个角，具有运动平稳、导向准确可靠、刚性好等优点，适用于冲压尺寸较大或精度要求较高的大型冲压件，以及大批量生产的自动冲压模。

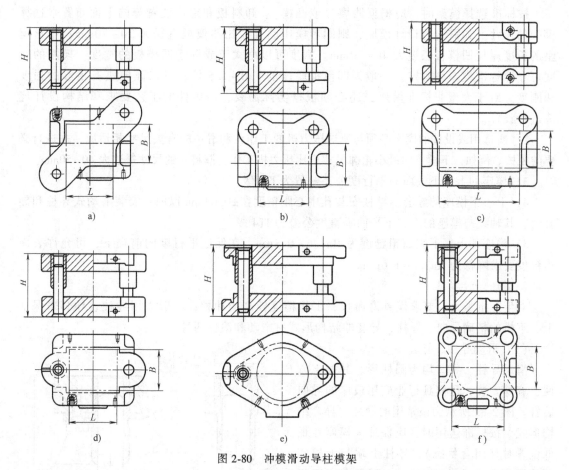

图 2-80　冲模滑动导柱模架

a）对角导柱模架　b）后侧导柱模架　c）后侧导柱窄形模架　d）中间导柱模架　e）中间导柱圆形模架　f）四导柱模架

（2）导板式模架

导板式模架有两种形式，即对角导柱弹压模架和中间导柱弹压模架，如图 2-81 所示。导板式模架的特点是作为凸模导向用的弹压导板与下模座以导柱、导套为导向来构成整体结构。凸模与固定板是间隙配合，因而凸模在固定板中有一定的浮动量。这种结构形式可以起到保护凸模的作用，一般用于带有细凸模的连续模。实际生产中，弹压导板式模架应用较少。

2. 模座

模座的作用是直接或者间接地安装冲模的所有零件，分别与压力机滑块和工作台面连接，传递压力。

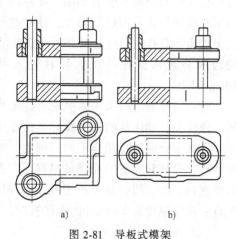

图 2-81　导板式模架

a）对角导柱弹压模架　b）中间导柱弹压模架

在选用和设计模座时应注意如下几点。

1）尽量选用标准模架，而标准模架的形式和规格就决定了上、下模座的形式和规格。

按标准选择模架时，应根据凹模（或凸模）、卸料板和定位装置等的平面布置来选择模架的尺寸。如需自行设计模座，则圆形模座的直径比凹模板直径大 30~70mm；矩形模座的长度应比凹模板长度大 40~70mm。宽度可以略大于或等于凹模板的宽度。模座的厚度可参照标准模座来确定，一般为凹模板厚度的 1.0~1.5 倍，以保证模座有足够的强度和刚度。对于大型非标准模座，还必须根据实际需要，按铸件的工艺要求和结构设计规范进行设计。

2）所选用或设计的模座必须与所选压力机的工作台和滑块的有关尺寸相适应，并进行必要的校核。例如，下模座的最小轮廓尺寸应比压力机工作台漏料孔的尺寸每边大 40~50mm。

3）模座的上、下表面的平行度公差一般为 IT4 级。

4）上、下模座的导套、导柱安装孔中心距精度在 ±0.02mm 以内；安装滑动式导柱和导套时，其轴线与模座的上、下平面垂直度公差为 IT4 级。

5）模座的上、下表面粗糙度为 Ra1.6~0.8μm，在保证平行度的前提下，可允许表面粗糙度要求降低为 Ra3.2~1.6μm。

3. 导向零件

对生产批量大、要求模具寿命长、工作精度较高的冲模，一般采用导柱、导套来保证上、下模的精确导向。导柱、导套的结构形式有滑动和滚珠两种。

（1）滑动导柱、导套

滑动导柱、导套均为圆柱形。其加工方便，容易安装，是模具行业应用最广的导向装置。图 2-82 所示为最常用的导柱、导套结构形式。按标准选用时，应保证上模座在最低位置时（闭合状态），导柱上端与上模座顶面距离不小于 10~15mm，而下模座底面与导柱底面的距离不小于 5mm。导柱的下部与下模座导柱孔采用过盈配合，导套的外径与上模座导套孔采用过盈配合。导套长度 L_1 的选取必须保证在冲压前导柱进入导套 10mm 以上。

导柱与导套之间采用间隙配合，根据冲压工序性质、冲压件的精度及材料的厚度等不同，其配合间隙也稍有不同。例如，对于冲裁模，导柱和导套的配合可根据凸、凹模

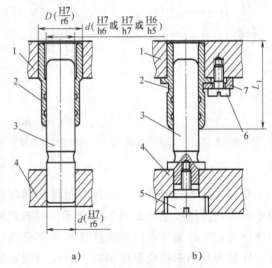

a)　　　　　b)

图 2-82　滑动导柱、导套结构形式

1—上模座　2—导套　3—导柱　4—下模座
5—特殊螺钉　6—螺钉　7—压板

间隙选择，凸、凹模间隙小于 0.3mm 时，采用 H6/h5 配合，大于 0.3mm 时，采用 H7/h6 配合；拉深厚度为 4~8mm 的金属板时，采用 H7/f7 配合。

（2）滚珠导柱、导套

滚珠导柱、导套是一种无间隙、精度高、寿命长的导向装置，适用于高速冲模、精密冲模以及硬质合金模具的冲压工作。图 2-83 所示为常见的滚珠导柱、导套结构形式。导套 5 与上模座 6 的导套孔采用过盈配合，导柱 2 与下模座 1 的导柱孔为过盈配合，滚珠 4 置于滚珠夹持圈 3 内，与导柱和导套接触，并有微量过盈。

设计时，滚珠与导柱、导套之间应保持 0.01~0.02mm 的过盈量。为保证均匀接触，滚珠尺寸必须严格控制，直径一般取 3~5mm。对于高精度模具，滚珠精度取 IT5 级，一般精度的模具取 IT6 级。选取滚珠夹持圈的长度 L 时，应保证上模回程至上止点时仍有 2~3 圈滚珠与导柱、导套配合，起导向作用。导套长度约为 $L_1 = L + (5 \sim 10)$ mm。设计时，应尽可能选用符合国家标准的导柱、导套。

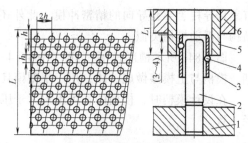

图 2-83 滚珠导柱、导套结构形式
1—下模座 2—导柱 3—滚珠夹持圈
4—滚珠 5—导套 6—上模座

除模架用导柱、导套外，机械行业标准 JB/T 7645—2008《冲模导向装置》中还规定了 A 型小导柱、B 型小导柱、小导套等导向零件。

4. 模柄

模柄的作用是将模具的上模座固定在压力机的滑块上。常用的模柄形式如图 2-84 所示。

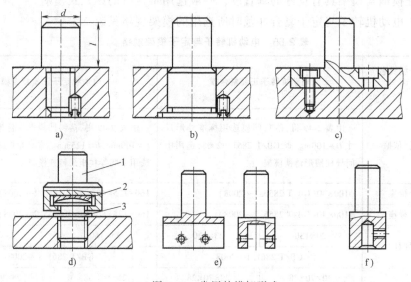

图 2-84 常用的模柄形式
a) 旋入式模柄 b) 压入式模柄 c) 凸缘模柄 d) 浮动模柄 e) 槽形模柄 f) 通用模柄
1—模柄 2—凹球面垫块 3—凸球面连接杆

图 2-84a 所示为旋入式模柄（JB/T 7646.2—2008），与上模连接后，为防止松动，拧入防转螺钉紧固，垂直度较差，主要用于小型模具。

图 2-84b 所示为压入式模柄（JB/T 7646.1—2008），它与模座安装孔用 H7/n6 配合，可以保证较高的同轴度和垂直度，适用于各种中小型模具。

图 2-84c 所示为凸缘模柄（JB/T 7646.3—2008），用螺钉、销钉与上模座紧固在一起，适用于较大的模具。

图 2-84d 所示为浮动模柄（JB/T 7646.5—2008），它由模柄、凹球面垫块和凸球面连接杆组成。这种结构可以通过凹球面垫块消除压力机导轨误差对冲模导向精度的影响，适用于

有滚珠导柱、导套导向的精密冲模。此外还有一种推入式活动模柄（JB/T 7646.6—2008），结构与浮动模柄类似。

图 2-84e 所示槽形模柄（JB/T 7646.4—2008）和图 2-84f 所示通用模柄均为整体式模柄，模柄与上模座做成一体，用于小型模具。

在设计模柄时，模柄的长度不得大于压力机滑块内模柄孔的深度，模柄直径应与模柄孔径一致。

📠 案例分析

电动机转子、电动机定子冲裁模导向及支承、固定零件选择

电动机转子属于较高精度的零件，复合冲裁时，其精度主要由凸模、凹模和凸凹模等成形零件保证，因此，从降低成本的角度出发，一般选用滑动导柱导套导向；而级进冲裁时，模具整体精度对其影响较大，因此宜采用滚珠导柱导套导向。

复合冲裁时，主要考虑模架受力情况和模架形状与冲裁件形状相近，一般选用中间导柱模架。级进冲裁时，主要考虑各冲裁工位布置和操作的便利性，一般选用对角导柱模架。

为了保证模柄与模架具有良好的垂直度，一般选用带台阶的压入式模柄。

经分析，电动机转子与定子复合冲裁时所选用的模架规格见表 2-55。

表 2-55 电动机转子与定子模架规格

方案设计项目 \ 模具名		电动机转子正装复合模		电动机定子正装复合模	
模架	选择依据	由表 2-49 得,落料凹模选用标准外形尺寸 $D=100$m。查 GB/T 2851—2008,选用中间导柱圆形铸铁模架		由表 2-49 得,落料凹模选用标准外形尺寸 $L=160$mm,$B=125$mm。查 GB/T 2851—2008,选用中间导柱矩形铸铁模架	
	上模座	$\phi100\times30$(GB/T 2855.1—2008)		$160\times125\times40$(GB/T 2855.1—2008)	
	下模座	$\phi100\times40$(GB/T 2855.2—2008)		$160\times125\times50$(GB/T 2855.2—2008)	
	导柱	20×130	23×130	25×160	28×160
		GB/T 2861.1—2008		GB/T 2861.1—2008	
	导套	$20\times70\times28$	$22\times70\times28$	$25\times95\times38$	$28\times95\times38$
		GB/T 2861.3—2008		GB/T 2861.1—2008	
模柄	选择依据	由表 2-39 得,选用公称压力为 63kN 或 100kN 的开式压力机,模柄孔尺寸均为 $\phi30\times50$			
	模柄直径	选用带台阶的压入式模柄,选用直径为 30mm 的标准模柄			

2.11.5 模具标准件选用

1. 螺钉和销钉

模具中的紧固零件主要包括螺钉（GB/T 70.1—2008）和销钉（GB/T 119.1—2000）。它们都是标准件，设计时按照国家标准选用即可。螺钉用于固定模具零件；销钉则起到保证相关零件之间正确定位的作用。模具中广泛应用的是内六角螺钉和圆柱销钉，其中 M6～M12 的螺钉和 $\Phi4$～$\Phi10$ 的销钉最常用。

在模具设计中，螺钉和销钉的选用原则如下。

1）螺钉要均匀布置，尽量置于被固定件的外形轮廓附近。当被固定件为圆形时，一般采用 3~4 个螺钉；当为矩形时，一般采用 4~6 个。销钉一般都用 2 个，且尽量远距离错开布置，以保证定位可靠。螺钉的大小可根据凹模的厚度从表 2-56 中选用，同一副模具中，螺钉、销钉的直径相同。

2）螺钉之间、螺钉与销钉之间的距离，螺钉、销钉距刃口及外边缘的距离均不应太小，以防模具强度降低。

3）相关联的被固定件的小孔应配合加工，以保证位置精度，销钉孔与销钉采用 H7/m6 或 H7/n6 过渡配合。

表 2-56　螺钉直径与凹模厚度的关系

凹模厚度/mm	≤13	>13~19	>19~25	>25~32	>32
螺钉规格	M4,M5	M5,M6	M6,M8	M8,M10	M10,M12

2. 卸料螺钉

卸料螺钉的作用是把卸料板拉住，防止卸料板脱落，此外也用于保证卸料行程，使制件顺利从模具上脱落下来。主要采用圆柱头内六角结构，推荐采用 45 钢，硬度 35HRC ~ 40HRC，示例：$d=10mm$、$L=50mm$ 的圆柱头内六角卸料螺钉标记为圆柱头内六角卸料螺钉 M10×50 JB/T 7650.6—2008，如图 2-85 所示。

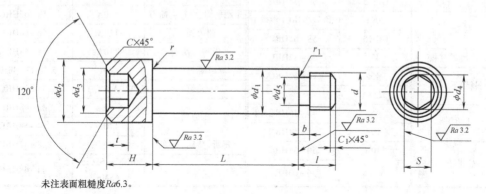

未注表面粗糙度 Ra6.3。

图 2-85　圆柱头内六角卸料螺钉

此外还有一种定距套件（JB/T 2867.7—2008，也称为衬套型卸料螺栓、套装式卸料螺钉），由套管、垫圈与螺钉组成，如图 2-86 所示。示例：$d=12mm$、$L=63mm$ 的定距套件标记为"定距套件 12×63 JB/T 7650.7—2008"。定距套件分为整体式（即套管和垫圈一体化，也称为等高套筒）和分体式，优先选用整体式。与卸料螺钉相比，定距套件的长度调整方便，精度较高，应用较广。

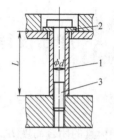

图 2-86　定距套件
1—套管　2—垫圈　3—螺钉

2.11.6　冲裁模零件材料选用

冲裁模零件材料的选用要综合考虑冲压生产批量的大小、冲压材料性质、工序种类和模具零件的工作条件，同时还要考虑经济性，在保证性能的前提下，尽量选用价格低廉、供应

方便的材料。冲裁模的凸模和凹模工作中承受冲击载荷，要求材料具有较好的耐磨性、耐冲击性以及高强度、高硬度。表 2-57 和表 2-58 分别列出了工作零件和一般零件常用材料牌号及硬度要求。

表 2-57 冲裁模工作零件材料牌号及硬度要求

	冲压件和冲压工艺情况	材料	硬度	
			凸模	凹模
1	形状简单，精度较低，材料厚度 $t \leqslant 3mm$，中小批量	T0A、9Mn2V	56~60HRC	58~62HRC
2	材料厚度 $t \leqslant 3mm$，但形状复杂；材料厚度 $t>3mm$	9SiCr、CrWMn、Cr12、Cr12MoV、W6Mo5Cr4V2	58~62HRC	60~64HRC
3	大批量或要求耐磨、高寿命	Cr12MoV、Cr4W2MoV	58~62HRC	60~64HRC
		YG15、YG20	≥86HRA	≥84HRA
		超细硬质合金	—	

表 2-58 冲裁模一般零件材料牌号及硬度要求

零件名称	材料	硬度	零件名称	材料	硬度
上、下模座	HT200	170~220HBW	模柄、承料板	Q235A	—
	45	24~28HRC	挡料销、抬料销、推杆、顶杆	65Mn、GCr15	52~56HRC
导柱	20Cr	60~64HRC（渗碳）	推板	45	43~48HRC
	GCr15	60~64HRC	定距侧刃、废料切断刀	T10A	58~62HRC
导套	20Cr	58~62HRC（渗碳）	侧刃挡块	T10A	56~60HRC
	GCr15	58~62HRC	斜楔与滑块	T10A	54~58HRC
凸、凹模固定板	45	28~32HRC	螺钉	45	头部 43~48HRC
卸料板、导料板	45	28~32HRC	销钉	T10A、GCr15	56~60HRC
	Q235A	—	压边圈	45	43~48HRC
垫板	45	43~48HRC		T10A	54~58HRC
	T10A	50~54HRC	螺母、垫圈、螺塞	45	28~32HRC
导正销	T10A	50~54HRC	弹簧	50CrVA、55CrSi、65Mn	44~48HRC
	9Mn2V	56~60HRC			

2.12 冲压设备的校核

2.12.1 模具闭合高度的校核

模具的闭合高度 $H_模$ 是指模具在最低工作位置时，上、下模之间的距离，如图 2-87 所示。

为使模具正常工作，模具闭合高度必须与压力机的封闭高度相适应，应介于压力机最大和最小封闭高度之间，一般可按下式确定

$$H_{最大} - 5 \geqslant H_模 \geqslant H_{最小} + 10 \qquad (2-47)$$

如果模具闭合高度小于压力机的最小封闭高度，可采用垫板，其厚度为 H_1，则

$$H_{最大} - H_1 - 5 \geqslant H_模 \geqslant H_{最小} - H_1 + 10 \qquad (2-48)$$

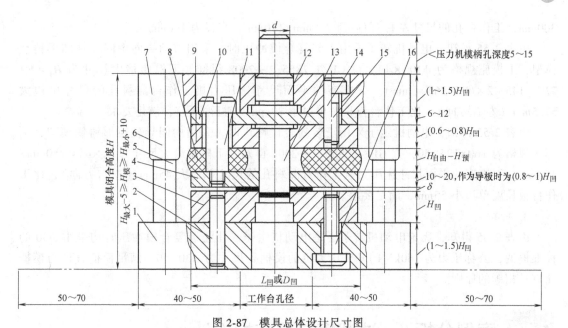

图 2-87 模具总体设计尺寸图

1—下模座 2、14—销钉 3—凹模 4—卸料板 5—导柱 6—导套 7—上模座 8—橡胶
9—凸模固定板 10—垫板 11—卸料螺钉 12—模柄 13—凸模 15、16—螺钉

式中，$H_{最大}-H_1$ 和 $H_{最小}-H_1$ 分别为模具安装在压力机垫板上时，压力机的最大和最小装模高度。

冲裁模各主要零部件及压力机工作台面的安装、漏料尺寸如图 2-87 所示。

2.12.2 模座平面尺寸的校核

下模座的平面尺寸比压力机工作台漏料孔的尺寸单边大 40~50mm，比工作台板长度单边小 50~70mm。当模具中使用顶出装置时，压力机工作台漏料孔的尺寸必须足够安装弹顶器。

2.12.3 模柄孔尺寸的校核

模具的模柄直径应与滑块的模柄孔尺寸相适应，通常要求两者的公称直径相等。在没有合适的模柄尺寸时，允许模柄直径小于模柄孔的直径，装配时在模柄的外面加装一个模柄套。

2.12.4 案例分析——冲压设备的校核

以电动机转子和定子采用正装复合模冲压工艺方案为例，讲述冲压设备的校核方法。

1. 模具闭合高度的校核

由表 2-39 得知，电动机转子和电动机定子采用正装复合模冲压时均初选公称压力为 63kN 的开式压力机。查附录 N 得知，该压力机的最大封闭高度为 170mm，封闭高度调节量为 40mm，工作台板厚度为 40mm。因此，该压力机的最小封闭高度为 130mm（170-40）。经分析，电动机转子正装复合模的闭合高度为 183mm，电动机定子正装复合模的闭合高度为 190mm，显然二者均不满足式（2-47）的要求。重新选择并校核，确定选用公称压力为 16kN 的开式压力机。

2. 模座平面尺寸的校核

查附录 N 得知，公称压力为 160kN 的开式压力机工作台尺寸左右×前后为 450mm×

300mm，工作台孔的尺寸左右×前后为 220mm×110mm，直径为 160mm。

由表 2-55 得知，电动机转子采用正装复合模冲压时，采用滑动导向中间导柱圆形铸铁模架，下模座规格为 φ100×40，查 GB/T 2855.2—2008 得知，下模座最大尺寸为 $B_1 = S + 2R_1 = 145 + 2 \times 60 = 265$（mm）。下模座的平面尺寸比压力机工作台漏料孔的尺寸单边大 52.5mm（左右方向），比工作台板长度单边小 70mm（前后方向），满足要求。

由表 2-55 得知，电动机定子采用正装复合模冲压时，采用中间导柱矩形铸铁模架，下模座规格为 160×125×50，查 GB/T 2855.1—2008 得知，下模座最大尺寸为 $L_2 \times B_2 = 250\text{mm} \times 190\text{mm}$。下模座的平面尺寸比压力机工作台漏料孔的尺寸单边大 45mm（左右方向），比工作台板长度单边小 55mm，满足要求。

3. 模柄孔尺寸的校核

由表 2-55 得知，无论电动机转子还是电动机定子采用正装复合模冲压时均采用 φ30 的标准模柄，公称压力为 160kN 的开式压力机的模柄孔尺寸为 φ30×50，满足模柄直径与模柄孔直径相等的原则。

2.13　案例分析——冲裁模总体结构设计

电动机转子冲裁模装配图如图 2-88 和图 2-89 所示。

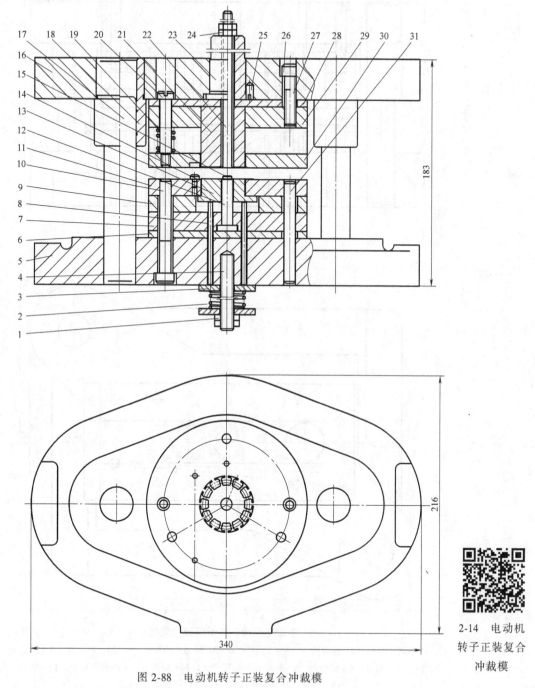

图 2-88　电动机转子正装复合冲裁模

1、24—螺母　2、19—弹簧　3—顶板　4—螺杆　5—下模座　6—凸模垫板　7—凸模固定板　8—顶杆　9—空心垫板
10、26—螺钉　11—凹模　12—凸模　13—顶件块　14—导料销　15—挡料销　16—上模座　17—导柱　18—导套　20—卸料螺钉
21—凸凹模　22—打杆　23—模柄　25—止转销　27、31—销钉　28—凸凹模垫板　29—凸凹模固定板　30—卸料板

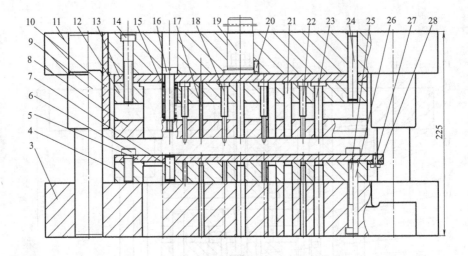

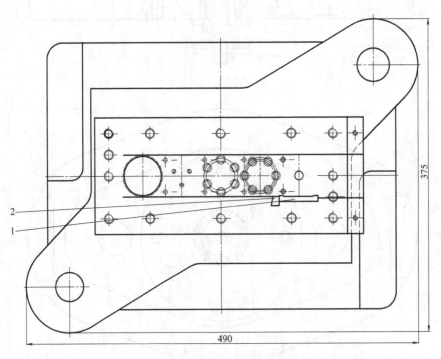

图 2-89　电动机转子级进冲裁模

1—侧刃凹模　2—侧刃挡块　3—下模座　4—凹模　5—导料板　6、14、25、27—螺钉
7、24、26—销钉　8—卸料板　9—导柱　10—导套　11—上模座　12—凸模固定板　13—垫板
15—弹簧　16—卸料螺钉　17、21、22、23—凸模
18—导正销　19—模柄　20—止转销　28—承料板

电动机定子冲裁模装配图如图 2-90 和图 2-91 所示。

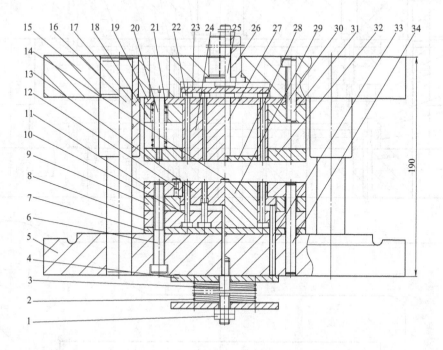

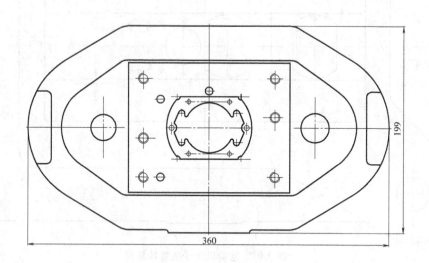

图 2-90　电动机定子正装复合冲裁模

1—螺母　2、21—弹簧　3—螺杆　4—顶板　5—下模座　6、30—螺钉　7—凸模垫板　8—凸模固定板
9—空心垫板　10、29—凸模　11—凹模　12—导料销　13—顶件块　14—挡料销　15—上模座　16—导柱
17—导套　18—凸凹模固定板　19—凸凹模垫板　20—卸料螺钉　22—推杆　23—推板　24—凸凹模　25—打杆
26—模柄　27—螺钉　28—推件块　31、34—销钉　32—卸料板　33—顶杆

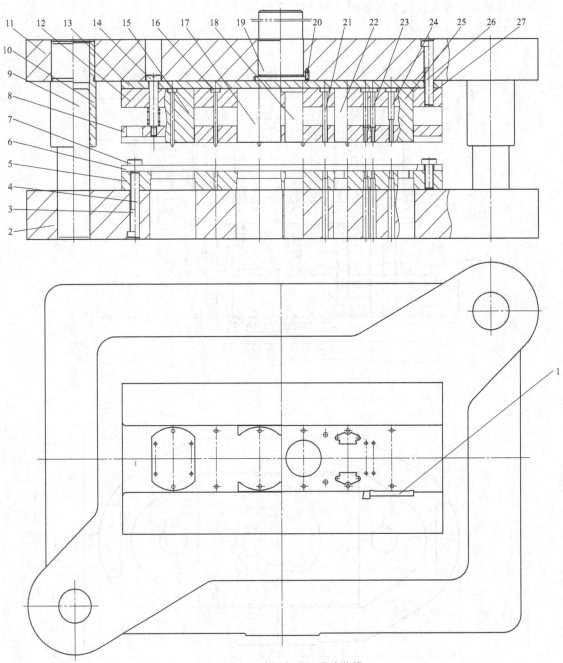

图 2-91　电动机定子级进冲裁模

1—侧刃挡块　2—下模座　3、7、26—螺钉　4、27—销钉　5—凹模　6—导料板　8—卸料板　9—导柱　10—导套
11—上模座　12—凸模固定板　13—垫板　14—卸料螺钉　15—落料凸模　16—导正销　17—切废凸模
18、21、23—冲孔凸模　19—模柄　20—止转销　22—冲腰形孔凸模　24—冲导正孔凸模　25—侧刃

2-15　电动机定子
级进冲裁模

第3章　弯曲工艺与模具设计

3.1　设计前的准备工作

3.1.1　弯曲概述

弯曲是把板料、棒料、管料或型材等坯料制成具有一定形状、尺寸（角度、曲率、长度）等要求的塑性成形工艺。弯曲工艺根据毛坯形状、使用的工具和设备（压力机或折弯机）不同，可分为压弯、折弯、扭弯、滚弯、辊压和拉弯等。常见的弯曲工艺见二维码文件3-1。

本章仅就压弯工艺及其使用的工具——压弯模进行介绍。

利用模具进行压弯成形的典型形状如图3-1所示。

3-1　常见弯曲工艺

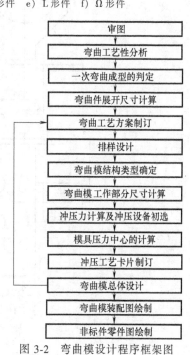

图 3-1　压弯成形的典型形状

a）V 形件　b）U 形件　c）四角弯曲件（帽形件）　d）Z 形件　e）L 形件　f）Ω 形件

3.1.2　弯曲工艺与模具的设计程序

图3-2所示为弯曲模设计程序框架图。在弯曲件成形工艺与模具设计过程中，同时包含着冲裁工艺与模具设计、弯曲工艺与模具设计两部分内容，并且相互影响，设计时需要综合考虑。

3.1.3　案例分析——审图

（1）电器簧片

图3-3所示为电器簧片零件图，其尺寸精度应高于IT12级（图中未标出相关的尺寸精度等技术要求）。材料为 H62（半硬），大批量生产。

（2）U 形支板

U 形支板（图3-4）所用材料为 Q235，料厚 1.2mm，大批量生产。

审图

弯曲工艺性分析

一次弯曲成型的判定

弯曲件展开尺寸计算

弯曲工艺方案制订

排样设计

弯曲模结构类型确定

弯曲模工作部分尺寸计算

冲压力计算及冲压设备初选

模具压力中心的计算

冲压工艺卡片制订

弯曲模总体设计

弯曲模装配图绘制

非标件零件图绘制

图 3-2　弯曲模设计程序框架图

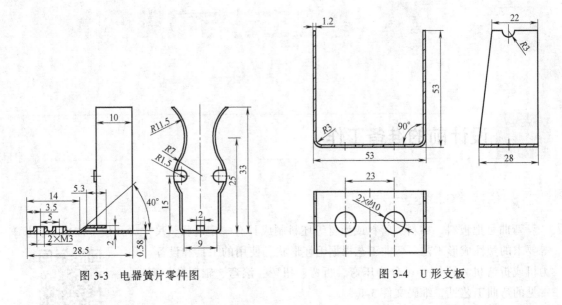

图 3-3　电器簧片零件图　　　　　　　　图 3-4　U 形支板

（3）左支架

左支架是某电器产品上的零件，尺寸精度要求较高，如图 3-5 所示。其材料为冷轧钢板 DC01，料厚为 1mm，大批量生产。

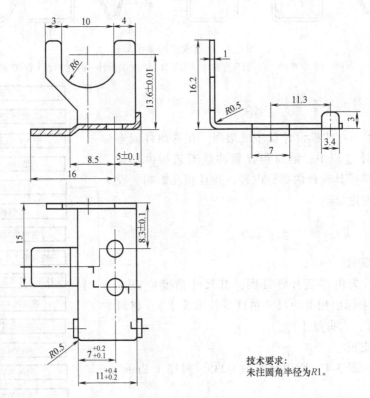

技术要求：
未注圆角半径为R1。

图 3-5　左支架

3.2 弯曲工艺性分析

3.2.1 弯曲变形

1. 弯曲变形过程

图 3-6 所示为弯曲 V 形件的变形过程。在弯曲的开始阶段，毛坯是自由弯曲，随着凸模的下压，毛坯与凹模工作表面逐渐靠紧，弯曲半径由 R_0 变为 R_1，弯曲力臂也由 L_0 变为 L_1。凸模继续下压，毛坯弯曲区减小，直到与凸模三点接触，这时的曲率半径已由 R_1 变成了 R_2。此后，毛坯的直边部分则向与以前相反的方向弯曲。到行程终止时，凸、凹模对毛坯进行校正，使其圆角、直边与凸、凹模全部靠紧。

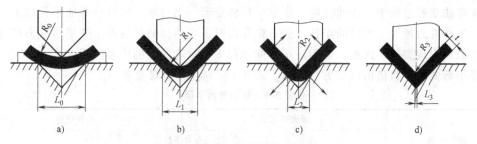

图 3-6 弯曲 V 形件的变形过程

a）弹性弯曲变形 b）弹-塑形弯曲变形 c）塑形弯曲变形 d）校正弯曲变形

2. 弯曲变形的特点

为了分析板料在弯曲时的变形情况，可在长方形的板料侧面画出正方形网格，然后对其进行弯曲，如图 3-7 所示。

观察网格的变化，可看出弯曲时变形的特点。

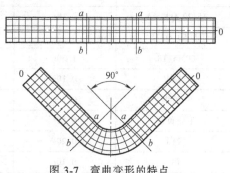

图 3-7 弯曲变形的特点

1）弯曲时，在弯曲角的范围内，网格发生显著变形（弯曲角附近网格少量变形），而在板料的平直部分，网格仍保持原来的正方形。由此可知，弯曲变形只发生在弯曲件的圆角及附近，直线部分则不产生塑性变形。

2）分析网格的纵向线条可以看出，在弯曲前 $aa = bb$，弯曲后则 $aa < bb$。由此可见，在弯曲区域内，纤维沿厚度方向的变形是不同的，即弯曲后，内缘的纤维受压缩而缩短，外缘的纤维受拉伸而伸长，在内缘与外缘之间存在着纤维既不伸长也不缩短的应变中性层。

3）从弯曲件变形区域的横断面来看，变形有以下两种情况，如图 3-8 所示。

① 对于窄板（$B \leq 3t$），弯曲时，宽度方向的变形不受约束，产生显著变形，内侧受压增厚，沿内缘宽度增加，外侧受拉收缩，沿外缘宽度减小，断面略呈扇形。

② 对于宽板（$B > 3t$），在宽度方向上的变形会受到相邻材料切应力的制约，材料不易流动，弯曲后在宽度方向上无明显变化，横断面形状基本保持为矩形。

此外，在弯曲区域内制件的厚度有变薄现象，变形程度越大，变薄现象越严重。

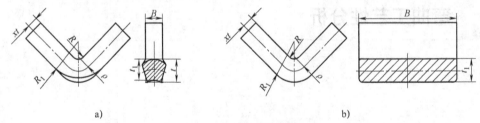

图 3-8　弯曲区域的断面变化

a）窄板　b）宽板

3. 最小弯曲半径

常用板料的最小相对弯曲半径，即最小弯曲半径与厚度的比值（用 r_{min}/t 来表示），来表示板料的弯曲变形程度。其值越小，板料弯曲的性能就越好。

在弯曲变形过程中，弯曲件的外层发生拉伸变形。当料厚一定时，弯曲半径越小，拉伸变形产生的应力越大。当弯曲半径小到一定程度时，弯曲件的外层由于变形拉应力超过了材料允许值而出现裂纹。因此，可用最小弯曲半径来表示弯曲时的成形极限。

最小弯曲半径数值由试验方法确定。表 3-1 所列为最小弯曲半径。

表 3-1　最小弯曲半径

材　　料	退火或正火		冷作硬化	
	弯曲线位置			
	垂直纤维	平行纤维	垂直纤维	平行纤维
08、10、Q195、Q215-A	0.10t	0.40t	0.40t	0.80t
15、20、Q235-A	0.10t	0.50t	0.50t	1.00t
45、50、Q275	0.50t	1.00t	1.00t	1.70t
60Mn、T8	1.20t	2.00t	2.00t	3.00t
纯铜	0.10t	0.35t	1.00t	2.00t
软黄铜	0.10t	0.35t	0.35t	0.80t
半硬黄铜	0.10t	0.35t	0.50t	1.20t
磷铜	0.20t	0.30t	1.00t	3.00t
铝	0.10t	0.20t	0.30t	0.80t
半硬铝	0.10t	1.50t	1.50t	2.50t
硬铝	2.00t	3.00t	3.00t	4.00t

影响最小弯曲半径的因素主要有材料的力学性能、材料的热处理状态、制件弯曲角的大小、弯曲线方向、板料表面和冲裁断面的质量。其中，弯曲线方向对最小弯曲半径的影响原因是，钢板经碾压以后得到纤维组织，纤维的方向性导致材料力学性能的各向异性，因此，当弯曲线与材料的碾压纤维方向垂直时，材料具有较大的抗拉强度，外缘纤维不易断裂，可具有较小的最小弯曲半径；当弯曲线与材料的碾压纤维方向平行时，抗拉强度较低而容易断裂，最小弯曲半径就不能太小，如图 3-9a、b 所示。在双向弯曲时，应该使弯曲线与材料纤维成一定的夹角，如图 3-9c 所示。

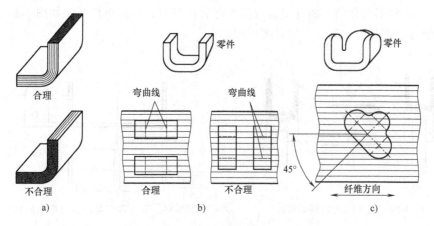

图 3-9 弯曲线方向对弯曲半径的影响

3.2.2 弯曲件质量分析

根据上述弯曲变形特征分析，弯曲件在弯曲成形过程中可能产生的质量问题主要有开裂、偏移、翘曲、截面畸变和回弹。

1. 弯曲时的开裂

弯曲时的开裂是指弯曲过程中弯曲件的外层纤维发生拉伸变形，当变形程度超过材料允许的变形极限时，就会在外侧表面出现裂纹，从而造成废品，如图 3-10 所示。

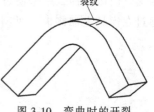

图 3-10 弯曲时的开裂

防止开裂的措施有：①选择塑性好的材料进行弯曲，对冷作硬化的材料在弯曲前进行退火处理；②采用 r/t 大于 r_{min}/t 的弯曲；③排样时，使弯曲线与板料的纤维方向垂直；④将有毛刺的一面朝向弯曲凸模一侧，或弯曲前去除毛刺；⑤避免弯曲毛坯外侧有任何划伤、裂纹等缺陷。

2. 弯曲时的偏移

在弯曲过程中，坯料沿凹模圆角滑移时，会受到摩擦阻力，由于坯料各边所受的摩擦力不等，在实际弯曲时可能使坯料有向左或向右的偏移（对于不对称件，这种现象尤其显著），从而会造成制件边长不合要求，如图 3-11 所示。

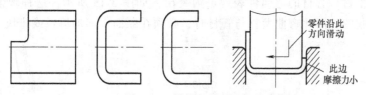

图 3-11 制件弯曲时的偏移现象

防止偏移的措施有：①采用压料装置（也起顶件作用）。工作时，坯料的一部分被压紧，不能移动，另一部分则逐渐弯曲成形。使用压料装置，不仅可以得到准确的制件尺寸，而且制件的边缘与底部均能保持十分平整的状态，如图 3-12a、b 所示。②对于带孔的工件或坯料，可在模具上装定位销，工作时，定位销插入孔内，使工件或坯料无法移动，如图

3-12c 所示。③将不对称的弯曲件组合成对称弯曲件弯曲，然后再切开，如图 3-13 所示，这样就可以使弯曲件受力均匀，不容易产生偏移。

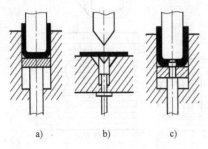

图 3-12 防止毛坯偏移的措施

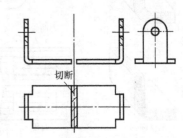

图 3-13 不对称弯曲件成对弯曲后再切开

3. 弯曲后的翘曲与断面畸变

板料塑性弯曲后，外区切向伸长，引起宽度方向与厚度方向的收缩；内区切向缩短，引起宽度方向与厚度方向的延伸。

当板料短而厚时，沿折弯线方向板料的刚度大，宽度方向应变被抑制，折弯后翘曲不明显；反之，当板料薄而长时，沿折弯线方向板料的刚度小，宽度方向应变得到发展——外区收缩、内区延伸，结果使折弯线凹曲，造成零件的纵向翘曲，如图 3-14 所示。克服翘曲可通过在模具上加侧板（见图 3-15a）或预先在翘曲反方向上加设翘曲量（见图 3-15b）。

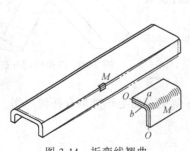

图 3-14 折弯线翘曲

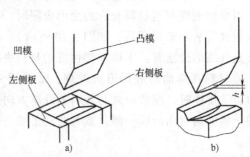

图 3-15 模具上加装侧板防止翘曲

板料中窄料（$B<3t$）的断面产生畸变现象比较明显，如图 3-16 所示。对此，可通过在毛坯的弯曲线处预先切除工艺切口的方式来避免，如图 3-17 所示。

断面畸变对于型材、管材的弯曲件表现最为突出，如图 3-18 所示。这种现象实际上是由径向压应变所引起的，因此弯曲型材与管材时，必须在断面中间加填料或垫块。

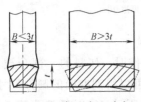

图 3-16 断面产生畸变

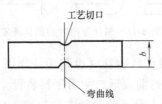

图 3-17 弯曲线处开设工艺切口

图 3-18 型材、管材
弯曲件的断面畸变

断面畸变现象也可以用最小阻力定律加以解释。弯曲时，距离中性层越远的材料变形阻力越大。为了减小变形阻力，材料有向中性层靠近的趋向，于是造成了断面的畸变。

4. 弯曲后的回弹

（1）回弹的概念

弯曲成形是一种塑性变形工艺。根据材料力学的应力应变曲线，如图 3-19 所示，材料变形分为 4 个阶段：弹性阶段（Ob）、屈服阶段（bc）、塑性变形阶段（ce）和断裂阶段（ef）。从图 3-19 中可以看出，任何塑性变形都要经过弹性变形阶段。弯曲变形相当于在力的作用下发生的弹性变形与塑性变形之和，当外力去除后，弹性变形消失会使留下的变形量小于加载时的变形量。这种卸载前后变形量不相等的现象称为回弹。

回弹是由变形过程特点决定的，是弯曲件生产中不易解决的一个特殊问题。弯曲时的回弹会造成弯曲角度和工件尺寸的误差，如图 3-20 所示。

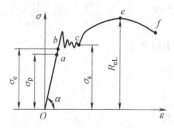

图 3-19　材料应力应变曲线

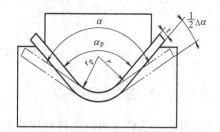

图 3-20　弯曲回弹

影响弯曲回弹的因素主要有材料的力学性能、材料的相对弯曲半径 r/t、弯曲制件的形状和模具间隙校正程度。

（2）回弹的表现形式

1）弯曲回弹会使工件的圆角半径增大，即 $r>r_p$。则回弹量可表示为

$$\Delta r = r - r_p \qquad (3\text{-}1)$$

2）弯曲回弹会使弯曲件的弯曲中心角增大，即 $\alpha>\alpha_p$。则回弹量可表示为

$$\Delta \alpha = \alpha - \alpha_p \qquad (3\text{-}2)$$

（3）减小回弹的措施

1）在弯曲件产品设计时：①结构设计时考虑减少回弹，在弯曲部位增加压筋连接带等结构，如图 3-21 所示；②在选材时考虑回弹问题，尽量选择弹性模量 E 较大的材料；③尽量避免选用过大的相对弯曲半径 r/t。

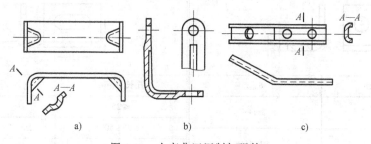

图 3-21　在弯曲区压制加强筋

2) 在设计弯曲工艺时：①对已经冷作硬化的材料，在弯曲前安排退火工序；②用校正弯曲代替自由弯曲；③弯曲相对弯曲半径较大的弯曲件时，可采用拉弯工艺；④对回弹较大的材料，必要时可采用加热弯曲。

3) 在模具结构设计时：①给出相应的回弹补偿值，如图 3-22 所示；②集中压力，加大变形压应力成分，如图 3-23 所示；③合理选择模具间隙和凹模直壁的深度；④使用弹性凹模或凸模弯曲成形。

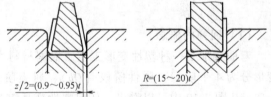

图 3-22 模具结构补偿回弹

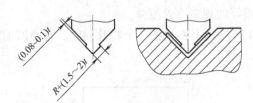
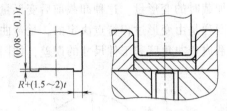

图 3-23 局部加大变形以减小回弹

3.2.3 弯曲工艺性要求

弯曲件的工艺性是指该工件利用弯曲成形的难易程度。

1. 弯曲件的形状与结构

1) 为防止弯曲时坯料的偏移，弯曲件的形状应尽可能对称，弯曲半径左右一致。对于非对称形零件，可成对弯曲成形后再切开，如图 3-24 所示。

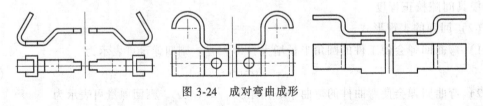

图 3-24 成对弯曲成形

2) 弯曲件的弯曲圆角半径应不小于允许的最小弯曲半径（见表 3-1）。

3) 弯曲有孔的工件时，为防止孔变形，应将孔设计在与弯曲线有一定的距离的位置上，见表 3-2。

表 3-2 弯曲件上孔壁到弯曲线的最小距离

料厚 t/mm	s_{min}	孔长 l/mm	s_{min}
≤2	≥$t+r$	≤25	≥$2t+r$
>2	≥$1.5t+r$	>25~50	≥$2.5t+r$
		>50	≥$3t+r$

4）弯曲件的直边高度太小时，弯曲边在模具上支持的长度过小，会影响弯曲件成形后的精度。必须使直边高度 $H \geqslant 2t$，如图 3-25 所示。若 $H < 2t$ 则必须制压槽，或增加直边高度，弯曲后再加工去除。

5）当弯曲件的弯曲线处于宽窄交界处时，为了使弯曲时易于变形，防止交界处开裂，弯曲线位置应满足 $l \geqslant r$，如图 3-26a 所示。若不满足，则可适当增添工艺孔、工艺槽，如图 3-26b、c、d 所示，用以切断变形部位与不变形部位的纤维，防止因弯曲部位的成形而发生撕裂现象。

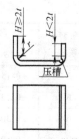

图 3-25　弯曲件直边高度

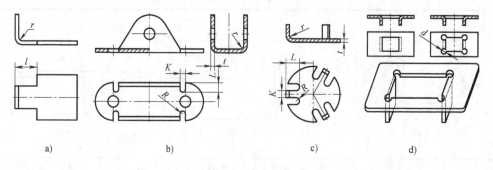

图 3-26　对弯曲件宽窄交界处的要求

6）对边缘有缺口的弯曲件，若在毛坯上冲出，弯曲时会出现叉口现象，严重时将无法弯曲成形。此时可在缺口处留连接带，如图 3-27 所示，将缺口连接，待弯曲成形后再将连接带切除。

2. 弯曲件的尺寸精度和粗糙度

1）弯曲件的长度极限偏差见附录 L，圆角半径的极限偏差见表 3-3，工件上孔中心距的极限偏差见表 3-4，弯曲件的公差等级见表 3-5。

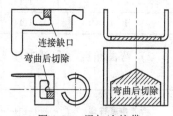

图 3-27　添加连接带

表 3-3　弯曲件圆角半径 r 的极限偏差　　　　　　（单位：mm）

圆弧半径	≤3	>3~6	>6~10	>10~18	>18~30	>30
极限偏差	+1 0	+1.5 0	+2.5 0	+3 0	+4 0	+5 0

表 3-4　孔中心距及孔组间距的极限偏差　　　　　　（单位：mm）

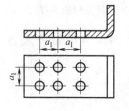 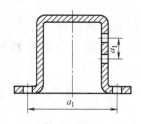 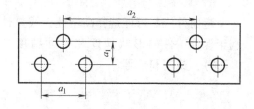

（续）

精度等级	与同一零件连接的孔中心距、孔组间距 a_1					与不同零件连接的孔中心距、孔组间距 a_2				
	≤18	>18~120	>120~260	>260~500	>500	≤18	>18~120	>120~260	>260~500	>500
A	±0.15	±0.20	±0.25	±0.30	±0.50	±0.40	±0.70	±1.00	±1.30	±1.60
B	±0.20	±0.25	±0.30	±0.50	±0.60	±0.60	±0.80	±1.20	±1.60	±2.00
C	±0.30	±0.40	±0.50	±0.60	±0.70	±0.80	±1.00	±1.40	±1.80	±2.20
D	±0.40	±0.50	±0.60	±0.70	±0.80	±1.00	±1.20	±1.60	±2.00	±2.50

表 3-5　弯曲件（拉深件、翻边件）的公差等级

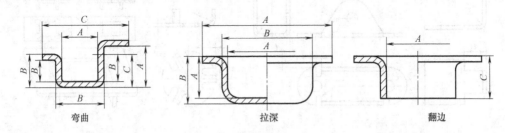

弯曲　　　　　　　拉深　　　　　　　翻边

材料厚度 t/mm	A	B	C	A	B	C
	经济级			精密级		
1	IT13	IT15	IT16	IT11	IT13	IT13
1~4	IT14	IT16	IT17	IT12	IT13~IT14	IT13~IT14

2）弯曲角度（包括未注明的90°和正多边形的角度）的极限偏差按表3-6选取。

表 3-6　弯曲角度的极限偏差

弯曲角度种类	精度等级			
	f	m	c	v
直角弯曲	±1°00′	±1°30′	±1°30′	±2°00′
其他角度弯曲	±1°00′	±1°30′	±2°00′	±3°00′

3）弯曲件的毛坯往往是经冲裁落料而成的，其冲裁断面一面是光亮的，另一面带有毛刺。弯曲件应尽可能使有毛刺的一面作为弯曲件内侧，如图3-28a所示，当弯曲方向必须将毛刺面置于外侧时，应尽量加大弯曲半径，如图3-28b所示。

毛刺面在内侧

加大R

易撕裂面

a)　　　　　b)

图 3-28　毛刺方向的安排

3. 弯曲件的材料

弯曲件应尽可能选择高塑性、低弹性的材料，从而有利于保证工件的形状精度和尺寸精度。最适合弯曲工序的材料有软钢（含碳量不超过0.2%）、黄铜和铝等。

3.2.4　案例分析——弯曲工艺性

电器簧片的材料为黄铜，弹性好，回弹大，对弯曲成形不利，工件的尺寸精度不易保证。1.2mm×4mm 的切口弯曲处宽度尺寸 1.2mm 较小，将影响弯曲成形凸模的强度。两侧耳弯曲处处于宽窄交界处，弯曲时易出现开裂或宽壁部的畸变，如结构许可，可在折弯处增添工艺槽，如图 3-29 所示。

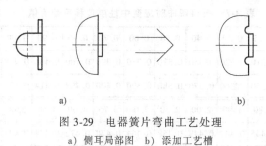

a)   b)

图 3-29　电器簧片弯曲工艺处理

a）侧耳局部图　b）添加工艺槽

3.3　弯曲工艺参数计算

3.3.1　一次弯曲成型的判定

当弯曲件的弯曲半径小于最小弯曲半径时，应分两次或多次弯曲，即先弯成较大圆角半径，再弯成所要求的半径，这样能使变形区域扩大以减小外缘纤维的拉伸率。若材料塑性较差或弯曲过程中硬化情况严重，则可预先进行退火，对于比较脆的材料及比较小的厚度，可以进行加热弯曲。在设计弯曲零件时，一般情况下，应使零件的弯曲半径大于其最小弯曲半径。

案例分析

由表 3-1 可查得，电器簧片材料 H62（半硬）允许的最小弯曲半径 $r_{min} = 0.1t = 0.058mm$。经分析，该制件弯曲成形的最小半径为两竖边与底部连接处的弯曲圆弧半径，其数值为 0.5mm，显然弯曲半径 $r>r_{min}$，满足一次弯曲成形的条件，可以一次弯曲成形。

3.3.2　弯曲件展开尺寸计算

根据对弯曲变形过程的分析，毛坯变形过程中存在应变中性层，即该层金属在变形中既没有伸长也没有缩短，其变形量为零，故该层金属的尺寸为原始毛坯尺寸，弯曲件展开尺寸计算就以中性层为依据。

对于形状比较简单、尺寸精度要求不高的弯曲件，可直接计算毛坯长度。对于形状比较复杂或精度要求高的弯曲件，在利用下述公式初步计算毛坯长度后，还需反复试弯、不断修正，才能最后确定毛坯的形状及尺寸。

1. 中性层位置的确定

弯曲中性层并不在材料厚度的中间，其位置与弯曲变形量有关，应按下式确定

$$\rho = r + kt \tag{3-3}$$

式中　ρ——弯曲中性层的曲率半径（mm）；

r——弯曲件内层的弯曲半径（mm）；

t——材料厚度（mm）；

k——应变中性层位移系数，板料可由表 3-7 查得，圆棒料由表 3-8 查得。

表 3-7　板料弯曲时应变中性层位移系数 k 值

r/t	0.10	0.15	0.20	0.25	0.30	0.40	0.50	0.60	0.70	0.80	0.90	1.00	1.10	1.20	1.30	1.40
k_1	0.230	0.260	0.290	0.310	0.320	0.350	0.370	0.380	0.390	0.400	0.405	0.410	0.420	0.424	0.429	0.433
k_2	0.300	0.320	0.330	0.350	0.360	0.370	0.380	0.390	0.400	0.408	0.414	0.420	0.425	0.430	0.433	0.436
r/t	1.50	1.60	1.70	1.80	1.90	2.00	2.50	3.00	3.75	4.00	4.50	5.00	6.00	10.00	15.00	30.00
k_1	0.436	0.439	0.440	0.445	0.447	0.449	0.458	0.464	0.470	0.472	0.474	0.477	0.479	0.488	0.493	0.496
k_2	0.440	0.443	0.446	0.450	0.452	0.455	0.460	0.473	0.475	0.476	0.478	0.480	0.482	0.490	0.495	0.498

注：k_1 适用于有顶板 V 形件或 U 形件弯曲；k_2 适用于无顶板 V 形件弯曲。

表 3-8　圆棒料弯曲时中性层位移系数 k 值

r/t	≥1.5	1	0.5	0.25
k	0.5	0.51	0.53	0.55

2. 弯曲件展开尺寸计算公式

（1）计算步骤

以图 3-30 为例，一般计算步骤如下。

1）将标注尺寸转换成计算尺寸，即将工件直线部分与圆弧部分分开标注，如图 3-31 所示。

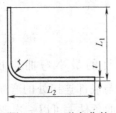

图 3-30　L 形弯曲件

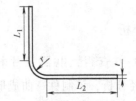

图 3-31　直线与圆弧分开标注

2）计算圆弧部分中性层曲率半径及弧长。中性层曲率半径为 $\rho = r + kt$，则圆弧部分弧长为

$$s = \rho\alpha \tag{3-4}$$

式中　α——圆弧对应的中心角，以弧度表示。

3）计算总展开长度，弯曲件展开长度为

$$L = L_1 + L_2 + s \tag{3-5}$$

即

$$L = \sum l_{直} + \sum s_{弧} \tag{3-6}$$

（2）弯曲半径 $r \geqslant 0.5t$ 时，展开长度的计算

弯曲件 $r \geqslant 0.5t$ 时，展开长度可根据弯曲件展开长度经验公式进行计算。

（3）弯曲半径 $r < 0.5t$ 时展开长度的计算

小圆角半径（$r < 0.5t$）或无圆角半径弯曲件（见图 3-32）的展开长度是

3-2　弯曲件
展开长度经
验公式

根据弯曲前、后材料体积不变的原则进行计算的，即

$$L = \sum l_{直} + knt \quad (3-7)$$

式中　L——毛坯长度（mm）；

　　$\sum l_{直}$——各直线段长度之和（mm）；

　　n——弯角数目；

　　t——材料厚度（mm）；

　　k——与材料性能及弯角数目有关的系数，见表3-9。

弯曲件 $r < 0.5t$ 时，展开长度也可根据弯曲件展开长度经验公式进行计算。

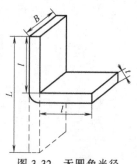

图 3-32　无圆角半径弯曲件的展开长度

表 3-9　弯角系数 k

弯角系数	单角弯曲	双角弯曲	多角弯曲	软材料取下限,硬材料取上限
k	0.48~0.5	0.45~0.48	0.125~0.25	

案例分析

电器簧片的展开尺寸计算过程如下。

$R7$、$R11.5$ 和 $R0.5$ 弯曲处为弧长计算，其余为三段直边。

1）中性层计算。$R7$ 处：$7/0.58 = 12$；$R11.5$ 处：$11.5/0.58 = 19.8$；$R0.5$ 处：$0.5/0.58 = 0.86$。由表3-7查得 $k_7 = 0.490$，$k_{11.5} = 0.494$，$k_{0.5} = 0.403$。中性层半径按 $\rho = r + kt$ 计算，得

$\rho_7 = 7 + 0.49 \times 0.58 = 7.28$（mm）

$\rho_{11.5} = 10.92 + 0.494 \times 0.58 = 11.21$（mm）

$\rho_{0.5} = 0.5 + 0.403 \times 0.58 = 0.73$（mm）

2）由中性层半径可得中性层简图（见图3-33a），计算各中心角。

$\angle 1 = \arccos \dfrac{5.54}{7.28} = 40.45°$　$\angle 2 = \arcsin \dfrac{10}{11.21 + 7.28} = 32.74°$

$\angle 3 = \angle 2$　　　　　　$\angle 4 = \arcsin \dfrac{8}{11.21} = 45.53°$

3）弧长计算。

$S_7 = 7.28 \times \dfrac{(40.45 + 32.74) \times \pi}{180} = 9.30$（mm）

$S_{11.5} = 11.21 \times \dfrac{(32.74 + 45.53)\ \pi}{180} = 15.31$（mm）

$S_{0.5} = 0.73 \times 2\pi \div 4 = 1.15$（mm）

4）如图3-33b所示，展开总长度为

$L = [(5.31 - 0.73) + (14.73 - 0.73 - 4.39) + 1.15 + 9.30 + 15.31] \times 2$

　　$= 79.9$（mm）

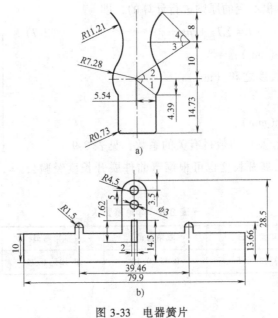

图 3-33 电器簧片

a）中性层简图　b）电器簧片展开图

<h2>3.4 弯曲工艺方案制订</h2>

弯曲工艺是指将制件弯曲成形的方法，包括弯曲成形制件各弯曲部位的先后顺序、弯曲工序分散与集中的程度，以及弯曲成形过程中所需热处理工序的安排。在此主要讨论弯曲工序的安排。弯曲工序安排的实质是确定弯曲模具的结构类型，所以它是弯曲模具设计的基础。工序安排合理可以简化模具结构、提高模具寿命和保证制件质量。

简单弯曲件（如 V 形件和 U 形件）可以一次弯曲成形。对于形状复杂或外形尺寸很小的弯曲件，一般需要采用成套工装多次弯曲变形才能达到零件的设计要求，或者在一副模具内经过冲裁和弯曲组合工步多次冲压才能成形。

<h3>3.4.1 弯曲工序设计原则</h3>

弯曲工序设计应有利于毛坯在模具中的定位、工人操作的安全性和便利性，能使生产率较高、废品率较低等。应遵循的原则如下。

1）先弯外角，后弯内角。

2）前道工序的弯曲变形必须有利于后续工序的可靠定位，并为后续工序的定位做好准备。

3）后续工序的弯曲变形不能影响前面工序的已成形形状和尺寸精度。

4）小型复杂件宜采用工序集中的工艺，大型件宜采用工序分散的工艺。

5）精度要求高的部位宜采用单独工序弯曲，以便于模具的调整与修正。

制定工艺方案时应进行多个方案的比较。

3.4.2 典型弯曲工序设计

1. 形状简单的弯曲件

V 形、U 形、Z 形件等简单弯曲件可采用一次弯曲成形，如图 3-34 所示。

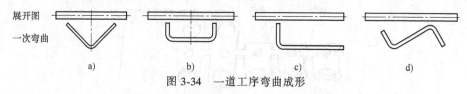

图 3-34 一道工序弯曲成形

2. 形状复杂的弯曲件

图 3-35~图 3-37 为分次弯曲成形的工序安排示例。

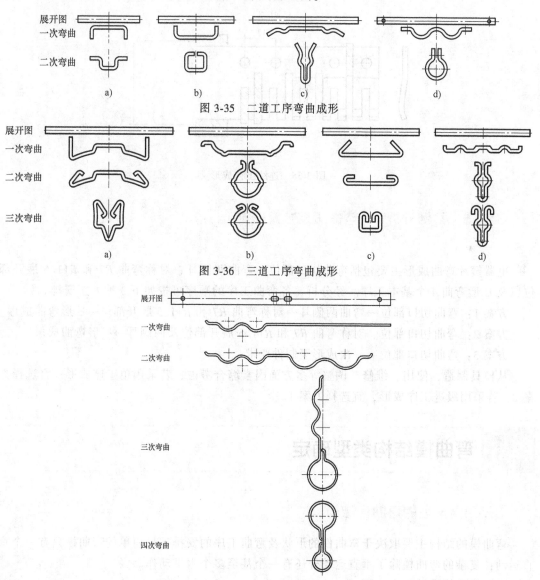

图 3-35 二道工序弯曲成形

图 3-36 三道工序弯曲成形

图 3-37 四道弯曲成形图例

3. 批量大、尺寸较小的弯曲件

可采用多工序的冲裁、弯曲、切断连续工艺成形，如图 3-38 所示。

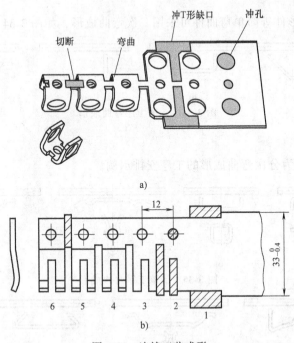

图 3-38 连续工艺成形

3.4.3 案例分析——弯曲工艺方案安排

电器簧片弯曲成形主要包括弯曲切口部位、弯曲两侧耳、对称弯曲 $R7$ 和 $R11.5$ 展开部位以及 U 形弯曲 4 个基本工序。经分析，各弯曲工序的顺序可按如下 3 种方案安排。

方案 1：弯曲切口部位→弯曲两侧耳→对称弯曲 $R7$ 和 $R11.5$ 展开部位→U 形弯曲成形。

方案 2：弯曲切口部位、对称弯曲 $R7$ 和 $R11.5$ 展开部位及两侧耳→U 形弯曲成形。

方案 3：弯曲切口部位→一次成形至制件要求。

从模具制造、使用、维修、调整等多方面因素综合考虑，若采用单工序成形，宜选择方案 2，若采用级进工序成形，宜选择方案 1。

3.5 弯曲模结构类型确定

3.5.1 典型的弯曲模结构

弯曲模的结构主要取决于弯曲件的形状及弯曲工序的安排。最简单的弯曲模只有一个垂直运动；复杂的弯曲模除了垂直运动外还有一个甚至多个水平动作。

弯曲模结构设计要点如下。

1）弯曲毛坯的定位要准确、可靠，尽可能水平放置。多次弯曲最好使用同一基准定位。

2）应能防止毛坯在变形过程中产生位移，毛坯的放置和制件的取出要方便、安全和简单。

3）模具结构尽量简单，并且便于调整和修理。对于回弹性大的材料，应考虑凸模、凹模制造加工和试模、修模的可能性，以及刚度和强度的要求。

3.5.2　案例分析——弯曲模结构类型确定

电器簧片弯曲成形主要包括弯曲切口部位、弯曲两侧耳、对称弯曲 $R7$ 和 $R11.5$ 展开部位以及 U 形弯曲 4 个部分，若采用单工序加工，各部位的弯曲模结构可分别按照 Z 形弯曲、L 形弯曲、圆弧弯曲和 U 形弯曲 4 种典型弯曲模结构进行设计。弯曲模设计时重点考虑制件定位准确性与取件方便两个问题。

3.6　弯曲模工作部分尺寸的计算

弯曲模工作部分的尺寸主要指凸模、凹模的圆角半径和凹模的深度。对于 U 形件的弯曲模则还有凸、凹模之间的单边间隙及模具横向尺寸等。

3.6.1　回弹补偿量的确定

考虑到弯曲回弹的影响，在进行弯曲模工作部分尺寸计算之前必须首先确定弯曲件的回弹补偿量。回弹值的影响因素较多，尚没有较精确的计算方法。实际生产中常采用理论计算和实践经验相结合的办法来确定。

1）查表法。当相对弯曲半径 $r/t<5\sim8$ 时，可查附录 M 及有关冲压手册初步确定回弹值，再根据经验修正和给定制造时的回弹量，而后在试模时进行修正。

2）计算法。当相对弯曲半径 $r/t>5\sim8$ 时，在弯曲变形后，不仅角度回弹较大，而且弯曲半径也有较大的变化。设计模具时可先计算出回弹值，然后在试模时进行修正。

弯曲板料时，凸模圆角半径和中心角可按下式计算

$$r_{\mathrm{p}}=\frac{r}{1+3\dfrac{R_{\mathrm{eL}}r}{Et}}=\frac{1}{\dfrac{1}{r}+\dfrac{3R_{\mathrm{eL}}}{Et}} \tag{3-8}$$

$$\alpha_{\mathrm{p}}=\frac{r\alpha}{r_{\mathrm{p}}} \tag{3-9}$$

式中　r——工件的圆角半径（mm）；

r_{p}——凸模的圆角半径（mm）；

α——工件的圆角半径 r 对应弧长的中心角；

α_{p}——凸模的圆角半径 r_{p} 对应弧长的中心角；

t——毛坯的厚度（mm）；

E——弯曲材料的弹性模量（MPa）；

R_{eL}——弯曲材料的屈服强度（MPa）。

弯曲圆形截面棒料时，凸模圆角半径为

$$r_p = \frac{r}{1+3.4\dfrac{rR_{eL}}{Ed}} = \frac{1}{\dfrac{1}{r}+\dfrac{3.4R_{eL}}{Ed}} \tag{3-10}$$

式中　d——棒料直径（mm）。

案例分析

电器簧片在弯曲 $R7$ 和 $R11.5$ 圆弧时，因其相对弯曲半径较大，将产生弯曲角度的回弹和弯曲半径的变化，所以需要进行弯曲角度和弯曲半径的回弹补偿计算，以修正凸、凹模的圆弧半径和中心角。由附录 B 可查得，材料 H62（半硬）的屈服强度 $R_{eL}=200$MPa，弹性模量 $E=1\times10^5$ MPa。

1）$R7$ 处的回弹补偿计算。

$$r_{7p} = \frac{1}{\dfrac{1}{r}+\dfrac{3R_{eL}}{Et}} = \frac{1}{\dfrac{1}{7}+\dfrac{3\times200}{1\times10^5\times0.58}}\text{mm} = 6.52\text{mm} \qquad \alpha_{7p} = \frac{r\alpha}{r_{7p}} = \frac{7\times73.19°}{6.52} = 78.5°$$

2）$R11.5$ 处的回弹补偿计算。

$$r_{11.5p} = \frac{1}{\dfrac{1}{r_{11.5}}+\dfrac{3R_{eL}}{Et}} = \frac{1}{\dfrac{1}{10.92}+\dfrac{3\times200}{1\times10^5\times0.58}}\text{mm} = 9.81\text{mm} \qquad \alpha_{11.5p} = \frac{r_{11.5}\alpha}{r_{11.5p}} = \frac{10.92\times78.27°}{9.81} = 87.1°$$

3.6.2　凸、凹模圆角半径的计算

1. 凸模圆角半径 r_p 的计算

当弯曲件的相对弯曲半径 r/t 较小时，凸模圆角半径即等于弯曲件的内弯半径 r，但不应小于弯曲材料许可的最小弯曲半径 r_{min}（可查表 3-1），即

$$r_p = r \geq r_{min} \tag{3-11}$$

工件因结构上的需要出现 $r<r_{min}$ 时，则应取 $r_p \geq r_{min}$，弯曲后再增加一次整形工序，使整形凸模的 $r_p=r$。

当 $r/t>10$ 时，r_p 应考虑回弹后弯曲半径的变化（$\Delta r=r'-r$），预先将 r_p 修小 Δr。例如电器簧片 $R7$ 圆弧和 $R11.5$ 圆弧的弯曲，其凸模修整后的圆角半径为 6.52mm 和 9.81mm。

2. 凹模圆角半径 r_d 的计算

工件在压弯过程中，凸模将工件压入凹模而成形，凹模口部的圆角半径 r_d 对于弯曲力和零件质量都有明显的影响。凹模圆角半径 r_d 的大小与材料进入凹模的深度、弯曲边高度和材料厚度有关，如图 3-39 所示。凹模圆角半径不能选取过小，以免材料表面擦伤，甚至出现压痕。凹模两边的圆角半径应一致，否则在弯曲时毛坯会发生偏移。在实际生产中，凹模圆角半径通常根据材料的厚度 t 选取。

当 $t<2$mm 时 $\qquad\qquad\qquad\qquad r_d=(3\sim6)t$ $\qquad\qquad\qquad\qquad$ (3-12)

当 $t=2\sim4$mm 时 $\qquad\qquad\qquad r_d=(2\sim3)t$ $\qquad\qquad\qquad\qquad$ (3-13)

当 $t>4$mm 时 $\qquad\qquad\qquad\qquad r_d=2t$ $\qquad\qquad\qquad\qquad\qquad$ (3-14)

V 形件弯曲凹模的底部可开退刀槽或取圆角半径（见图 3-39a）

$$r'_d = (0.6 \sim 0.8)(r_p + t) \tag{3-15}$$

式中　r'_d——凹模底部圆角半径（mm）；

　　　r_p——凸模圆角半径（mm）；

　　　t——弯曲材料厚度（mm）。

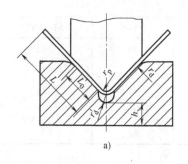 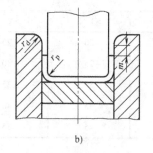 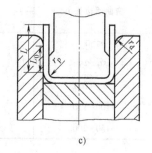

图 3-39　弯曲凹模的结构尺寸

📖 案例分析

查表 3-1 可得，电器簧片材料 H62（半硬）的最小弯曲半径 $r_{min} = 0.1t = 0.058$mm，两竖边与底部连接处的弯曲半径 $r = 0.5$mm，取凸模圆角半径 $r_{0.5p} = 0.5$mm；对于 $R7$ 和 $R11.5$ 的圆弧部分，取其修正后的半径为凸模圆角半径，即 $r_{7p} = 6.52$mm、$r_{11.5p} = 9.81$mm。

因 $t = 0.58$mm < 2mm，所以凹模口部圆角取 $r_d = 5t$，则 $r_d = 2.9$mm。

3.6.3　凹模深度的确定

弯曲凹模深度 L_0 要适量。若过小，则工件两端的自由部分太多，弯曲件回弹大、不平直，影响零件质量；若过大，则消耗模具钢材较多，且压力机行程较大。

弯曲 V 形件时，凹模深度 L_0 及底部最小厚度 h（见图 3-39a）的取值可查表 3-10。

表 3-10　弯曲 V 形件的凹模深度 L_0 及底部最小厚度 h 值

弯曲件边长 L /mm	材料厚度 t/mm					
	<2		2~4		>4	
	h/mm	L_0/mm	h/mm	L_0/mm	h/mm	L_0/mm
10~25	20	10~15	22	15	—	—
>25~50	22	15~20	27	25	32	30
>50~75	27	20~25	32	30	37	35
>75~100	32	25~30	37	35	42	40
>100~150	37	30~35	42	40	47	50

弯曲 U 形件时，若弯曲边高度不大或要求两边平直，则凹模深度应大于工件的高度（如图 3-39b 所示，图中 m 值见表 3-11）。若弯曲边长较大，而对平直度要求不高时，可采用图 3-39c 所示的凹模形式，凹模深度 L_0 值可查表 3-12。

表 3-11　弯曲 U 形件凹模的 m 值　　（单位：mm）

材料厚度 t	≤1	>1~2	>2~3	>3~4	>4~5	>5~6	>6~7	>7~8	>8~10
m	3	4	5	6	8	10	15	20	25

表 3-12　弯曲 U 形件凹模深度 L_0 值　　（单位：mm）

弯曲件边长 L	材料厚度 t				
	≤1	>1~2	>2~4	>4~6	>6~10
≤50	15	20	25	30	35
>50~75	20	25	30	35	40
>75~100	25	30	35	40	45
>100~150	30	35	40	50	50
>150~200	40	45	55	65	65

🖥 案例分析

电器簧片制件两侧耳部分属于 L 形弯曲；$R7$ 和 $R11.5$ 两部分属于圆弧弯曲；底部属于 U 形弯曲。因其凹模深度受制件形状的限制，所以凹模深度 $L_0 < (14.73 - 4.39 - 2.9 - 0.73)$mm = 6.71mm（数值来自图 3-33a），取凹模深度 L_0 为 6.5mm。经上述分析计算设计的凹模结构如图 3-40 和图 3-41 所示。

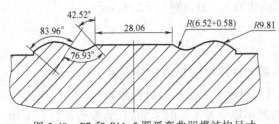

图 3-40　$R7$ 和 $R11.5$ 圆弧弯曲凹模结构尺寸

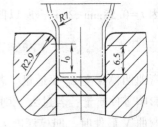

图 3-41　底部弯曲凹模结构尺寸

3.6.4　凸、凹模间隙的计算

弯曲 V 形件时，凸、凹模间隙是靠调整压力机的闭合高度来控制的，不需要在设计、制造模具时确定。

弯曲 U 形件时，则必须选择适当的间隙。间隙的大小对于工件质量和弯曲力有很大的影响。间隙越小，则弯曲力越大；间隙过小，会使工件边部壁厚减薄，降低凹模寿命；间隙过大，则回弹大，降低工件精度。凸、凹模单边间隙 z 一般可按下式计算

$$z = t_{\max} + xt = t + \Delta + xt \qquad (3-16)$$

式中　z——弯曲模凸、凹模单边间隙（mm）；

　　　　t——工件材料厚度（基本尺寸）（mm）；

　　　　Δ——工件材料厚度的正偏差（mm），冷轧钢板和钢带可查国家标准 GB/T 708—2019 得到；

　　　　x——间隙系数，可查表 3-13 选取。

表 3-13　U 形件弯曲模凸、凹模间隙系数 x 值

弯曲件高度 H/mm	B/H≤2				B/H>2				
	材料厚度 t/mm								
	<0.5	0.6~2	2.1~4	4.1~5	<0.5	0.6~2	2.1~4	4.1~7.5	7.6~12
10	0.05			—	0.10			—	—
20		0.05	0.04	0.03		0.10	0.08		
35	0.07				0.15			0.06	0.06
50	0.10	0.07	0.05	0.04	0.20	0.15	0.10		
75				0.05					0.08
100								0.10	
150	—	0.10	0.07		—	0.20	0.15		0.10
200				0.07				0.15	

注：B/H 为弯曲件的宽度与高度之比。

当工件精度要求较高时，其间隙应适当缩小，取 $z = t$。某些情况下，甚至选取略小于材料厚度的间隙。

📺 案例分析

由图 3-3 可知，电器簧片制件的料厚为 0.58mm，$B/H<2$，查表 3-13 可得凸、凹模间隙系数 $x = 0.05$，查相关标准得 $\Delta = 0.04$mm，凸、凹模单边间隙 $z = t + \Delta + xt = 0.58 + 0.04 + 0.05 \times 0.58 \approx 0.65$（mm）。

3.6.5　凸、凹模工作部分尺寸与公差的计算

由于弯曲件尺寸的标注和尺寸的允许偏差不同，所以凸、凹模工作部位尺寸的计算方法也不相同。

1. 用外形尺寸标注的弯曲件

对于要求外形有正确尺寸的工件，其模具应以凹模为基准先确定尺寸，模具的尺寸如图 3-42 所示。

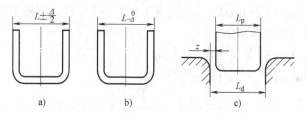

图 3-42　用外形尺寸标注的弯曲件

1）当工件为双向偏差时（见图 3-42a），凹模尺寸为

$$L_d = (L - 0.5\Delta)^{+\delta_d}_{0} \tag{3-17}$$

2）当工件为单向偏差时（见图 3-42b），凹模尺寸为

$$L_d = (L - 0.75\Delta)^{+\delta_d}_{0} \tag{3-18}$$

凸模尺寸均为

$$L_p = (L_d - 2z)_{-\delta_p}^{0} \tag{3-19}$$

2. 用内形尺寸标注的弯曲件

对于要求内形有正确尺寸的工件，其模具应以凸模为基准先确定尺寸，模具的尺寸如图 3-43 所示。

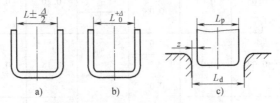

图 3-43　用内形尺寸标注的弯曲件

1）当工件为双向偏差时（见图 3-43a），凸模尺寸为

$$L_p = (L + 0.5\Delta)_{-\delta_p}^{0} \tag{3-20}$$

2）当工件为单向偏差时（见图 3-43b），凸模尺寸为

$$L_p = (L + 0.75\Delta)_{-\delta_p}^{0} \tag{3-21}$$

凹模尺寸均为

$$L_d = (L_p + 2z)_{0}^{+\delta_d} \tag{3-22}$$

式中　L_d——凹模尺寸（mm）；

L_p——凸模尺寸（mm）；

L——弯曲件的基本尺寸（mm）；

Δ——弯曲件的尺寸公差（mm）；

z——凸、凹模的单边间隙（mm）；

δ_p、δ_d——凸、凹模的制造公差，采用 IT7~IT9 标准公差等级。

💻 **案例分析**

取电器簧片制件的公差等级为 IT10，由附录 K 查得：$\Delta_{L10} = 0.058$。取模具公差等级为 IT8 级，由附录 K 查得：$\delta_{L10} = 0.022$，$\delta_{R10.18} = 0.027$。经分析，电器簧片底部弯曲模凸、凹模工作部分尺寸及公差的计算如下

$$L_{10p} = (10 + 0.75 \times 0.058)_{-0.022}^{0} \approx 10.04_{-0.022}^{0}$$

$$L_{10d} = (10.04 + 2 \times 0.61)_{0}^{+0.027} = 11.26_{0}^{+0.027}$$

3.7　弯曲力计算与冲压设备选用

弯曲力是指工件完成预定弯曲时需要压力机所施加的压力。弯曲力不仅与材料品种、材料厚度、弯曲几何参数有关，并且与设计弯曲模所确定的凸、凹模间隙大小等因素有关。

3.7.1 自由弯曲的弯曲力计算

在变形过程的自由弯曲阶段，对应的是自由弯曲力。

V 形件弯曲力的计算公式为

$$F_z = \frac{0.6KBt^2R_m}{r+t} \tag{3-23}$$

U 形件弯曲力的计算公式为

$$F_z = \frac{0.7KBt^2R_m}{r+t} \tag{3-24}$$

式中　F_z——自由弯曲力（N）；

　　　B——弯曲件的宽度（mm）；

　　　t——弯曲件的材料厚度（mm）；

　　　r——弯曲件的内圆角半径（mm）；

　　　R_m——材料的抗拉强度（MPa）；

　　　K——安全系数，一般取 $K=1.3$。

3.7.2 校正弯曲的弯曲力计算

为了提高弯曲精度，减小回弹，在弯曲的终了阶段对弯曲件的圆角及直边进行精压，称为校正弯曲。校正弯曲的弯曲力计算公式为

$$F_j = qA \tag{3-25}$$

式中　F_j——校正弯曲力（N）；

　　　q——单位面积上的校正力（MPa），按表 3-14 选取；

　　　A——工件被校正部分的投影面积（mm²）。

表 3-14 单位面积上的校正力 q 值　　　　　　　（单位：MPa）

材　料	材料厚度 t/mm			
	≤1	>1~2	>2~5	>5~10
铝	10~15	15~20	20~30	30~40
黄铜	15~20	20~30	30~40	40~60
10、15、20	20~30	30~40	40~60	60~80
25、30、35	30~40	40~50	50~70	70~100

3.7.3 弯曲辅助力（顶件力或压料力）计算

对于设有顶件装置或压料装置的弯曲模，其顶件力 F_d 或压料力 F_y 可按下式计算，即

$$F_d(或\ F_y) = KF_z \tag{3-26}$$

式中　F_d——顶件力（N）；

　　　F_y——压料力（N）；

　　　K——系数，可查表 3-15。

表 3-15　系数 K 值

用途	弯曲件复杂程度	
	简单	复杂
顶件	0.1~0.2	0.2~0.4
压料	0.3~0.5	0.5~0.8

3.7.4　弯曲成形冲压设备的选用原则

选择冲压设备时，除考虑弯曲模尺寸、模具高度、模具结构和动作配合以外，还考虑弯曲力的大小。选用冲压设备公称压力的大致原则如下。

1）对于有压料的自由弯曲，压力机的吨位选择需要考虑弯曲力和压料力的大小。即

$$F_{压力机} \geq (1.2 \sim 1.3)(F_z + F_y) \tag{3-27}$$

2）校正弯曲时，由于校正弯曲力比自由弯曲力大很多，故 F_z 可以忽略，选择压力机时可以只考虑校正弯曲力 F_j，即

$$F_{压力机} \geq (1.2 \sim 1.3)F_j \tag{3-28}$$

3.7.5　案例分析——冲压力计算与冲压设备的初选（弯曲部分）

电器簧片圆弧部分属校正弯曲，直边部分属 U 形自由弯曲。经分析，安全系数 $K = 1.3$，料厚 $t = 0.58mm$，弯曲件的宽度 $B = 10mm$。由附录 B 查得：H62（半硬）材料的抗拉强度 $R_m = 380MPa$。由表 3-14 查得：H62（半硬）材料的单位校正力 $q = 20MPa$，工件被校正部分的投影面积 $A = 22.53 \times 2 \times 10 mm^2 = 450 mm^2$。因此，电器簧片弯曲成形过程中的自由弯曲力和校正弯曲力为

$$F_z = \frac{0.6 \times 1.3 \times (10 + 3 \times 2) \times 0.58^2 \times 380}{0.5 + 0.58} N \approx 1477N$$ 查表 3-15 得：压料系数 $K = 0.5$，弯曲成

形所需压料力
$$F_j = qA = 20 \times 450N \approx 9000N$$
$$F_y = KF_z = 0.5 \times 1477N \approx 739N$$

若弯曲以单工序分别进行，则选择 10kN 的开式压力机。

3.8　冲压模具总体设计

3.8.1　案例分析——冲压模具总体结构设计

电器簧片若采用单工序加工，则圆弧 R7 和 R11.5 的弯曲模装配图如图 3-44 所示，U 形弯曲装配图如图 3-45 所示。

电器簧片若采用级进工序加工，则 U 形弯曲单独进行，其排样图如图 3-46 所示，级进模装配图如图 3-47 所示。

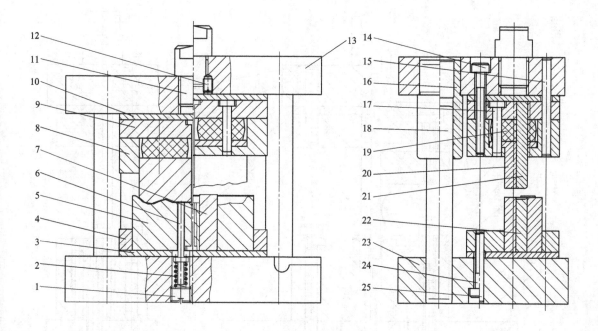

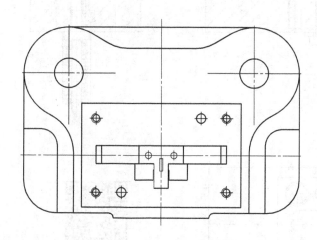

图 3-44　电器簧片圆弧弯曲模装配图

1—螺塞　2—弹簧　3—下垫板　4—下弯曲模固定板　5—下弯曲模　6—顶杆　7—定位块

8—上弯曲模固定板　9—切口弯曲凸模固定板　10—上垫板　11—模柄　12—止转销　13—上模座

14、24—螺钉　15、25—销钉　16—导套　17—小导柱　18—导柱　19—橡胶　20—上弯曲模

21—切口弯曲凸模　22—切口弯曲凹模镶块　23—下模座

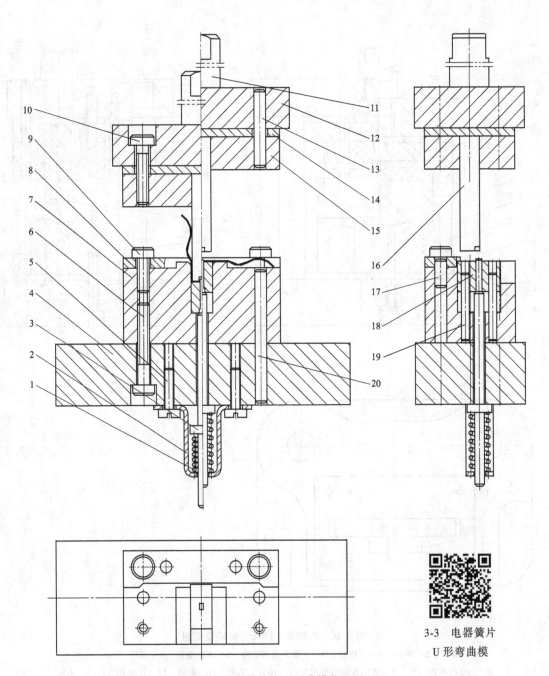

图 3-45　电器簧片 U 形曲模装配图

1—弹簧　2—弹簧架　3—顶杆　4—下模座　5、6、9、10—螺钉　7—弯曲凹模

8—定位板　11—模柄　12—上模座　13、17—销钉　14—上垫板　15—弯曲凸模固定板

16—弯曲凸模　18—顶块　19—定位销　20—导销

3-3　电器簧片
U 形弯曲模

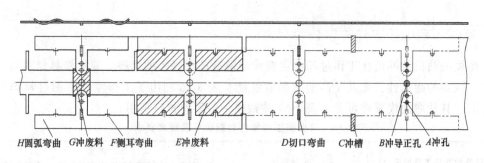

H圆弧弯曲　G冲废料　F侧耳弯曲　E冲废料　D切口弯曲　C冲槽　B冲导正孔　A冲孔

图 3-46　排样图

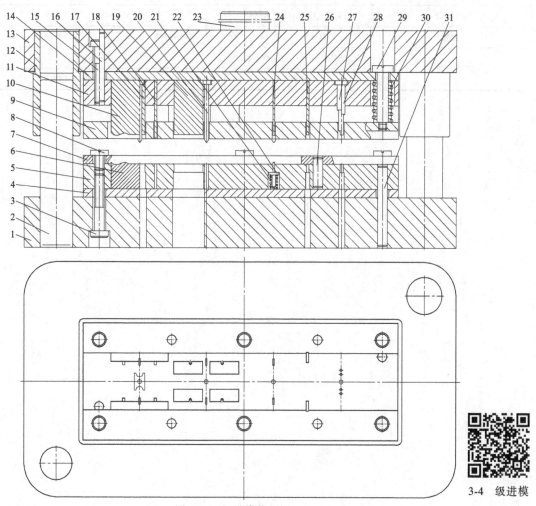

图 3-47　级进模装配图

1—下模座　2—导柱　3、8、15—螺钉　4—下垫板　5—凹模　6—H区圆弧弯曲凹模镶块

7—导料板　9—卸料板　10—H区圆弧弯曲凸模　11—凸模固定板　12—导套　13—上模座　14—上垫板

16、26、31—销钉　17—G区切废凸模　18—F区侧耳弯曲凸模　19—E区切废凸模　20—导正销

21、30—弹簧　22—顶件器　23—模柄　24—D区切口弯曲凸模　25—C区切废凸模　27—B区导正孔冲孔凸模

28—A区冲孔凸模　29—卸料螺钉

3.8.2 弯曲模零件材料选用

弯曲模的凸模和凹模在工作过程中主要承受静载荷和强烈的摩擦，要求模具材料有足够的强度、较高的耐磨性，尤其是高的抗黏着性能。表 3-16 列出了工作零件常用材料牌号及硬度要求。其他弯曲模零件可参考表 2-57 冲裁模一般零件材料选用。

表 3-16　弯曲模工作零件材料牌号及硬度要求

冲压件和冲压工艺情况	材料	硬度	
		凸模	凹模
形状简单,中小批量	T8A 和 T0A	58~62HRC	
形状复杂	CrWMn、Cr12、Cr12MoV	60~64HRC	
大批量	YG15、YG20	≥86HRA	≥84HRA
加热弯曲	5CrNiMo、5CrNiTi、5CrMnMo	52~56HRC	
	4Cr5MoSiV1	40~45HRC,表面渗碳≥900HV	

第 4 章　拉深工艺与模具设计

4.1　设计前的准备工作

4.1.1　拉深概述

拉深是指将一定形状的平板毛坯通过拉深模冲压成各种形状的开口空心件，或以开口空心件为毛坯通过拉深进一步改变形状和尺寸的一种冷冲压加工方法，是冲压生产中应用较广泛的工序之一。

拉深工艺可分为两类：一类是以平板（或开口空心件）为毛坯，在拉深过程中材料不产生（或产生较小）变薄，筒壁与筒底厚度较为一致，称为不变薄拉深；另一类是以开口空心件为毛坯，通过减小壁厚来成形零件，称为变薄拉深。本章主要介绍不变薄拉深。

用拉深制造的冲压零件很多，为了便于讨论，通常将其归纳为三大类。

1）旋转体零件，如不锈钢保温杯、电池壳、电动机外壳等。

2）盒形件，如饭盒、水槽、中式油烟机集烟罩等。

3）形状复杂件，如汽车覆盖件等异形拉深件。

图 4-1　拉深模设计程序框架图

4.1.2　拉深工艺与模具的设计程序

图 4-1 所示为拉深模设计程序框架图。在拉深件成形工艺与模具设计过程中，同时包含着冲裁工艺与模具设计和拉深工艺与模具设计两部分内容，并且相互影响，设计时需要综合考虑。

4.1.3　案例分析——审图

（1）机壳

某机壳零件，如图 4-2 所示，材料为 08F，属于大批量生产。

（2）电容器外壳

某电容器外壳，如图 4-3 所示，材料一般为纯铝（如 1200），属于大批量生产。

（3）微电动机外壳

某微电动机外壳，如图 4-4 所示，要求具有通用性和互换性，其材料一般为普通碳素钢

（如 Q215），属于大批量生产。

（4）罩壳

某罩壳，如图 4-5 所示，材料为纯铝（如 1200），属于大批量生产。

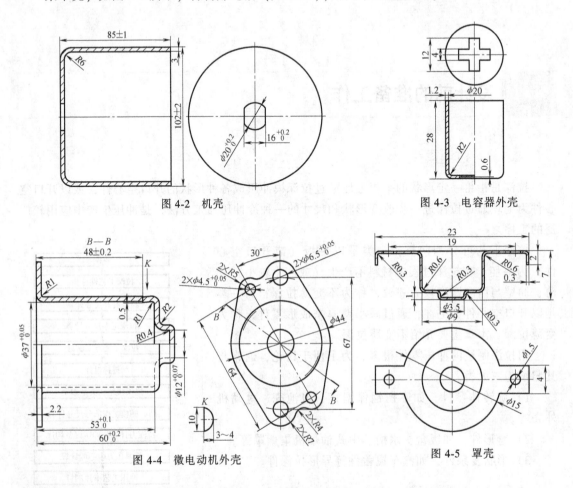

图 4-2 机壳   图 4-3 电容器外壳

图 4-4 微电动机外壳   图 4-5 罩壳

4.2 拉深工艺性分析

4.2.1 拉深变形过程

1. 拉深变形过程

圆筒形件拉深过程如图 4-6 所示。从图中可以看出，拉深模一般由凸模、凹模和压边圈 3 部分组成，有时也可不带压边圈。拉深时，直径为 D，厚度为 t 的圆形毛坯放在凹模 3 上，随着凸模 1 不断下行，留在凹模 3 端面上的毛坯外径（$D-d$）圆环部分逐渐被拉入凸模与凹模的间隙中，形成圆筒的直壁部分，而处于凸模下面的材料则成为圆筒的底部。

2. 拉深变形特点

根据上述圆筒形件的拉深过程分析，拉深过程中的变形特点可归纳为以下几点。

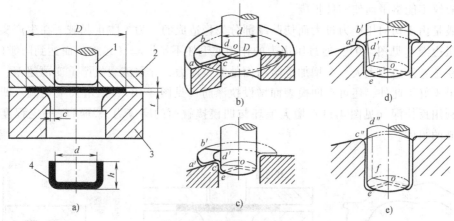

图 4-6　圆筒形件拉深过程

a) 拉深示意图　b) 凸模与毛坯接触　c) 凸模下行，毛坯被拉入凹模
d) 更多的毛坯被拉入凹模　e) 拉深结束，毛坯外径（$D-d$）圆环部分被全部拉入凹模

1—凸模　2—压边圈　3—凹模　4—拉深件

1）在拉深过程中，变形主要集中在凹模端面上的凸缘部分，即（$D-d$）圆环部分，而处于凸模底部的材料几乎不发生变化。

2）在拉深过程中，材料沿切向受压而缩短，沿径向受拉而伸长，越靠近口部，压缩越多。

3）拉深后，拉深件壁厚不均。筒壁上部材料变厚，越靠近口部，厚度增加越多，口部增厚最多，易出现起皱缺陷；筒壁下部材料变薄，其中凸模圆角稍上处最薄，易出现拉裂缺陷，如图 4-7 所示。

4）拉深后，拉深件筒壁各处硬度不均。口部变形程度最大，冷作硬化最严重，硬度最高，越往下硬度越低，如图 4-7 所示。

图 4-7　拉深后厚度与硬度的变化

4.2.2　拉深件质量分析

拉深过程中，最主要的质量问题是起皱和拉裂。

1. 起皱

所谓起皱，是指在拉深过程中毛坯边缘形成沿切向高低不平的皱纹，如图 4-8 所示。若皱纹很小，在通过凸、凹模间隙时会被熨平，但皱纹严重时，不仅不能熨平皱纹，而且会因皱纹在通过凸、凹模间隙时的阻力过大而使拉深件断裂，即使皱纹通过了凸、凹模间隙，也会因为皱纹不能熔平而使零件报废。

起皱是由于切向压应力过大而使凸缘部分失稳造成的。为了防止起皱,在生产实践中通常采用压边圈（见图4-9）,通过压边力的作用使毛坯不易拱起（起皱）而达到防皱的目的。但需要注意:压边力太大,会增加危险断面处的拉应力,导致破裂或严重变薄超差;太小则防皱效果不好。此外,还可在凹模表面增设拉深筋（见图4-10）,以增大毛坯流入凹模的阻力,或利用反拉深（见图4-11）增大毛坯与凹模接触面的摩擦力,均可在一定程度上达到防止起皱的目的。

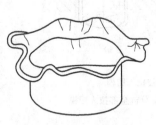

图 4-8　拉深时的起皱

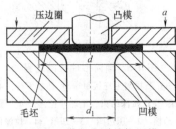

图 4-9　带压边圈的拉深模

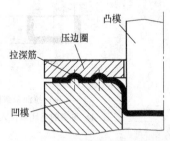

图 4-10　带拉深筋的拉深模

2. 破裂

拉深时,在筒壁直段与凸模圆角相切部位,材料的变薄最为严重,当该断面所承受的应力超过材料的强度极限时,零件就在此处产生破裂,如图4-12所示。

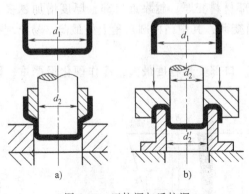

图 4-11　正拉深与反拉深

a) 正拉深　b) 反拉深

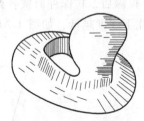

图 4-12　拉深时的破裂

在实际生产中,常通过选用硬化指数大、屈强比小的材料进行拉深,或采用适当增大拉深凸/凹模圆角半径、增加拉深次数、改善润滑条件等措施来避免破裂的产生。

4.2.3　拉深工艺性要求

1. 对拉深件形状的要求

1）拉深件的结构形状应简单、对称,尽量避免急剧的外形变化。对于形状非常复杂的拉深件,应将其进行分解,分别加工后再进行连接（见图4-13a）。对于空间曲面拉深件,应在口部增加一段直壁形状（见图4-13b）,既可以提高工件刚度,又可避免拉深起皱及凸缘变形。尽量避免尖底形状的拉深件,尤其是高度大时,其工艺性更差。

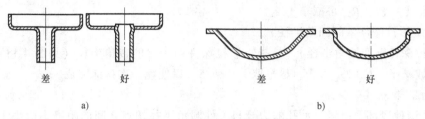

图 4-13 拉深件的结构形状

2) 对于半敞开及非对称的空心件,应考虑设计成对称(组合)的拉深件,然后将其剖切成两个或更多零件,如图 4-14 所示。

3) 考虑到拉深工艺中的变形规律,拉深件一般均存在上下壁厚不相等的现象(即上厚下薄)。一般拉深件允许壁厚变化范围为 $0.6t\sim1.2t$(见图 4-15),若不允许存在壁厚不均的现象,应注明。

4) 对于需多次拉深成形的工件($h>0.5d$),其内外壁或带凸缘拉深件的凸缘表面,应允许存在拉深过程中产生的压痕,如图 4-16 所示。

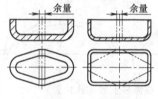

图 4-14 组合零件

图 4-15 壁厚变化现象

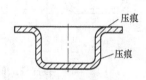

图 4-16 压痕现象

5) 除在结构上有特殊要求外,一般应尽量避免异常复杂及非对称形状的拉深件。

6) 拉深件口部应允许稍有回弹,但必须保证装配一端在公差范围之内。

2. 拉深件圆角半径的要求

(1) 凸缘圆角半径 $R_{d\phi}$

凸缘圆角半径 $R_{d\phi}$ 是指壁与凸缘的转角半径(见图 4-17),在模具上对应的是凹模圆角半径,应取 $R_{d\phi}\geqslant2t$。为使拉深能顺利进行,一般取 $R_{d\phi}=(5\sim8)t$。当 $R_{d\phi}<0.5\mathrm{mm}$ 时,应增加整形工序。

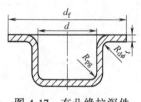

图 4-17 有凸缘拉深件

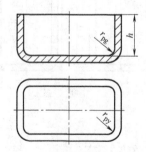

图 4-18 矩形拉深件

(2) 底部圆角半径 R_{pg}

底部圆角半径 R_{pg} 是指壁与底面的转角半径(见图 4-17),在模具上对应的是凸模圆角半径,应取 $R_{pg}\geqslant t$。为使拉深能顺利进行,一般取 $R_{pg}\geqslant(3\sim5)t$。当 $R_{pg}<t$ 时,应增加整形

工序，每整形一次，R_{pg} 可减小 1/2。

（3）矩形拉深件壁间圆角半径 r_{py}

矩形拉深件壁间圆角半径 r_{py} 是指矩形拉深件四个壁的转角半径（见图 4-18），为使拉深工序次数减少，应取 $r_{py} \geq 3t$。尽量取 $r_{py} \geq h/5$，以便能一次拉深完成。

3. 拉深件的冲孔设计

1）拉深件底部及凸缘上冲孔的边缘与工件圆角半径切点之间的距离不应小于 0.5t，如图 4-19a 所示。拉深件侧壁上的冲孔，孔中心与底部或凸缘的距离应满足 $h_d \geq 2d_h + t$，如图 4-19b 所示。

2）拉深件上的孔应设置在与主要结构面（凸缘面）相同的平面上，或使孔壁垂直于该平面，以便冲孔与修边在同一工序中完成，如图 4-20 所示。拉深件的冲孔通常在拉深后冲制，以防拉深变形。

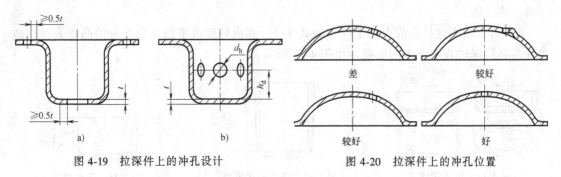

图 4-19 拉深件上的冲孔设计　　　　图 4-20 拉深件上的冲孔位置

4. 拉深件的尺寸标注

在设计拉深件时，应注明必须保证的外形或内形尺寸，不能同时标注内外形尺寸，如图 4-21a 所示。

筒壁和底面连接处的圆角半径应标注在较小半径的一侧，即模具能够控制的圆角半径一侧，如图 4-21b 所示。材料厚度不宜标注在筒壁或凸缘上。

带台阶拉深件高度方向的尺寸，应以拉深件底部为基准进行标注，如图 4-21c 所示。

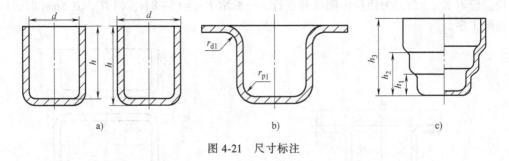

图 4-21 尺寸标注

5. 拉深件的精度等级和尺寸公差

拉深件的精度等级主要指其横断面的尺寸精度，一般在 IT13 级以下，高于 IT13 级的应增加整形工序。拉深件的横断面尺寸公差见表 4-1。

拉深件的尺寸公差应符合 GB/T 13914—2013 的要求；未注形状及位置公差应符合 GB/T 13916—2013 的要求；未注公差尺寸的极限偏差应符合 GB/T 15055—2007 的要求。表 4-2 所示为无凸缘圆筒形件的高度尺寸偏差。表 4-3 所示为带凸缘圆筒形件的高度尺寸偏差。

表 4-1　拉深件的横断面尺寸公差　　　　　　　（单位：mm）

尺寸分段	精度等级						
	1	2	3	4	5	6	7
1~3	0.02	0.03	0.05	0.08	0.12	0.20	0.30
>3~10	0.03	0.05	0.07	0.12	0.19	0.30	0.48
>10~30	0.05	0.07	0.11	0.18	0.29	0.46	0.74
>30~120	0.07	0.11	0.18	0.28	0.45	0.73	1.2
>120~315	0.11	0.17	0.27	0.44	0.7	1.1	1.8
>315~1000	0.16	0.25	0.41	0.65	1.0	1.7	2.7

注：内形公差取表中公差值，冠以正号（+）；外形公差取表中公差值，冠以负号（-）。

表 4-2　无凸缘圆筒形件的高度尺寸偏差　　　　　（单位：mm）

材料厚度	拉深件高度					
	≤18	>18~30	>30~50	>50~80	>80~120	>120~180
≤1	±0.5	±0.6	±0.8	±1.0	±1.2	±1.5
>1~2	±0.6	±0.8	±1.0	±1.2	±1.5	±1.8
>2~4	±0.8	±1.0	±1.2	±1.5	±1.8	±2.0
>4~6	±1.0	±1.2	±1.5	±1.8	±2.0	±2.5

注：表中是不切边时所能达到的偏差值。

表 4-3　带凸缘圆筒形件的高度尺寸偏差　　　　　（单位：mm）

材料厚度	拉深件高度					
	≤18	>18~30	>30~50	>50~80	>80~120	>120~180
≤1	±0.3	±0.4	±0.5	±0.6	±0.8	±1.0
>1~2	±0.4	±0.5	±0.6	±0.7	±0.9	±1.2
>2~4	±0.5	±0.6	±0.7	±0.8	±1.0	±1.4
>4~6	±0.6	±0.7	±0.8	±0.9	±1.1	±1.6

注：未经整形所能达到的偏差值。

6. 拉深件的材料要求

1）具有较大的硬化指数。

2）具有较低的径向比例应力（σ_r/σ_b）峰值。

3）具有较小的屈强比（σ_s/σ_b）。

4）具有较大的厚向异性指数（r）。

常用的拉深材料有软钢（含碳量一般不超过 0.14%）、软黄铜（含铜量 68%~72%）、纯铝以及铝合金、奥氏体不锈钢等。

4.2.4　案例分析——拉深工艺性

电容器外壳和微电动机外壳拉深工艺性分析见表 4-4。

表 4-4　拉深工艺性分析

零件名	工艺性分析
电容器外壳	制件形状简单、对称,属于无凸缘拉深件,对壁厚均匀性及表面压痕无特殊要求,底部圆角半径 $r_{pg} = 1.2\mathrm{mm}=t$,制件无精度要求,材料为软铝
微电动机外壳	制件筒体形状对称,是一阶梯形,属于带凸缘拉深件,但凸缘形状较复杂,对壁厚均匀性及表面压痕无特殊要求;凸缘圆角半径 $r_{d\phi} = 1\mathrm{mm}<2t$,底部圆角半径 $r_{pg1} = 1.2\mathrm{mm}=t$,底部圆角半径 $r_{pg2} = 0.4\mathrm{mm}<t$;制件精度相当于 IT8 级,精度要求过高;材料为软钢

4.3　拉深工艺参数计算

4.3.1　拉深件展开尺寸计算

1. 旋转体拉深件展开尺寸计算

拉深件毛坯尺寸计算正确与否不仅直接影响生产过程,而且对冲压生产有很大的经济意义,因为在冲压零件的总成本中,材料费用占到 60%~80%。

由于拉深后工件的平均厚度与毛坯厚度差别不大,厚度变化可以忽略不计,所以拉深件毛坯尺寸的确定可以按照拉深前毛坯与拉深后工件的表面积不变的原则计算。

在计算毛坯尺寸前,还应考虑到:由于板料具有方向性、材质不均匀和凸/凹模之间的间隙不均匀等原因,拉深后的工件顶端一般都不平齐,通常都需要修边,即将不平齐的部分切去。所以,在计算毛坯之前,需要在拉深件边缘(无凸缘拉深件为高度方向,有凸缘拉深件为半径方向)上加一段余量 δ 的数值,根据生产实践经验,可参考表 4-5 和表 4-6 选取。

表 4-5　无凸缘拉深件的修边余量 δ　　　　　　　　(单位: mm)

拉深高度 h	拉深件的相对高度 h/d 及 h/B			
	>0.5~0.8	>0.8~1.6	>1.6~2.5	>2.5~4.0
≤10	1.0	1.2	1.5	2.0
>10~20	1.2	1.6	2.0	2.5
>20~50	2.0	2.5	3.3	4.0
>50~100	3.0	3.8	5.0	6.0
>100~150	4.0	5.0	6.5	8.0
>150~200	5.0	6.3	8.0	10.0
>200~250	6.0	7.5	9.0	11.0
>250	7.0	8.5	10.0	12.0

2. 简单旋转体拉深件展开尺寸的确定

对于简单旋转体拉深件,常用数学计算法确定其毛坯尺寸。数学计算法是将制件(包括修边余量)分解成若干几何形状,然后叠加起来求出制件面积,再根据"面积相等原则"求出毛坯直径,即

$$D = \sqrt{\frac{4S}{\pi}} = \sqrt{\frac{4}{\pi}\Sigma f} \tag{4-1}$$

式中 D——毛坯直径（mm）；

      S——毛坯面积（mm^2）；

      f——圆筒形拉深件各部分面积（mm^2）。

表 4-6   带凸缘拉深件的修边余量 δ （单位：mm）

凸缘直径 d_t（或 B_t）	拉深件的相对凸缘直径 d_t/d 及 B_t/B			
	<1.5	1.5~2.0	>2.0~2.5	2.5~3.0
≤25	1.6	1.4	1.2	1.0
>25~50	2.5	2.0	1.8	1.6
>50~100	3.5	3.0	2.5	2.2
>100~150	4.3	3.6	3.0	2.5
>150~200	5.0	4.2	3.5	2.7
>200~250	5.5	4.6	3.8	2.8
>250	6.0	5.0	4.0	3.0

简单几何形状的表面积计算公式见二维码文件 4-1。

在计算中，工件的直径按厚度中线计算，但板厚 $t<0.8$mm 时，也可按工件的外径或内径计算。表 4-7 为常用旋转体拉深件毛坯直径的计算公式，可供参考。

4-1 简单几何形状的表面积计算公式

表 4-7   常用旋转体拉深件毛坯直径的计算公式

零件形状	毛坯直径 D	零件形状	毛坯直径 D
	$\sqrt{d^2+4dh}$		$\sqrt{d_2^2+4d_1h}$
	$\sqrt{2dl}$		$\sqrt{2d(l+2h)}$
	$\sqrt{d_3^2+4(d_1h_1+d_2h_2)}$		$\sqrt{d_2^2+4(d_1h_1+d_2h_2)+2l(d_2+d_3)}$
	$\sqrt{d_1^2+2l(d_1+d_2)+4d_2h}$		$\sqrt{d_1^2+2l(d_1+d_2)}$

（续）

零件形状	毛坯直径 D	零件形状	毛坯直径 D
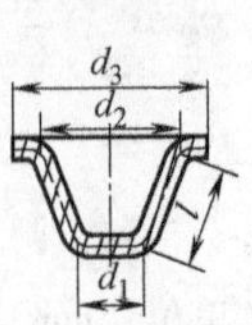	$\sqrt{d_1^2+2l(d_1+d_2)+d_3^2-d_2^2}$	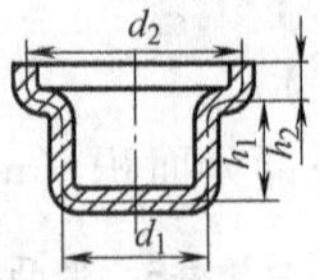	$\sqrt{d_2^2+4(d_1h_1+d_2h_2)}$
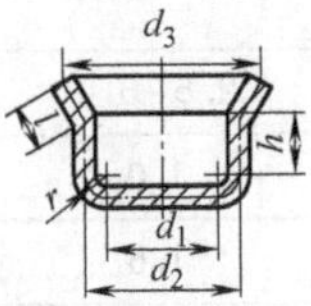	$\sqrt{d_1^2+2\pi rd_1+8r^2+4d_2h+2l(d_2+d_3)}$	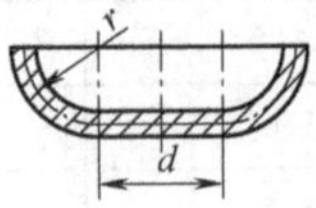	$\sqrt{d_1^2+2r(\pi d_1+4r)}$
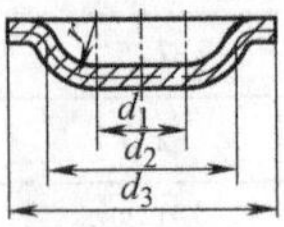	$\sqrt{d_1^2+6.28rd_1+8r^2+d_3^2-d_2^2}$	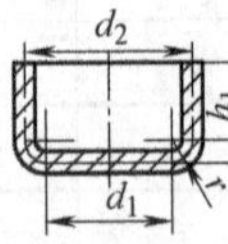	$\sqrt{d_1^2+4d_2h_1+6.28rd_1+8r^2}$
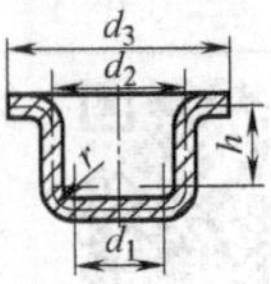	$\sqrt{d_1^2+2\pi rd_1+8r^2+4d_2h+d_3^2-d_2^2}$	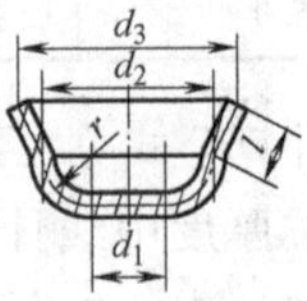	$\sqrt{d_1^2+2\pi rd_1+8r^2+2l(d_2+d_3)}$
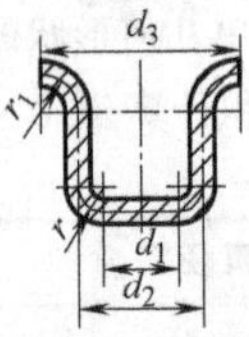	当 $r_1 \neq r$ 时 $\sqrt{d_1^2+6.28rd_1+8r^2+4d_2h+6.28r_1d_3-8r_1^2}$ 当 $r_1=r$ 时 $\sqrt{d_1^2+4d_2h+2\pi r(d_1+d_3)}$	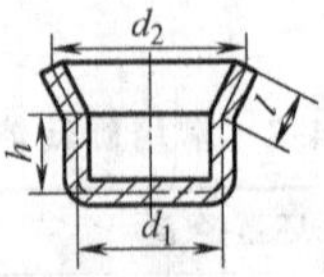	$\sqrt{d_1^2+4d_1h+2l(d_1+d_2)}$
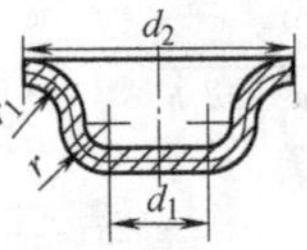	$\sqrt{d_1^2+2\pi r(d_1+d_2)+4(r^2-r_1^2)}$	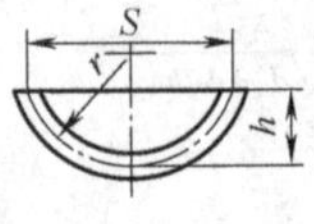	$\sqrt{8Rh}$ 或 $\sqrt{S^2+4h^2}$
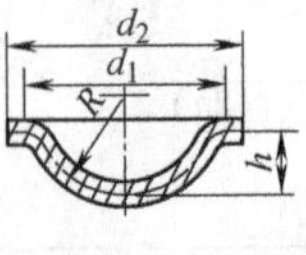	$\sqrt{d_2^2-d_1^2+8Rh}$	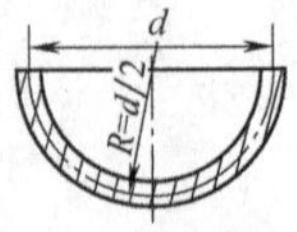	$\sqrt{2d^2}=1.414d$
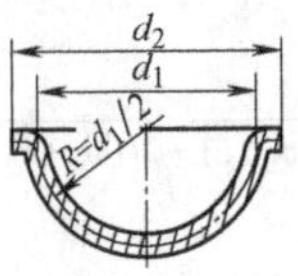	$\sqrt{d_1^2+d_2^2}$	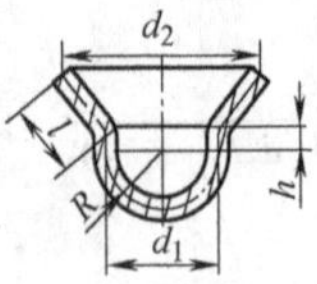	$\sqrt{2d_1^2+4d_1h+2l(d_1+d_2)}$
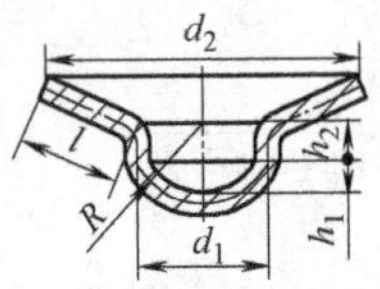	$\sqrt{8R^2h_1+4d_1h_2+2l(d_1+d_2)}$	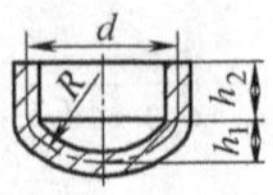	$\sqrt{2Rh_1+4dh_2}$

（续）

零件形状	毛坯直径 D	零件形状	毛坯直径 D
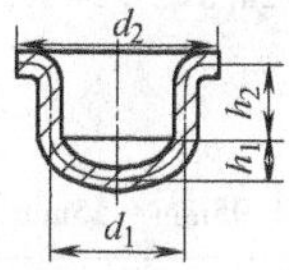	$\sqrt{d_2^2 + 4(h_1^2 + d_1 h_2)}$	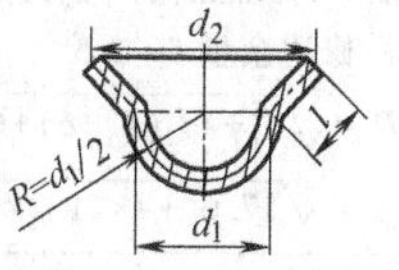	$\sqrt{8Rh + 2l(d_1 + d_2)}$
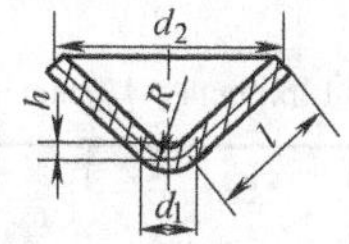	$\sqrt{2d_1^2 + 2l(d_1 + d_2)}$	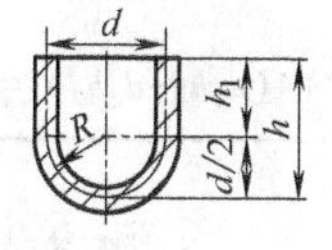	$\sqrt{2d^2 + 4dh_1}$
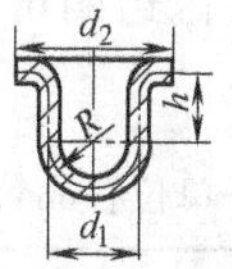	$\sqrt{d_1^2 + d_2^2 + 4d_1 h}$	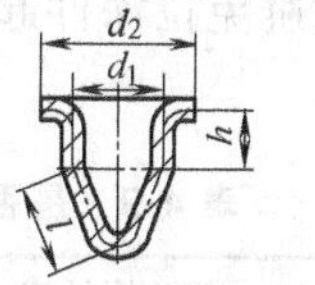	$\sqrt{d_2^2 - d_1^2 + 4d_1 h + 2ld_1}$
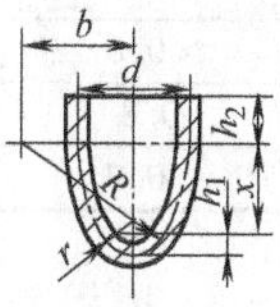	$\sqrt{8R\left[x - b\left(\arcsin \dfrac{x}{R}\right)\right] + 4dh_2 + 8rh_1}$	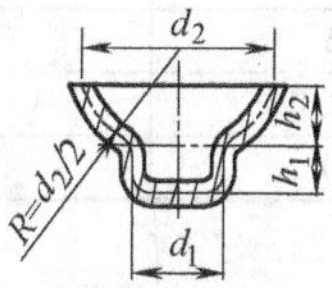	$\sqrt{d_1^2 + 4d_1 h_1 + 4d_2 h_2}$

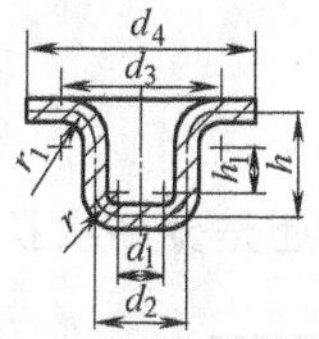

当 $r_1 \neq r$ 时

$$\sqrt{d_1^2 + 6.28rd_1 + 8r^2 + 4d_2 h_1 + 6.28r_1 d_3 - 8r_1^2 + d_4^2 - d_3^2}$$

当 $r_1 = r$ 时

$$\sqrt{d_1^2 + 6.28r(d_1 + d_3) + 4d_2 h_1 + d_4^2 - d_3^2}$$

3. 复杂旋转体拉深展开尺寸的确定

对于各种复杂形状的旋转体零件，其毛坯直径的确定原来常采用作图解析法和作图法，这两种方法求毛坯直径的原则都是建立在"旋转体的表面积等于旋转体外形曲线（母线）的长度 L 乘以由该母线所形成的重心绕转轴一周所得的周长 $2\pi R_x$"的基础上。随着 AutoCAD 等三维 CAD 软件的成熟应用，计算机作图查询法在解析法的基础上逐步取代了靠人工完成的解析法、作图解析法和作图法。

通过计算机作图查询法确定复杂形状旋转体零件毛坯直径的基本过程是，在用 AutoCAD 等三维 CAD 软件作出旋转体截面轮廓线和旋转体的基础上，查询旋转体的体积，由等面积原则求出毛坯的表面积，进而求出毛坯的直径。

📺 案例分析

毛坯尺寸计算见表4-8。

表 4-8　毛坯尺寸计算

零件名	毛坯尺寸计算
电容器外壳	由图 4-3 可得 : $d_1 = 17.6$mm , $d_2 = 21.2$mm , $h_1 = 26.8$mm , $h = 28.6$mm , $r = 1.8$mm , $h/d = 28.6 \div 21.2 = 1.35$ 由表 4-5 可查得 : 修边余量 $\delta = 2.5$ 由表 4-7 可知 : $D = \sqrt{d_1^2 + 4d_2(h_1 + \delta) + 6.28rd_1 + 8r^2}$ $= \sqrt{17.6^2 + 4 \times 21.2 \times (26.8 + 2.5) + 6.28 \times 1.8 \times 17.6 + 8 \times 1.8^2}$ mm $= 54.95$mm ≈ 55mm
微电动机外壳	由图 4-4 可得 : $d_1 = 14.2$mm , $d_2 = 39.2$mm , $d_3 = 81$mm , $h_1 = 7$mm , $h_2 = 53$mm , $d_1/d = 81 \div 39.2 = 2.07$ 由表 4-6 可查得 : 修边余量 $\delta = 2.5$ 由表 4-7 可知 : $D = \sqrt{(d_3 + 2\delta)^2 + 4(d_1 h_1 + d_2 h_2)} = \sqrt{(81 + 2 \times 2.5)^2 + 4(14.2 \times 7 + 39.2 \times 53)}$ mm $= 126.9$mm ≈ 127mm

4.3.2　拉深形式确定（判断有无压边圈拉深）

压边圈的使用能够有效避免拉深件起皱缺陷的产生。拉深过程中是否需要压边圈可以根据表 4-9 确定。

表 4-9　是否采用压边圈的判断方法　　　　　　　　　　（单位：mm）

拉深方法	第一次拉深		后续各次拉深	
	$(t/D) \times 100$	拉伸系数 m_1	$(t/D) \times 100$	拉伸系数 m_2
用压边圈	<1.5	<0.6	<1.0	<0.8
可用可不用	1.5~2.0	0.6	1.0~1.5	0.8
不用压边圈	>2.0	>0.6	>1.5	>0.8

4.3.3　拉深尺寸计算

1. 拉深系数

在制订拉深工艺和设计拉深模时，必须预先确定该零件是一次拉深成形还是分多次拉深成形。零件究竟需要几次才能拉深成形，是与拉深系数有关的。所谓圆筒形件的拉深系数，是指拉深后圆筒形件的直径与拉深前毛坯（或半成品）直径之比值，即

第一次拉深　　　$m_1 = d_1/D$　　　　　　　　(4-2)

以后各次　　　　$m_2 = d_2/d_1$　　　　　　　(4-3)

　　　　　　　　$m_3 = d_3/d_2$　　　　　　　(4-4)

　　　　　　　　$\vdots$

　　　　　　　　$m_n = d_n/d_{n-1}$　　　　　　(4-5)

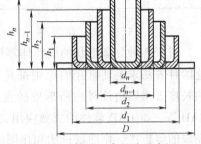

图 4-22　拉深工序尺寸示意图

式中　m_1、m_2、m_3、…、m_n——各次的拉深系数；

　　　　d_1、d_2、d_3、…、d_n——各次拉深制件（或工件）的直径（mm），如图 4-22 所示；

　　　　　　　D——毛坯直径（mm）。

当 $d_n \leqslant d$ 时，则表示经过第 n 次拉深可成形制件。

总拉深系数　　　　　　　　$m_d = m_1 \cdot m_2 \cdot m_3 \cdots \cdot m_n \leqslant \dfrac{d}{D}$　　　　　　　　(4-6)

极限拉深系数，即在拉深过程中，受到材料的力学性能、拉深条件和材料相对厚度（t/D）等条件限制，保证拉深件不起皱和不破裂的最小拉深系数（如表 4-10 和表 4-11 所列）。

表 4-10 圆筒形件带压边圈时的极限拉深系数

材料相对厚度 $\frac{t}{D} \times 100$	各次拉深系数				
	m_1	m_2	m_3	m_4	m_5
2.0~1.5	0.48~0.50	0.72~0.75	0.76~0.78	0.78~0.80	0.80~0.82
<1.5~1.0	>0.50~0.53	>0.75~0.76	>0.78~0.80	>0.80~0.82	>0.82~0.84
<1.0~0.5	>0.53~0.55	>0.76~0.78	>0.79~0.81	>0.81~0.83	>0.83~0.85
<0.5~0.3	>0.55~0.58	>0.78~0.80	>0.80~0.82	>0.82~0.84	>0.84~0.86
<0.3~0.15	>0.58~0.60	>0.79~0.81	>0.81~0.83	0.83~0.85	>0.85~0.87
<0.15~0.08	>0.60~0.63	>0.80~0.82	>0.82~0.84	0.84~0.86	>0.86~0.88

注：1. 表中拉深系数适用于 08、10 和 15Mn 等普通的拉深碳钢和软黄铜 H62；
　　2. 表中数值选用未经中间退火的拉深。若采用中间退火工序，其数值可取较表中数值小 2%~3%；
　　3. 表中较小值适用于大的凹模圆角半径（$r_d = 8t \sim 15t$），较大值适用于小的凹模圆角半径（$r_d = 4t \sim 8t$）。

表 4-11 圆筒形件不用压边圈拉深时的极限拉深系数

材料相对厚度 $\frac{t}{D} \times 100$	各次拉深系数					
	m_1	m_2	m_3	m_4	m_5	m_6
0.4	0.90	0.92	—	—	—	—
0.6	0.85	0.90	—	—	—	—
0.8	0.80	0.88	—	—	—	—
1.0	0.75	0.85	0.90	—	—	—
1.5	0.65	0.80	0.84	0.87	0.90	—
2.0	0.60	0.75	0.80	0.84	0.87	0.90
2.5	0.55	0.75	0.80	0.84	0.87	0.90
3.0	0.53	0.75	0.80	0.84	0.87	0.90
>3	0.50	0.70	0.75	0.78	0.82	0.85

注：表中拉深系数适用于 08、10 和 15Mn 等普通的拉深碳钢和软黄铜 H62。

2. 拉深次数分析

零件所要求的拉深系数 $m_{总}$ 大于按材料及拉深条件所允许的极限拉深系数时，所给零件只需一次拉深，否则必须进行多次拉深。

拉深次数还可以根据工件的相对高度，即拉深高度 h 与直径 D 之比，从表 4-12 中查得。

表 4-12 无凸缘圆筒拉深件的最大相对高度 h/d

拉深次数 n	毛坯相对厚度 $\frac{t}{D} \times 100$					
	2~1.5	<1.5~1	<1~0.6	<0.6~0.3	<0.3~0.15	<0.15~0.08
1	0.94~0.77	0.84~0.65	0.70~0.65	0.62~0.50	0.52~0.45	0.46~0.38
2	1.88~1.54	1.60~1.54	1.36~1.1	1.13~0.94	0.96~0.83	0.9~0.7
3	3.5~2.7	2.8~2.2	2.3~1.8	1.9~1.5	1.6~1.3	1.3~1.1
4	5.6~8.9	4.3~3.5	3.6~2.9	2.9~2.4	2.4~2.0	2.0~1.5
5	8.9~6.6	6.6~5.1	5.2~4.1	4.1~3.3	3.3~2.7	2.7~2.0

3. 拉深工序件尺寸计算

（1）无凸缘圆筒形件各次拉深工序件尺寸的确定

1）工序件直径的确定。拉深次数确定之后，由表 4-10 和表 4-11 查得各次拉深的极限拉深系数，并加以调整，保证 $m_1 \cdot m_2 \cdot m_3 \cdot \cdots \cdot m_n \leqslant d/D$，然后再按调整后的拉深系数确定各次工序件的直径：

$$d_1 = m_1 D \tag{4-7}$$
$$d_2 = m_2 d_1 \tag{4-8}$$
$$\vdots$$
$$d_n = m_n d_{n-1} \tag{4-9}$$

2）工序件圆角半径的确定。圆角半径的确定方法将在后面讨论。

3）工序件高度的确定。可根据无凸缘圆筒形件坯料尺寸计算高度尺寸。

 **案例分析**

无凸缘工序件尺寸计算见表 4-13。

表 4-13　无凸缘工序件尺寸计算

零件名		工序尺寸计算		工序尺寸图及附注
		不用压边圈	**采用压边圈**	
电容器外壳	共享数据	坯料的相对厚度 $\dfrac{t}{D} \times 100 = \dfrac{1.2}{55} \times 100 = 2.18 > 2$ 零件要求的拉深系数 $d/D = 21.2 \div 55 = 0.385$		
	计算	由表 4-11 可查得 $m_1 = 0.55 \sim 0.60$，取 $m_1 = 0.58$ $m_2 = 0.75, m_3 = 0.80$ $m_总 = m_1 \cdot m_2 \cdot m_3 = 0.58 \times 0.75 \times 0.80 = 0.348$ $d_1 = m_1 \cdot D = 0.58 \times 55 = 31.9 \approx 32.2(\text{mm})$ $d_2 = m_2 \cdot d_1 = 0.75 \times 32.2 = 24.15 \approx 25.2(\text{mm})$ $d_3 = m_3 \cdot d_2 = 0.80 \times 25.2 = 20.16(\text{mm}) < 21.2(\text{mm})$，取 $d_3 = 21.2\text{mm}$	由表 4-10 可查得 $m_1 = 0.48 \sim 0.50$，取 $m_1 = 0.48$ $m_2 = 0.72 \sim 0.75$，取 $m_2 = 0.72$ $m_总 = m_1 \cdot m_2 = 0.48 \times 0.72 = 0.346$ $d_1 = m_1 \cdot D = 0.48 \times 55 = 26.4 \approx 27(\text{mm})$ $d_2 = m_2 \cdot d_1 = 0.72 \times 27 = 19.44(\text{mm})$，同理，取 21.2	注： 1. 此处以单工序拉深进行分析 2. 在工序尺寸调整时，首次拉深应尽可能用到其极限 3. 取 $R_{pg_1} = 5t = 6(\text{mm})$，$R_{pg_2} = 4(\text{mm})$，$R_{pg_3} = 2(\text{mm})$，$r_1 = R_{pg1} + t/2 = 6 + 0.6 = 6.6(\text{mm})$，$r_2 = R_{pg_2} + t/2 = 4 + 0.6 = 4.6(\text{mm})$，$r_3 = R_{pg_3} + t/2 = 2 + 0.6 = 2.6(\text{mm})$
	分析选择	此工件的拉深若采用压边圈，虽可减少拉深工序，但压边圈壁较薄，会给制造带来较大困难，因此不宜采用压边圈拉深 $h_1 = 0.25\left(\dfrac{D^2}{d_1} - d_1\right) + 0.43 \dfrac{r_1}{d_1}(d_1 + 0.32 r_1)$ $= 0.25 \times \left(\dfrac{55^2}{32.2} - 32.2\right) + 0.43 \times \dfrac{6.6}{32.2} \times (32.2 + 0.32 \times 6.6)$ $= 18.46(\text{mm})$ $h_2 = 0.25\left(\dfrac{D^2}{d_2} - d_2\right) + 0.43 \dfrac{r_2}{d_2}(d_2 + 0.32 r_2)$ $= 0.25 \times \left(\dfrac{55^2}{25.2} - 25.2\right) + 0.43 \times \dfrac{4.6}{25.2} \times (25.2 + 0.32 \times 4.6)$ $= 25.80(\text{mm})$ $h_3 = 0.25\left(\dfrac{D^2}{d_3} - d_3\right) + 0.43 \dfrac{r_3}{d_3}(d_3 + 0.32 r_3)$ $= 0.25 \times \left(\dfrac{55^2}{21.2} - 21.2\right) + 0.43 \times \dfrac{2.6}{21.2} \times (21.2 + 0.32 \times 2.6)$ $= 31.53(\text{mm})$		

（2）有凸缘圆筒形件各次拉深工序件尺寸的确定

在有凸缘圆筒形件的拉深过程中，变形区的应力状态和变形特点与无凸缘圆筒形件是相同的。有凸缘圆筒形件的拉深系数决定于三个尺寸因素（见图4-23），即相对直径（d_ϕ/d_1）、相对高度（H/d）和相对转角半径（r/d）。其中，d_ϕ/d_1 和 H/d 越大，表示拉深时毛坯变形区的宽度越大，拉深难度越大；当 d_ϕ/d 和 H/d 超过一定值时，便不能一次成形。

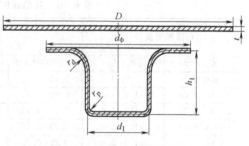

图4-23　有凸缘圆筒形件

有凸缘圆筒形件拉深时，坯料凸缘部分不是全部进入凹模口部，而只是拉深到凸缘外径等于所要求的凸缘直径（包括修边量）时，拉深工作就停止。因此，拉深成形过程和工艺计算与无凸缘圆筒形件有一定差别。由于凸缘的外缘部分只在首次拉深时参与变形，在以后的各次拉深中将不再发生变化，所以首次拉深的重点是确保凸缘外缘达到所需尺寸，并确保拉入凹模的材料多于以后拉深所需的材料。

有凸缘圆筒形件首次拉深时，可能达到的极限拉深系数见表4-14，首次拉深可能达到的相对高度见表4-15，有凸缘圆筒形件首次拉伸以后各次的极限拉深系数见表4-16。

表 4-14　有凸缘圆筒形件首次拉深的极限拉深系数

凸缘相对直径		毛坯相对厚度 $\dfrac{t}{D}\times100$				
d_ϕ/D	d_ϕ/d_1	>0.06~0.20	>0.20~0.50	>0.50~1.00	>1.00~1.50	>1.50~2.00
0.54	<1.10	无凸缘工件区		0.56	0.56	0.51
0.58	1.10			0.55	0.55	0.51
0.62	≤1.20	0.59	0.57	0.55	0.55	0.51
0.66	>1.20~1.30	0.57	0.56	0.54	0.54	0.51
0.70	>1.30~1.40	0.56	0.55	0.54	0.54	0.51
0.74	>1.40~1.50	0.55	0.54	0.53	0.53	0.51
0.78	>1.50~1.60	0.54	0.52	0.52	0.52	0.50
0.82	≈1.60	0.51	0.50	0.50	0.50	0.49
0.86	≈1.80	0.48	0.48	0.48	0.48	0.48
0.90	≈2.00	0.45	0.45	0.45	0.45	0.45
0.93	≈2.20	0.42	0.42	0.42	0.42	0.42
0.96	>2.50~2.70	0.38	0.38	0.37	0.37	0.36
0.98	≈2.80	0.35	0.35	0.35	0.35	

表 4-15　有凸缘圆筒形件首次拉深的相对高度

凸缘相对直径		毛坯相对厚度 $\dfrac{t}{D} \times 100$				
d_ϕ / D	d_ϕ / d_1	>0.06~0.20	>0.20~0.50	>0.50~1.00	>1.00~1.50	>1.50
≤0.58	≤1.1	0.45~0.52	0.50~0.62	0.57~0.70	0.60~0.80	0.75~0.90
>0.58~0.66	>1.1~1.3	0.40~0.47	0.45~0.53	0.50~0.60	0.56~0.72	0.65~0.80
>0.66~0.74	>1.3~1.5	0.35~0.42	0.40~0.48	0.45~0.53	0.50~0.63	0.58~0.70
>0.74~0.86	>1.5~1.8	0.29~0.35	0.34~0.39	0.37~0.44	0.42~0.53	0.48~0.58
>0.86~0.90	>1.8~2.0	0.25~0.30	0.29~0.34	0.32~0.38	0.36~0.46	0.42~0.51
>0.90~0.93	>2.0~2.2	0.22~0.26	0.25~0.29	0.27~0.33	0.31~0.40	0.35~0.45
>0.93~0.95	>2.2~2.5	0.17~0.21	0.20~0.23	0.22~0.27	0.25~0.32	0.28~0.35
>0.95~0.98	>2.5~2.8	0.13~0.16	0.15~0.18	0.17~0.21	0.19~0.24	0.22~0.27
>0.98	>2.8~3.0	0.10~0.13	0.12~0.15	0.14~0.17	0.16~0.20	0.18~0.22

表 4-16　有凸缘圆筒形件首次拉深以后各次的极限拉深系数

拉深系数	毛坯相对厚度 $\dfrac{t}{D} \times 100$				
	2~1.5	1.5~1.0	1.0~0.5	0.5~0.2	0.2~0.06
m_2	0.73	0.75	0.76	0.78	0.80
m_3	0.75	0.78	0.79	0.80	0.82
m_4	0.78	0.80	0.82	0.83	0.84
m_5	0.80	0.82	0.84	0.85	0.86

案例分析

有凸缘工序件尺寸计算见表 4-17。

表 4-17　有凸缘工序件尺寸计算

零件名	工序件尺寸计算	简图与说明
电容器外壳	若采用带料连续拉深，则在拉深过程中其形状为有凸缘拉深件，取 $r_{d\phi} = 5t = 6\text{mm}$（见右图） 已知尺寸 $d_1 = 17.6\text{mm}$，$d_2 = 38.4\text{mm}$，$r = 1.2\text{mm}$，$r_1 = 8\text{mm}$，$h = 26.8\text{mm}$，$d_3 = 34.4$，则 $D = \sqrt{d_1^2 + 6.28rd_1 + 8r^2 + 4d_2h + 6.28r_1d_3 - 8r_1^2}$ $= \sqrt{17.6^2 + 6.28 \times 1.8 \times 17.6 + 8 \times 1.8^2 + 4 \times 21.2 \times 26.8 + 6.28 \times 6.6 \times 34.4 - 8 \times 6.6^2}$ $= 62.33 \approx 63\,(\text{mm})$ 坯料的相对厚度：$\dfrac{t}{D} \times 100 = \dfrac{1.2}{63} \times 100 = 1.90 < 2$ 凸缘相对直径 $d_\phi / D = 34.4 \div 63 = 0.546$，零件要求的拉深系数：$d/D = 21.2 \div 63 = 0.336$ 查表 4-14 与表 4-16 并调整 m 值后取 $m_1 = 0.56$，$m_2 = 0.75$，$m_3 = 0.78$，$m_4 = 0.80$，则 $m_{总} = m_1 \cdot m_2 \cdot m_3 \cdot m_4 = 0.56 \times 0.75 \times 0.78 \times 0.80 = 0.262$ $d_1 = m_1 \cdot D = 0.56 \times 63 = 35.28\,(\text{mm}) > 34.4\,(\text{mm})$，故首次拉深做无凸缘拉深，$d_1$ 取 36.2mm	φ34.4 φ20 第4次拉深 第3次拉深 第2次拉深 首次拉深（无凸缘） R6　R6 R3.6　R4.8 R1.2　R2.4 35.2　33.63 28.31 28 φ22.4 φ24.4 φ29.4 φ37.4

（续）

零件名	工序件尺寸计算	简图与说明
电容器外壳	以后各次拉深的工序尺寸 $d_2 = m_2 \cdot d_1 = 0.75 \times 36.2 = 27.15 \approx 28.2 (\text{mm})$（此工序出现凸缘），$d_3 = m_3 \cdot d_2 = 0.78 \times 28.2 = 22 \approx 23.2 (\text{mm})$，$d_4 = m_4 \cdot d_3 = 0.80 \times 23.2 = 18.56 < 21.2 (\text{mm})$，故 d_3 取 21.2mm 以后各次拉深高度为 $h_2 = 0.25 \times \dfrac{D^2 - d_\phi^2}{d_2} + 0.43(r_{d2} + r_{p2}) = 0.25 \times \dfrac{63^2 - 34.4^2}{28.2} + 0.43 \times (6 + 3.6)$ $= 28.31 (\text{mm})$ $h_3 = 0.25 \times \dfrac{D^2 - d_\phi^2}{d_3} + 0.43(r_{d3} + r_{p3}) = 0.25 \times \dfrac{63^2 - 34.4^2}{23.2} + 0.43 \times (6 + 2.4)$ $= 33.63 (\text{mm})$ $h_4 = 0.25 \times \dfrac{D^2 - d_\phi^2}{d_4} + 0.43(r_{d4} + r_{p4}) = 0.25 \times \dfrac{63^2 - 34.4^2}{21.2} + 0.43 \times (6 + 1.2)$ $= 36.10 \approx 35.2 (\text{mm})$	注： 1. 由于以后各次拉深将无法改变凸缘直径，因此，在首次拉深时，必须将凸缘拉深到所需直径 2. 若拉深工序件直径大于凸缘直径，则做无凸缘拉深，直至拉深工序件直径小于凸缘直径时才做有凸缘拉深 3. 宽凸缘拉深件首次拉深时，多拉入5%的材料面积，在第2次拉深时多拉入凹模的材料面积为3%（其余2%的材料返回凸缘）；第3次拉深时多拉入凸模的材料面积为 1.5%（其余1.5%返回凸缘）；第3次拉深时将多余材料面积全部返回凸缘 4. 电容器外壳是窄凸缘拉深件
微电动机外壳	已知尺寸 $D = 127\text{mm}$，$t = 2.2\text{mm}$，$d_3 = 81\text{mm}$ 修边余量 $\delta = 2.5$，$d_\phi = 86\text{mm}$ 坯料的相对厚度 $\dfrac{t}{D} \times 100 = \dfrac{2.2}{127} \times 100 = 1.73 < 2$ 凸缘相对直径 $d_\phi / D = 86 \div 127 = 0.677$ $\varPhi 14.2\text{mm}$ 圆筒部分安排在 $\varPhi 39.2\text{mm}$ 圆筒拉深成形后拉深 零件要求的拉深系数 $d/D = 39.2 \div 127 = 0.3086$ 由表 4-14 可查得：$m_1 = 0.51$，由表 4-16 可查得：$m_2 = 0.73$，$m_3 = 0.75$，则 $m_总 = m_1 \cdot m_2 \cdot m_3 = 0.51 \times 0.73 \times 0.75 = 0.279$ 首次拉深圆筒直径 $d_1 = m_1 \cdot D = 0.51 \times 127 = 64.77 \approx 65.2 (\text{mm})$ 首次拉深高度为 $h_1 = 0.25 \times \dfrac{D^2 - d_\phi^2}{d_1} + 0.43(r_{d1} + r_{p1}) = 0.25 \times \dfrac{127^2 - 86^2}{65.2} + 0.43 \times (9 + 8)$ $= 40.80 (\text{mm})$ $h_1 / d_1 = 40.80 / 65.2 \approx 0.63$，由表 4-15 可查得 $h_1/d_1 = 0.58 \sim 0.70$，因此符合要求 以后各次拉深工序的工序尺寸为 $d_2 = m_2 \cdot d_1 = 0.73 \times 65.2 = 47.60 \approx 48.2 (\text{mm})$，$d_3 = m_3 \cdot d_2 = 0.75 \times 48.2 = 36.15 \approx 39.2 (\text{mm})$，然后直接拉深成形 $\varPhi 14.2\text{mm}$ 圆筒部分以后各次拉深高度为 $h_2 = 0.25 \times \dfrac{D^2 - d_\phi^2}{d_2} + 0.43(r_{d2} + r_{p2}) = 0.25 \times \dfrac{127^2 - 86^2}{50.4} + 0.43 \times (6 + 4)$ $= 47.62 (\text{mm})$ $h_3 = 0.25 \times \dfrac{D^2 - d_\phi^2}{d_3} + 0.43(r_{d3} + r_{p3}) = 0.25 \times \dfrac{127^2 - 86^2}{41.4} + 0.43 \times (4.4 + 2.2)$ $= 55.57 (\text{mm})$	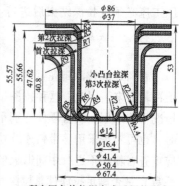 1. 所有圆角均拉深完成后用整形方法达到制件圆角要求 2. 整形后所有多余材料均回到凸缘

4.4 拉深工艺方案制订

4.4.1 拉深工艺方案的制订原则

拉深工艺方案的制订可遵循如下原则。

1）对于一次拉深即可成形的浅拉深件，可采用落料拉深复合工序。但如果拉深件高度过小，会导致复合拉深时的凸、凹模壁厚过小，批量不大时，应采用先落料再拉深的单工序冲压方案；批量大时，采用级进拉深。

2）对于需多次拉深才能成形的深拉深件，批量不大时可采用单工序冲压，即落料得到毛坯，再按照计算出的拉深次数逐次拉深到需要的尺寸；也可采用落料与首次拉深复合，再按单工序拉深的方案逐次拉深到需要的尺寸。在批量很大且拉深件尺寸不大时，可采用带料的级进拉深。

3）如果拉深件的尺寸很大，通常只能采用单工序冲压。例如，大尺寸的汽车覆盖件，通常是落料后得到毛坯，再采用单工序拉深成形。

4）当拉深件有较高的精度要求或需要拉小圆角半径时，需要在拉深结束后增加整形工序。

5）拉深件的切边、冲孔工序通常可以复合完成，切边工序一般安排在整形之后。

6）除拉深件底部孔有可能与落料、拉深复合外，拉深件凸缘部分及侧壁部分的孔和槽均需在拉深工序完成后再冲出。

7）若局部还需其他成形工序（如弯曲、翻孔等）才能最终完成拉深件的形状，其他冲压工序必须在拉深结束后进行。

4.4.2 带料连续拉深

带料连续拉深是在带料上（不裁成单个毛坯）直接进行拉深，零件拉深成形后才从带料上冲裁下来。因此，这种拉深生产率很高，但模具结构复杂，只有在大批量生产且零件不大的情况下才采用。或者零件特别小，手工操作很不安全，虽不是大批量生产，但是产量也比较大时，也可考虑采用。带料连续拉深由于不能进行中间退火，所以在考虑采用连续拉深时，首先应审查材料在不进行中间退火的情况下所能允许的最大总拉深变形程度（即允许的总极限拉深系数）是否满足拉深件总拉深系数的要求。各种材料允许的总极限拉深系数见表 4-18。

表 4-18 连续拉深的总极限拉深系数

材料	抗拉强度 R_m/MPa	相对延伸率 δ(%)	总的拉深系数 m		
			不带推件装置		带推件装置
			$t \leqslant 1.2$	$t = 1.2 \sim 2$	
08F	$300 \sim 400$	$28 \sim 40$	0.40	0.32	0.16
H62、H68	$300 \sim 400$	$28 \sim 40$	0.35	0.29	$0.24 \sim 0.2$
软铝	$80 \sim 110$	$22 \sim 25$	0.38	0.30	0.18

带料连续拉深分无切口与有切口拉深两种。图 4-24a 为无切口拉深，图 4-24b 为有切口拉深。

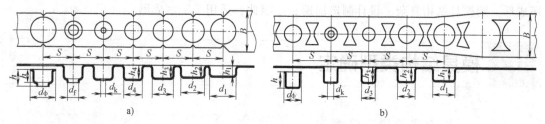

图 4-24 带料连续拉深
a) 无切口拉深 b) 有切口拉深

无切口的连续拉深是指在整体带料上拉深。由于相邻两个拉深件之间相互约束，因此材料在纵向流动困难、变形程度大时就容易破裂。为了避免破裂，需减小每道工序的变形程度，即采用较大的拉深系数，这种方法的优点是节省材料（相对于有切口而言），这对大量生产特别重要，但增加了工序。由于这种方法变形困难，故一般用于拉深不太困难，即有较大相对厚度（$t/D \times 100 > 1$），凸缘相对直径较小（$d_\phi/d = 1.1 \sim 1.5$）和相对高度 h/d 较低的工件。

有切口的连续拉深是指在两拉深件的相邻处冲槽或切口。这样减小了前后两拉深件的相互影响和约束，与单个毛坯的拉深很相似。因此，每道工序的拉深系数可小些，且模具较简单；但毛坯材料消耗较多。此种拉深一般用于拉深较困难的制件，即零件的相对厚度较小（$t/D \times 100 < 1$）、凸缘相对直径较大（$d_\phi/d > 1.3$）和相对高度较大（$h/d > 0.3 \sim 0.6$）的拉深件。

4.4.3 案例分析——冲压成形工艺方案制订

1. 电容器外壳冲压成形工艺方案制订

电容器外壳冲压成形主要包括落料、拉深和修边 3 个基本工序，其中，拉深若采用无凸缘拉深方式需要 3 次拉深，若采用有凸缘拉深则需 4 次拉深。经分析，可设计以下两种冲压工艺方案。

1）单工序成形：落料→拉深（无凸缘 3 次）→切边。

2）连续工序成形：切口→拉深（有凸缘 4 次）→落料。

采用单工序成形时，模具结构简单、设计制造周期短，但由于制件尺寸较小，所以各工序操作时较困难，且所占用的设备台套数较多，生产管理复杂；采用连续工序成形时，模具结构复杂、设计制造周期长，但操作方便，设备台套数较少，生产管理简单。因此适用方案 2 连续工序成形。

2. 微电动机外壳冲压成形工艺方案制订

微电动机外壳冲压成形主要包括落料、拉深、整形、冲孔、修边和切口 6 个基本工序，其中，拉深工序需要 4 次拉深。由于该制件尺寸较大，因此，一般情况下采用单工序或复合工序成形，其工艺过程如下。

1）单工序成形：落料→拉深（带压边 4 次）→整形→冲孔→修边→切口。

2）复合工序成形：落料+首次拉深→拉深（带压边 3 次）→整形→冲孔+修边→切口。

若采用单工序成形，则模具结构简单、设计制造周期短，但模具数量多；若采用复合工序成形，则模具结构复杂、设计制造周期长。因此，适用单工序成形。

4.5　模具结构类型确定

4.5.1　拉深模结构与分类

拉深模也是由工作零件、定位零件、压料/卸料零件、导向零件和固定零件五部分组成。

拉深模的结构一般较简单，但结构类型较多：按使用的压力机类型不同，可分为单动压力机上使用的拉深模与双动压力机上使用的拉深模；按工序的组合程度不同，可分为单工序拉深模、复合工序拉深模与级进工序拉深模；按结构形式与使用要求的不同，可分为首次拉深模与以后各次拉深模，有压料装置拉深模与无压料装置拉深模，顺装式拉深模与倒装式拉深模，下出件拉深模与上出件拉深模等。

4.5.2　拉深模压边装置结构类型

在拉深工序中，为保证拉深件的表面质量，防止在拉深过程中材料起皱，常采用压边圈把毛坯的变形区部分压在凹模平面上，并使毛坯从压边圈与凹模平面之间的缝隙中通过，从而制止毛坯起皱现象的产生。

在单动压力机上一般采用弹性压边装置；在双动压力机上一般采用刚性压边装置。

1）首次拉深模一般采用平面压边装置（见图 4-25）。对于宽凸缘件可采用图 4-26 所示的压边圈，以减少材料与压边圈的接触面积，增大压边力。为避免压边过紧，可采用图 4-27 所示的带限位装置的压边圈。小凸缘件或球形件拉深，则采用图 4-28 所示有拉深肋或拉深槛的压边圈。

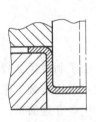

图 4-25　平面压边装置

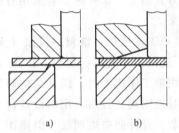

a)　　　　　　b)

图 4-26　宽凸缘件拉深用压边圈
a) 带凸肋的压边圈　b) 带斜度的压边圈

2）再次拉深，采用筒形压边圈（图 4-27b、c）。一般因再次拉深所用的压边力较小，而提供压边力的弹性力却随着行程而增加，所以要用限位装置。

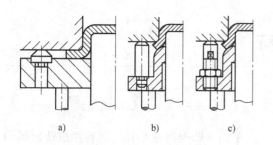

图 4-27　带限位装置的拉深用压边圈
a）首次拉深　b）、c）以后各次拉深

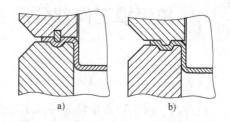

图 4-28　小凸缘件或球形件拉深的压边装置
a）拉深肋　b）拉深槛

3）单动压力机进行拉深时，其压边力靠弹性元件产生，常用的有气垫、弹簧装置、橡胶板、气（油）缸等。双动压力机进行拉深时，将压边圈装在外滑块上，压边力保持不变。

4.5.3　案例分析——冲压模结构类型确定

1. 电容器外壳

采用连续工序成形，其工艺过程为切口→拉深（有凸缘 4 次）→落料。经分析计算设计的连续冲压带料排样如图 4-29 所示，相应的级进模采用自动送料方式控制送料步距，利用导料架控制送料方向，采用弹性顶件器浮升抬料。

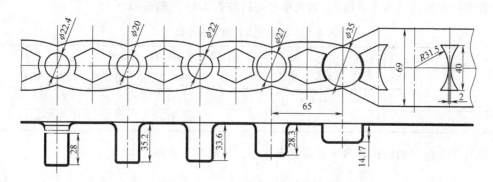

图 4-29　电容器外壳带料排样图

2. 微电动机外壳

采用单工序成形，其工艺过程为落料→拉深（带压边 4 次）→整形→冲孔+修边→切口。其中，坯料落料模均采用正装下出料形式，固定卸料，导料板和固定挡料销定位。拉深模采用有压边拉深，则 $m_1 = 0.51$，$m_2 = 0.73$，$m_3 = 0.75$；$d_1 = 64.77\text{mm}$，取 $d_1 = 65.2\text{mm}$；$d_2 = 47.6\text{mm}$，取 $d_2 = 48.2\text{mm}$；$d_3 = 36.15\text{mm}$，取 $d_3 = 39.2\text{mm}$。最后直接拉深成形 $\phi14.2$ 圆筒部分。首次拉深时根据落料件形状在压料板上设计定位槽进行定位，第二次、第三次和第四次（$\phi14.2$ 小凸台）拉深时均采用压边圈定位；冲孔修边模复合模利用定位柱定位，刚性卸料下出件；切口模采用定位柱定位。

4.6 拉深模工作部分尺寸计算

4.6.1 凸、凹模圆角半径计算

拉深凸、凹模圆角半径对拉深工作影响很大，尤其是凹模圆角半径。坯料经过凹模圆角进入凹模时，经过弯曲和重新拉直的变化，如果凹模圆角过小，势必引起应力的增大和模具寿命的降低。因此，在实际生产中应尽量避免采用过小的凹模圆角半径。

凸模圆角过小，会降低冲压件传力区危险断面的强度，容易产生局部变薄甚至破裂，冲压件圆角处弯曲痕迹较明显。局部变薄和弯曲的痕迹在经过多次拉深工序后，必然留在零件侧壁，影响零件的表面质量。

(1) 凹模圆角半径的确定

首次（包括只有一次）拉深的凹模圆角半径可按下式计算

$$r_{d1} = 0.8\sqrt{(D-d)t} \tag{4-10}$$

式中 r_{d1}——首次拉深的凹模圆角半径（mm）；

       D——坯料直径（mm）；

       d——凹模内径（mm）；

       t——材料厚度（mm）。

首次拉深的凹模圆角半径 r_{d1} 的大小也可以按表 4-19 进行选取。

表 4-19　首次拉深凹模圆角半径 r_{d1}

拉深方式	坯料的相对厚度 $t/D \times 100$		
	≤2.0~1.0	<1.0~0.3	<0.3~0.1
无凸缘	(4~6)t	(6~8)t	(8~10)t
有凸缘	(6~12)t	(10~15)t	(15~20)t

以后各次拉深的凹模圆角半径应逐渐减小，一般按下式确定

$$r_{di} = (0.6 \sim 0.8)r_{di-1} \quad (i = 2, 3, \cdots, n) \tag{4-11}$$

以上计算所得凹模圆角半径一般应符合 $r_d \geq 2t$ 的要求。

(2) 凸模圆角半径的确定

首次拉深可取

$$r_{p1} = (0.7 \sim 1.0)r_{d1} \tag{4-12}$$

最后一次拉深的凸模圆角半径 r_{pn} 等于零件圆角半径 r，但零件圆角半径如果小于拉深工艺性要求的最低值，则凸模圆角半径应按工艺性的要求确定（$r_p \geq t$），然后通过整形工序得到零件要求的圆角半径。

中间各拉深工序的凸模圆角半径可按下式确定

$$r_{pi-1} = 0.5(d_{i-1} - d_i + 2t) \tag{4-13}$$

式中 d_{i-1}，d_i——各拉深工序件的外径（mm）。

4.6.2 拉深模间隙确定

拉深模的凸、凹模间隙对拉深力、零件质量、模具寿命等都有影响。间隙小，则冲压件回弹小，精度高，但拉深力大，模具磨损大；间隙过小，会使制件严重变薄甚至破裂。间隙过大，坯料容易起皱，冲压件锥度大，毛坯口部的增厚得不到消除，精度差。因此，应根据毛坯厚度及公差、拉深过程毛坯的增厚情况、拉深次数、制件的形状及精度要求等，正确确定拉深模间隙。

（1）无压边圈的拉深模

其单边间隙为

$$Z/2 = (1 \sim 1.1)t_{max} \tag{4-14}$$

式中 $Z/2$——拉深模单边间隙（mm）；

t_{max}——毛坯厚度的最大极限尺寸（mm）。

对于系数 $1 \sim 1.1$，小值用于末次拉深或精密零件的拉深；大值用于首次和中间各次拉深或要求不高的零件拉深。

（2）有压边圈的拉深模

其单边间隙可按表 4-20 确定。

表 4-20 有压边圈拉深时的单边间隙

完成拉深工作的总次数											
1	2		3			4			5		
拉深次数											
1	1	2	1	2	3	1,2	3	4	1,2,3	4	5
凸模与凹模的单边间隙 $Z/2$											
$(1 \sim 1.1)t$	$1.1t$	$(1 \sim 1.05)t$	$1.2t$	$1.1t$	$(1 \sim 1.05)t$	$1.2t$	$1.1t$	$(1 \sim 1.05)t$	$1.2t$	$1.1t$	$(1 \sim 1.05)t$

注：t 为材料厚度，取材料允许偏差的中间值。

对于精度要求高的零件，为了减小拉深后的回弹，常采用负间隙拉深模。其单边间隙值为

$$Z/2 = (0.9 \sim 0.95)t_{max} \tag{4-15}$$

4.6.3 凸、凹模工作部分尺寸及公差计算

对于最后一道工序的拉深模，其凸、凹模尺寸应按零件的要求来确定。

当零件尺寸标注在外形时（见图 4-30a）

$$D_d = (D_{max} - 0.75\Delta)_0^{+\delta_d} \tag{4-16}$$

$$D_p = (D_{max} - 0.75\Delta - Z)_{-\delta_p}^{0} \tag{4-17}$$

当零件尺寸标注在内形时（见图 4-30b）

$$d_{d} = (d_{min} + 0.4\Delta)^{+\delta_d}_{0} \tag{4-18}$$

$$d_{p} = (d_{min} + 0.4\Delta + Z)^{0}_{-\delta_p} \tag{4-19}$$

式中　D_d，d_d——凹模的基本尺寸（mm）；

D_p，d_p——凸模的基本尺寸（mm）；

D_{max}——拉深件外径的上极限尺寸（mm）；

d_{min}——拉深件内径的下极限尺寸（mm）；

Δ——制件公差（mm）；

δ_d，δ_p——凹模、凸模的制造公差（mm），见表4-21；

$Z/2$——拉深模单边间隙（mm）。

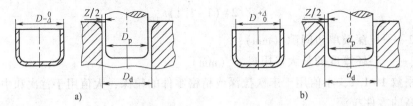

图 4-30　零件尺寸标注

表 4-21　凸、凹模的制造公差　　　　　　　　（单位：mm）

材料厚度 t	拉深件直径 d					
	≤20		>20~100		>100	
	δ_d	δ_p	δ_d	δ_p	δ_d	δ_p
≤0.5	0.02	0.01	0.03	0.02	—	—
>0.5~1.5	0.04	0.02	0.05	0.03	0.08	0.05
>1.5	0.06	0.04	0.08	0.05	0.10	0.06

注：凸、凹模制造公差也可按标准公差等级 IT6~IT10 选取，制造公差小的接近 IT6 级，制造公差大的可取 IT8、IT9 级。

对于多次拉深，工序件尺寸无须严格要求，凸、凹模的尺寸如下

$$D_{d} = D^{+\delta_d}_{0} \tag{4-20}$$

$$D_{p} = (D_{i} - Z)^{0}_{-\delta_p} \tag{4-21}$$

式中　D_i——各工序件的基本尺寸（mm）。

凸、凹模工件表面粗糙度要求：凹模圆角处的表面粗糙度一般要求为 $Ra0.4\mu m$，凹模与坯料接触表面和型腔表面粗糙度应达到 $Ra0.8\mu m$；凸模工作表面粗糙度一般要求为 $Ra 0.8~1.6\mu m$。

4.6.4　案例分析——拉深模工作部分尺寸计算

电容器外壳和微电动机外壳的拉深模工作部分尺寸计算见表4-22。

表 4-22　拉深模工作部分尺寸计算

零件名称	拉深模工作部分尺寸计算		工序简图
电容器外壳	凸、凹模圆角半径	首次拉深的凹模圆角半径为 $r_{d1} = 0.80\sqrt{(D-d)t} = 0.8\sqrt{(63-36.2)\times 1.2}$ mm $= 4.54$mm(取工件凸缘半径 $r_{d1} = 6$mm) 首次(包括只有一次)拉深的凸模圆角半径为 $r_{p1} = (0.7\sim 1.0)r_{d1} = 0.8\times 6$mm $= 4.8$mm 为保证成形,以后各次拉深的凹模圆角半径仍取 $r_d = 6$mm 以后各次拉深的凸模圆角半径 $r_{pi-1} = 0.5(d_{i-1} - d_i + 2t)$,计算后调整取 $r_{p2} = 3.6$mm,$r_{p3} = 2.4$mm,$r_{p4} = r = 1.2$mm	
	拉深模间隙	采用无压边拉深,拉深单边间隙取 1.2mm	
	凸、凹模工作部分尺寸	$D_{1p} = 35$,$D_{2p} = 27$,$D_{3p} = 22$,$D_{4p} = 20$ $D_{1d} = 37.4$,$D_{2d} = 29.4$,$D_{3d} = 24.4$,$D_{4d} = 22.4$ $D_{1h} = 14.17$,$D_{2h} = 28.31$,$D_{3h} = 33.63$,$D_{4h} = 35.2$,$\delta_d = 0.05$mm,$\delta_p = 0.03$mm	
微电动机外壳	凸、凹模圆角半径	首次拉深凹模圆角半径为 $r_{d1} = 0.80\sqrt{(D-d)t} = 0.8\sqrt{(127-65.2)\times 2.2}$ mm $= 9.33$mm ≈ 9mm 首次拉深的凸模圆角半径:$r_{p1} = (0.7\sim 1.0)r_{d1} = 0.8\times 9$mm $= 7.2$mm ≈ 8mm 以后各次拉深的凹模圆角半径取 $r_{d2} = 6$mm,$r_{d3} = 4.4$mm,$r_{d4} = 4.4$mm 以后各次拉深的凸模圆角半径取 $r_{p2} = 4$mm,$r_{p3} = 2.2$mm,$r_{p4} = 2.2$mm	
	拉深模间隙	参考表 4-20,采用有压边拉深,4 次拉深单边间隙分别取 2.6mm,2.6mm,2.4mm,2.2mm	
	凸、凹模工作部分尺寸	$D_{1p} = 63$,$D_{2p} = 46$,$D_{3p} = 37$,$D_{4p} = 12$ $D_{1d} = 67.4$,$D_{2d} = 50.4$,$D_{3d} = 41.4$,$D_{4d} = 16.2$ $D_{1h} = 39.7$,$D_{2h} = 47.6$,$D_{3h} = 55.6$,$D_{4h} = 60$	

4.7　冲压力计算与冲压设备选用

4.7.1　拉深力的计算

拉深力在实际生产中常用经验公式进行计算,由于经验公式忽略了许多因素,所以计算结果并不十分准确。

通常采用以下经验公式计算拉深力。

1）采用压边圈时：

首次拉深 $$F = \pi d t R_m K_1 \tag{4-22}$$

以后各次拉深 $$F = \pi d_i t R_m K_2 \quad (i = 2, 3, \cdots, n) \tag{4-23}$$

2）不采用压边圈时：

首次拉深 $$F = 1.25\pi(D - d_1)tR_m \tag{4-24}$$

以后各次拉深 $$F = 1.3\pi(d_{i-1} - d_i)tR_m \quad (i = 2, 3, \cdots, n) \tag{4-25}$$

式中　　F——拉深力（N）；

　　　　t——板料厚度（mm）；

　　　　D——坯料直径（mm）；

$d_1, \cdots, d_n$——各次拉深后的工序件或制件直径（mm）；

　　　　R_m——拉深件材料的抗拉强度；

　　　　K_1、K_2——修正系数，可由表4-23查得。

表 4-23　修正系数 K_1、K_2 的数值

m_1	0.55	0.57	0.60	0.62	0.65	0.67	0.70	0.72	0.75	0.77	0.80
K_1	1.00	0.93	0.86	0.79	0.72	0.66	0.60	0.55	0.50	0.45	0.40
m_2	0.7	0.72	0.75	0.77	0.80	0.85	0.90	0.95			
K_2	1.00	0.95	0.90	0.85	0.80	0.70	0.60	0.50			

4.7.2　拉深辅助力（压边力）的计算

压边力的选择要适当，压边力过大，工件会被拉断；压边力过小，工件凸缘会起皱。压边力的计算公式见表4-24。在压力机上拉深时，单位压边力见表4-25和表4-26。

表 4-24　压边力的计算公式

拉深情况	公　式	说　明
拉深任何形状的工件	$F_Q = Ap$	A——在压边圈下的毛坯投影面积（mm²）；
圆筒形件第一次拉深（用平板毛坯）	$F_Q = \dfrac{\pi}{4}\left[D^2 - (d_1 + 2r_d)^2\right]p$	p——单位压边力（MPa）。其值见表4-25，表4-26； D——平板毛坯直径（mm）；
圆筒形件以后各次拉深（用筒形毛坯）	$F_Q = \dfrac{\pi}{4}(d_{n-1}^2 - d_n^2)p$	d_1, d_n——第1，n次的拉深工序件或制件直径（mm）； r_d——拉深凹模圆角半径（mm）。

表 4-25　在单动压力机上拉深时单位压边力的数值

材料名称	单位压边力 p/MPa	材料名称	单位压边力 p/MPa
铝	0.8~1.2	08F钢、20钢、镀锡钢板	2.5~3.0
纯铜、硬铝（退火的或刚淬火的）	1.2~1.8	软化状态的耐热钢	2.8~3.5
黄铜	1.5~2.0	高合金钢、高锰钢、不锈钢	3.0~4.5
压轧青铜	2.0~2.5		

在实际工作中，应根据所计算的压边力，在试模时加以调整，使工件既不起皱也不被拉裂。

表 4-26 在双动压力机上拉深时单位压边力的数值

制件复杂程度	单位压边力 p/MPa	制件复杂程度	单位压边力 p/MPa
难加工件	3.7	易加工件	2.5
普通加工件	3.0		

4.7.3 案例分析——冲压力的计算

案例电容器外壳和微电动机外壳的工序尺寸和冲压力计算见表 4-27 和表 4-28。

表 4-27 电容器外壳工序尺寸和冲压力计算

	切口	拉深	落料
工序尺寸	尺寸精度取 IT14 级, 凸、凹模精度取 IT7 级, 由附录 K 可查得 $\Delta_{31.5}=0.62, \Delta_{40}=0.62, \Delta_2=0.25$ $\delta_{31.5}=0.025, \delta_{40}=0.025, \delta_2=0.010$ 由表 2-27 查得: $x=0.5$; 由表 2-26 查得: $Z=0.34t$ $R31.5_p=31.81_{-0.025}^{0}$, $40_p=40.31_{-0.025}^{0}$, $2_p=2.125_{-0.010}^{0}$ $R31.5_d=32.22_{0}^{+0.025}$, $40_d=40.72_{0}^{+0.025}$, $2_d=2.53_{0}^{+0.010}$	采用无压边拉深, 拉深单边间隙取 1.2mm $36.2_p=35, 28.2_p=27, 23.2_p=22, 21.2_p=20$ $36.2_{pr}=4.8, 28.2_{pr}=3.6, 23.2_{pr}=2.4$, $21.2_{pr}=1.2$ $36.2_d=37.4, 28.2_d=29.4, 23.2_d=24.4$, $21.2_d=22.4$ $36.2_{dr}=6, 28.2_{dr}=6, 23.2_{dr}=6, 21.2_{dr}=6$ $36.2_h=14.17, 28.2_h=28.31, 23.2_h=33.63$, $21.2_h=35.2$	采用锥面无间隙挤压落料
工序简图			
冲压力	由附录 B 可查得: $\tau=150$MPa $K=1.3; t=1.2$mm; $L=119.48$mm $F=28$kN; $F_{推}=1.4$kN; $F_\Sigma=29.4$kN	由附录 B 可查得: $R_m=180$MPa $F_{36.2}=22.72$kN; $F_{28.2}=7.05$kN; $F_{23.2}=2.65$kN $F_{21.2}=1.76$kN; $F_\Sigma=34.18$kN	$L=62.8$mm $F=14.70$kN

表 4-28 微电动机外壳工序尺寸和冲压力计算

工序	工序尺寸	冲压力
落料	尺寸精度取 IT14 级, 凸、凹模精度取 IT7 级, 由附录 K 查得: $\Delta_{127}=1.00, \delta_{127}=0.04$ 由表 2-27 查得: $x=0.5$; 由表 2-26 查得: $Z=0.42t$ $\phi127_d=126.5_{0}^{+0.04}, \phi127_p=125.58_{-0.04}^{0}$	由附录 B 查得: $\tau_b=300$MPa $K=1.3; t=2.2$mm; $L=398.78$mm $F=342$kN,

（续）

工序	工序尺寸	冲压力
拉深	采用有压边拉深；拉深单边间隙取 2.2mm $65.2_p = 63, 48.2_p = 46, 39.2_p = 37, 14.2_p = 12$ $65.2_d = 67.4, 48.2_d = 50.4, 39.2_d = 41.4, 14.2_d = 16.2$ $65.2_{pr} = 8, 48.2_{pr} = 4, 39.2_{pr} = 2.2, 14.2_{pr} = 2.2$ $65.2_{dr} = 9, 48.2_{dr} = 6, 39.2_{dr} = 4.4, 14.2_{dr} = 4.4$ $65.2_h = 39.7, 48.2_h = 47.6, 39.2_h = 55.6, 14.2_h = 60$	由附录 B 查得：$R_m = 370\text{MPa}$ 由表 4-23 查得 $K_{65.2} = 1, K_{48.2} = 0.95, K_{39.2} = 0.90$ $F_{65.2} = 167\text{kN}, F_{48.2} = 117\text{kN}, F_{39.2} = 90\text{kN}$ 由表 4-25 查得：$p = 2.5$ $F_{Q1} = 18\text{kN}, F_{Q2} = 3.8\text{kN}, F_{Q3} = 1.5\text{kN}$
冲孔	凸模精度取IT6级，凹模精度取IT7级 由附录 K 查得：$\delta_{6.5p} = 0.009, \delta_{6.5d} = 0.015, \delta_{4.5p} = 0.008,$ $\delta_{4.5d} = 0.012, \delta_{54L} = \pm 0.015, \delta_{57L} = \pm 0.015$ 由表 2-27 查得：$x = 0.75$，由表 2-26 查得：$Z = 0.15t$ $6.5_p = 6.54_{-0.009}^{0}, 4.5_p = 4.54_{-0.008}^{0}, 54_L = 54 \pm 0.015$ $6.5_d = 6.87_{0}^{+0.015}, 4.5_d = 4.87_{0}^{+0.012}, 57_L = 57 \pm 0.015$	由表 2-31 查得：$K_{卸} = 0.04, K_{推} = 0.05$ $L_{6.5} = 20.41\text{mm}, L_{4.5} = 14.13\text{mm}$ $F_{6.5} = 15.5\text{kN}, F_{4.5} = 12.1\text{kN}$ $F_{6.5卸} = 0.6\text{kN}, F_{4.5卸} = 0.5\text{kN}$ $F_{6.5推} = 0.8\text{kN}, F_{4.5推} = 0.6\text{kN}$
修边	尺寸精度取IT12级，凸、凹模精度取IT7级 由附录 K 查得 $\Delta_{R5} = 0.12, \Delta_{R4} = 0.12, \Delta_{R7} = 0.15, \Delta_{\Phi44} = 0.25$ $\delta_{R5} = 0.012, \delta_{R4} = 0.012, \delta_{R7} = 0.015, \delta_{\Phi44} = 0.025$ 由表 2-27 查得：$x = 0.75$，由表 2-26 查得：$Z = 0.15t$ $7_d = 6.89_{0}^{+0.015}, 5_d = 4.91_{0}^{+0.012}, 44_d = 43.81_{0}^{+0.025}, 7_p =$ $6.56_{-0.015}^{0}, 5_p = 4.58_{-0.012}^{0}, 44_p = 43.48_{-0.025}^{0}, 4_p =$ $4.09_{-0.012}^{0}, 4_d = 4.42_{0}^{+0.012}$	$L = 183.68\text{mm}$ 由表 2-31 查得：$K_{顶} = 0.06$ $F = 158\text{kN}, F_{卸} = 6.3\text{kN}, F_{顶} = 9.5\text{kN}$
切口		$F = 8.6\text{kN}$

4.7.4 冲压设备选用

对于单动压力机，其公称压力应大于工艺总压力。工艺总压力为

$$F_z = F + F_Q \tag{4-26}$$

式中　F——拉深力（N）；

　　　F_Q——压边力（N）。

选择压力机公称压力时必须注意，当拉深工作行程较大，尤其是采用落料拉深复合时，应使工艺总压力曲线位于压力机滑块的许用压力曲线之下，而不能简单地按压力机公称压力大于工艺总压力的原则去确定压力机规格。在实际生产中可按下式来确定压力机的公称压力：

浅拉深　　　　　　　　　　　$F_g \geqslant (1.25 \sim 1.4)F_z$ 　　　　　　　　　　(4-27)

深拉深　　　　　　　　　　　$F_g \geqslant (1.8 \sim 2)F_z$ 　　　　　　　　　　(4-28)

式中　F_g——压力机公称压力（N）；

　　　F_z——工艺总压力（N）。

📺 **案例分析**

（1）电容器外壳冲压设备选用

电容器外壳采用连续工序成形，根据表 4-27 各工序冲压力的计算结果来确定该制件冲压成形所需压力机的公称压力

$$F_g \geqslant 1.1 \times F_{切口} + 1.3 \times F_{拉深} + 1.1 \times F_{落料} = 1.1 \times 29.4 + 1.3 \times 34.18 + 1.1 \times 14.70 \approx 93 (kN)$$

因此，可选用公称压力至少为 100kN 的压力机。

（2）微电动机外壳冲压设备选用

微电动机外壳采用单工序成形，根据表 4-28 各工序冲压力的计算结果来确定各工序的冲压设备，见表 4-29。

表 4-29　微电动机外壳冲压设备选用

工序	冲压力	冲压设备选用
落料	$F = 342kN$	$F_g \geqslant 1.1 \times 342 = 376.2kN$ 由附录 N 选用公称压力为 400kN 的开式压力机
拉深	$F_{65.2} = 167kN, F_{48.2} = 117kN, F_{39.2} = 90kN$ $F_{Q1} = 18kN, F_{Q2} = 3.8kN, F_{Q3} = 1.5kN$	$F_{g1} \geqslant 1.3 \times (167+18)kN = 240.5kN$ $F_{g2} \geqslant 1.3 \times (117+3.8)kN = 157.04kN$ $F_{g1} \geqslant 1.3 \times (90+1.5)kN = 118.95kN$ 由附录 N 可知，3 次拉深均可选用公称压力为 250kN 的开式压力机
冲孔	$F_{6.5} = 15.5kN, F_{4.5} = 12.1kN$ $F_{6.5卸} = 0.6kN, F_{4.5卸} = 0.5kN$ $F_{6.5推} = 0.8kN, F_{4.5推} = 0.6kN$	$F_g \geqslant 1.1 \times (15.5+12.1+0.6+0.8+0.5+0.6)kN = 33.11kN$ 由附录 N 选用公称压力为 40kN 的开式压力机
修边	$F = 158kN, F_卸 = 6.3kN, F_顶 = 9.5kN$	$F_g \geqslant 1.1 \times (158+6.3+9.5)kN = 191.18kN$ 由附录 N 选用公称压力为 250kN 的开式压力机
切口	$F = 8.6kN$	$F_g \geqslant 1.1 \times 8.6kN = 9.46kN$ 由附录 N 选用公称压力为 40kN 的开式压力机

4.8　冲压模总体结构设计

4.8.1　案例分析——冲压模总体结构设计

1. 电容器外壳

采用连续工序成形，其工艺过程为切口→拉深（有凸缘 4 次）→落料。经分析与计算设计的连续冲压带料排样如图 4-29 所示，相应的级进模采用自动送料方式控制送料步距，利用导料架控制送料方向，采用弹性顶件器浮升抬料。模具结构如图 4-31 所示。

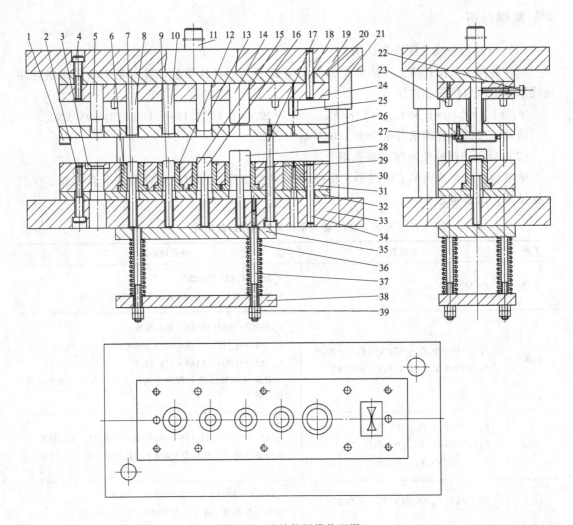

图 4-31　连续拉深模装配图

1—导料架　2、4、22、27—螺钉　3—落料凹模镶件　5—落料凸模　6、12、15、29—拉深凹模镶件
7、9、16、28—顶件器　8、10、13、14—拉深凸模　11—模柄　17—卸料螺钉　18、34—销钉　19—上模座
20—凸模垫板　21—导套　23—限位柱　24—凸模固定板　25—切口凸模　26—卸料板　30—切口凹模
镶件　31—凹模固定板　32—凹模垫板　33—下模座　35、38—托板　36—弹簧　37—螺栓　39—螺母

2. 微电动机外壳

采用单工序成形，其工艺过程为落料→拉深（带压边4次）→整形→冲孔+修边→切口
成形。其中，坯料落料模均采用正装下出料形式，固定卸料，导料板和固定挡料销定位。
拉深模（见图4-32~图4-34）采用有压边拉深，则 $m_1 = 0.51$，$m_2 = 0.73$，$m_3 = 0.75$；d_1
$= 64.77\text{mm}$，取 $d_1 = 65.2\text{mm}$；$d_2 = 47.6\text{mm}$，取 $d_2 = 48.2\text{mm}$；$d_3 = 36.15\text{mm}$，取 $d_3 =$
39.2mm。最后直接拉深成形 $\phi14.2$ 圆筒部分。首次拉深时根据落料件形状在压料板上设
计定位槽进行定位，第2次、第3次和第4次（$\phi14.2$ 小凸台）拉深时均采用压边圈定
位；冲孔修边模（见图4-35）利用定位柱定位，刚性卸料下出件；切口模（见图4-36）
采用定位柱定位。

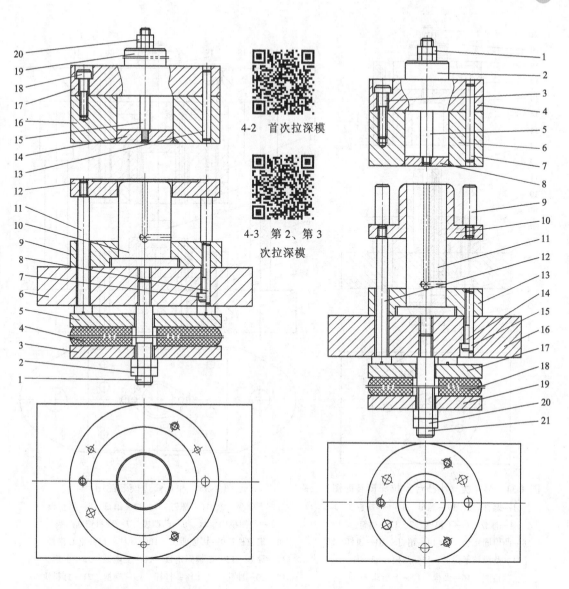

4-2　首次拉深模

4-3　第2、第3次拉深模

图 4-32　首次拉深模装配图
1—螺杆　2、20—螺母　3、5—托板　4—橡胶
6—下模座　7、18—螺钉　8、13—销钉　9—凸
模固定板　10—凸模　11—压料螺钉　12—压
料板　14—打料板　15—打杆　16—凹模
17—上模座　19—模柄

图 4-33　第2、第3次拉深模装配图
1、20—螺母　2—模柄　3、14—螺钉　4—上
模座　5—打杆　6—凹模　7、15—销钉　8—打
料板　9—限位柱　10—压边圈　11—凸模
12—压料螺钉　13—凸模固定板　16—下模座
17、19—托板　18—橡胶　21—螺杆

4.8.2　拉深模零件材料选用

拉深模的凸模和凹模在工作过程中主要承受静载荷和强烈的摩擦，要求模具材料有足够的强度、较高的耐磨性，以及高的抗黏着性能。表 4-30 列出了拉深模工作零件常用材料牌号及硬度要求。其他拉深模零件可参考表 2-57 冲裁模一般零件材料选用。

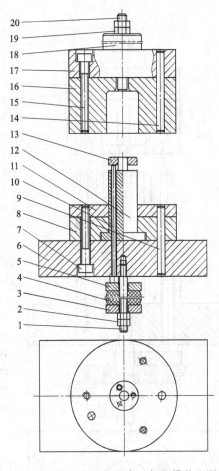

图 4-34　第 4 次（小凸台）拉深模装配图

1—螺杆　2、19—螺母　3、5—托板

4—橡胶　6—下模座　7、15—螺钉

8—凸模固定板　9、14—销钉　10—顶杆

11—凸缘整形模板　12—凸模　13—压

边圈　16—凹模　17—上模座

18—模柄　20—打杆

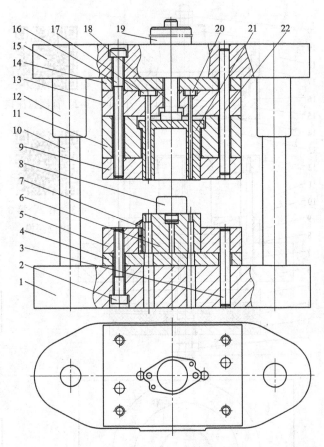

图 4-35　冲孔修边模装配图

1—下模座　2、16—螺钉　3、22—销钉　4—下垫板

5—凸凹模固定板　6—凸凹模　7—废料切断凸模

8—定位柱　9—切边凹模　10—导柱　11—空心垫板

12—导套　13—凸模固定板　14—上垫板　15—上模座

17、20—冲孔凸模　18—打杆　19—模柄　21—打料块

4-4　冲孔修边模

表 4-30　拉深模工作零件常用材料牌号及硬度要求

冲压件和冲压工艺情况	材　料	硬　度	
		凸模	凹模
一般拉深	T0A	56~60HRC	58~62HRC
形状复杂	Cr12、Cr12MoV	58~62HRC	60~64HRC
大批量	Cr12MoV、Cr4W2MoV	58~62HRC	60~64HRC
	YG10、YG15	≥86HRA	≥84HRA
	超细硬质合金	—	

（续）

冲压件和冲压工艺情况		材　料	硬　　度	
			凸模	凹模
变薄拉深		Cr12MoV	58~62HRC	—
		W8Cr4V、W6Mo5Cr4V2、Cr12MoV	—	60~64HRC
		YG10、YG15	≥86HRA	≥84HRA
加热拉深		5CrNiMo、5CrNiTi	52~56HRC	
		4Cr5MoSiV1	40~45HRC，表面渗碳≥900HV	
大型拉深	中小批量	HT250、HT300	170~260HBW	
		QT600-20	197~269HBW	
	大批量	镍铬铸铁	火焰淬硬 40~45HRC	
		钼铬铸铁、钼钒铸铁	火焰淬硬 50~55HRC	

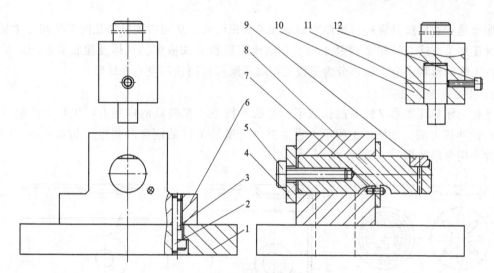

图 4-36　切口模装配图

1—下模座　2—销钉　3、5、12—螺钉　4—垫圈　6—下模固定座
7—定位钉　8—定位柱　9—下模镶块　10—模柄　11—上凸模

4-5　切口模

第5章   成形工艺与模具设计

成形工艺指采用各种局部变形的方法改变毛坯或半成品形状、尺寸的一种冲压工序。常见的成形工序有胀形、翻边、缩口、校平与整形等。

5.1   胀形工艺与模具设计

5.1.1   胀形概述

胀形是指利用模具强迫材料厚度减薄和表面积增大，从而得到所需几何形状和尺寸制件的冷冲压加工方法。按胀形模具来分，有刚模胀形和借助液体、气体及橡胶成形的软模胀形；按工件的形状来分，胀形分为平板毛坯局部胀形和圆柱形空心毛坯胀形。

1. 平板毛坯局部胀形

平板毛坯局部胀形又称为起伏成形，是指平板毛坯在模具的作用下产生局部凸起（或凹下）的冲压方法，如图5-1所示。它主要用于增加工件的刚度和强度，如加强筋、凸包等，常采用金属冲模。

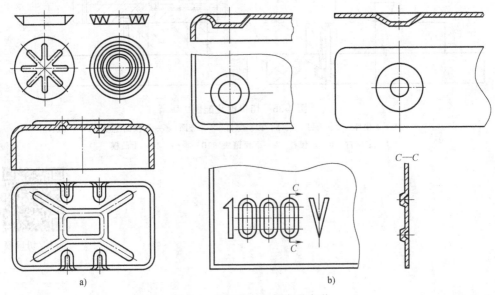

图 5-1   平板毛坯局部胀形成形
a) 加强筋   b) 凸包

2. 圆柱形空心毛坯胀形

圆柱形空心毛坯胀形是将空心件或管状坯料沿径向向外扩张，胀出所需凸起曲面的一种冲压加工方法，用这种方法可制造高压气瓶、波纹管、自行车三通接头以及火箭发动机等产品上的一些异形空心件。

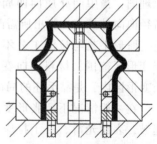

根据所用模具的不同可将圆柱形空心毛坯胀形分成刚性凸模胀形（见图5-2）和软凸模胀形（见图5-3）。

（1）刚性凸模胀形

图5-2为刚性分瓣凸模胀形结构示意图。当锥形铁心块将分块凸模向四周胀开时，空心件或管状坯料沿径向向外扩张，胀出所需凸起曲面。分块凸模数目越多，所得到的工件精度越高，但也很难得到很高精度的制件。且由于模具结构复杂，制造成本高，胀形变形不均匀，不易胀出形状复杂的空心件，所以在生产中常用软凸模进行胀形。

图5-2　刚性凸模胀形

（2）软凸模胀形

图5-3为软凸模胀形的结构示意图，图5-3a是橡胶凸模胀形，图5-3b是倾注液体法胀形，图5-3c是充液橡胶囊法胀形。胀形时，毛坯放在凹槽内，利用介质传递压力，使毛坯直径胀大，最后贴靠凹模成形。

软凸模胀形的优点是传动力均匀、工艺过程简单、生产成本低、制件质量好，可加工大型零件。软凸模胀形使用的介质有橡胶、PVC塑胶、石蜡、高压液体和压缩空气等。

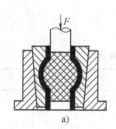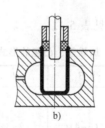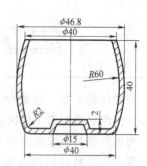

图5-3　软凸模胀形
a）橡胶凸模胀形　b）倾注液体法胀形　c）充液橡胶囊法胀形

5.1.2　案例分析——审图

工件名称：罩盖。
生产批量：中批量。
材料：10钢。
料厚：0.5mm。
工件简图：如图5-4所示。

5.1.3　胀形工艺性分析

1. 胀形成形过程

图5-5是平板毛坯局部胀形的原理图。当用球形凸模胀形平板毛坯时，毛坯被带有拉深肋的压边圈压死，变形区限制在凹模口以内。在凸模的作用下，变形区大部分材料受到双向拉应力作用（忽略板厚方向的应力），沿切向和径向产生伸长变形，使材料厚度变薄、表面

图5-4　罩盖胀形工件简图

积增大，形成一个凸起。图 5-2 和图 5-3 是空心件胀形的原理图，当中间介质向四周胀开时，空心件或管状坯料沿径向向外扩张，胀出所需凸起曲面。

胀形工艺与拉深工艺不同，毛坯的塑性变形区局限于变形区范围，材料不向变形区外转移，也不从外部进入变形区内，是靠毛坯的局部变薄来实现的。

在一般情况下，胀形变形区内的金属不会产生失稳起皱，表面光滑。由于拉应力在毛坯的内外表面分布较均匀，所以弹性恢复较小，工件形状容易固定，尺寸精度容易保证。

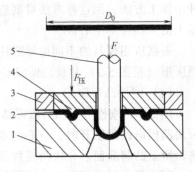

图 5-5 平板毛坯局部胀形原理图
1—凹模 2—毛坯 3—压边圈
4—拉深肋 5—凸模

2. 胀形的成形极限

胀形的成形极限是指制件在胀形时不产生破裂所能达到的最大变形。由于胀形方法、变形在毛坯变形区内的分布、模具结构、工件形状、润滑条件及材料性能的不同，各种胀形的成形极限表示方法也不相同：纯膨胀时常用胀形深度表示；管状毛坯胀形时常用胀形系数表示；其他胀形方法成形时分别用断面变形程度、许用凸包高度和极限胀形系数等表示。

3. 平面胀形工艺性要求

（1）加强筋

常见的加强筋、凸包形式和尺寸见表 5-1。

表 5-1 加强筋、凸包的形式和尺寸

名称	图例	R	h	D 或 B	r	$\alpha/(°)$
加强筋		$(3\sim4)t$	$(2\sim3)t$	$(7\sim10)t$	$(1\sim2)t$	—
凸包		—	$(1.5\sim2)t$	$3h$	$(0.5\sim1.5)t$	$15\sim30$

若加强筋不能一次成形，则应先压制成半球形过渡形状，然后再压出工件所需形状，如图 5-6 所示。

当加强筋与边缘距离小于 $(3\sim3.5)t$ 时，由于成形过程中边缘材料向内收缩，为不影响外形尺寸和美观，需加大制件外形尺寸，压出加强筋后增加切边工序。

（2）凸包

压凸包时，毛坯直径与凸模直径的比值应大于 4，此时凸缘部分不会向里收缩，属于起伏成形，否则便称为拉深。

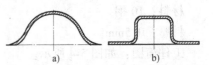

图 5-6 两道工序成形的加强肋
a）首次成形 b）最后成形

📖 **案例分析**

经分析罩盖制件侧壁是由无凸缘筒形件为毛坯胀形而成的，底部为起伏成形。

5.1.4　胀形工艺参数计算

1. 胀形前毛坯长度尺寸的计算

空心毛坯胀形时为了增加材料在圆周方向的变形程度，减小材料的变薄程度，毛坯两端一般不固定，使其自由收缩，因此毛坯长度 L_0 应比制件长度多出一定的收缩量。可按下式计算。

$$L_0 = L[1+(0.3 \sim 0.4)\delta_\theta] + \Delta h \tag{5-1}$$

$$\delta_\theta = \frac{d_{\max} - d_0}{d_0}$$

式中　L——制件母线长度（mm）；

　　　δ_θ——制件切向最大伸长率；

　　　Δh——修边余量，约 5~20mm。

案例胀形前毛坯长度 L_0 计算如下。

罩盖的厚度中间层母线长度 L 为一段圆弧（$R60$）的长，经计算机制图查询近似为 41mm。

$$\delta_\theta = \frac{d_{\max} - d_0}{d_0} = \frac{46.8 - 39}{39} = 0.2$$

Δh 取 5mm，则

$$L_0 = L(1 + 0.35\delta_\theta) + \Delta h$$
$$= 41 \times (1 + 0.35 \times 0.2) + 5 = 48.87 (\text{mm})$$

L_0 取整为 49mm，如图 5-7 所示。

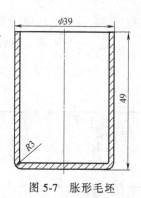

图 5-7　胀形毛坯

2. 胀形变形程度计算

（1）加强筋变形程度计算

起伏成形的极限变形程度主要受材料的塑性、凸模的几何形状和润滑等因素影响。

能够一次成形加强筋的条件为

$$\varepsilon = \frac{l - l_0}{l_0} \leqslant (0.7 \sim 0.75)A \tag{5-2}$$

式中　ε——许用断面变形程度；

　　　l_0——变形区横断面的原始长度（mm）；

　　　l——成形后加强筋断面的曲线轮廓长度（mm）；

　　　A——材料伸长率。

0.7~0.75 的取值视加强筋形状而定，半球形筋取上限值，梯形筋取下限值。

（2）凸包变形程度分析

表 5-2 给出了压凸包时凸包与凸包间、凸包与边缘间的极限尺寸以及许用成形高度。如果工件凸包高度超出表 5-2 中所列数值，则需采用多道工序压出凸包。

表 5-2　平板毛坯局部压凸包时的许用成形尺寸

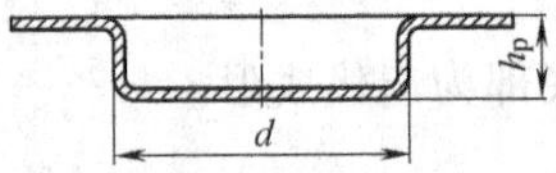

材料		软钢					铝			黄铜		
许用凸包成形高度 h_p		$\leq (0.15 \sim 0.2)d$					$\leq (0.1 \sim 0.15)d$			$\leq (0.15 \sim 0.22)d$		
D /mm	6.5	8.5	10.5	13	15	18	24	31	36	43	48	55
L /mm	10	13	15	18	22	26	34	44	51	60	68	78
l /mm	6	7.5	9	11	13	16	20	26	30	35	40	45

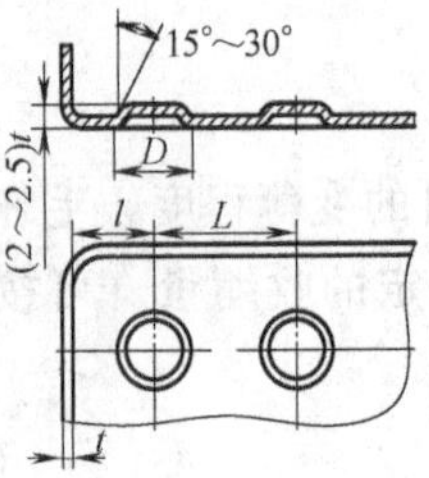

（3）空心毛坯胀形变形程度计算

空心毛坯胀形的变形程度用胀形系数 K 表示：

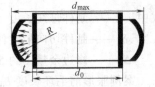

$$K = \frac{d_{max}}{d_0} \qquad\qquad (5\text{-}3)$$

图 5-8　胀形后制件最大直径

式中　d_0——毛坯原始直径（mm）；

　　d_{max}——胀形后制件的最大直径（mm），如图 5-8 所示。

表 5-3、表 5-4 是一些材料的极限胀形系数和极限变形程度的实验值，可供参考使用。

表 5-3　极限胀形系数和切向许用延伸率

材料	铝合金 2A21-0	纯铝			黄铜		低碳钢		不锈钢 06Cr18Ni11Ti	
		1070A、1060A（L1、L2）	1050A、1035（L3、L4）	1200、8A06（L5、L6）	H62	H68	08F	10、20		
厚度/mm	0.5	1.0	1.5	2.0	0.5~1.0	1.5~2.0	0.5	1.0	0.5	1.0
极限胀形系数 K_p	1.25	1.28	1.32	1.32	1.35	1.40	1.20	1.24	1.26	1.28
切向许用伸长率 δ_θ(%)	25	25	32	32	35	40	20	24	26	28

表 5-4　铝管毛坯的实验胀形系数

胀形方法	简单的橡皮胀形	带轴向压缩毛坯的橡皮胀形	局部加热到200~250℃的胀形	用锥形凸模加热到380℃的边缘胀形
极限胀形系数 K_p	1.20~1.25	1.60~1.70	2.00~2.10	3.00

🖥 案例分析

罩盖底部压凸包成形，由表 5-2 查得许用成形高度 $H = 0.15d = 2.25\text{mm}$，此值大于工件底部起伏成形的实际高度，所以可一次起伏成形。

罩盖侧壁胀形系数 $K = d_{max}/d_0 = 46.8/39 = 1.2$，由表 5-3 查得极限胀形系数为 1.24，因此该工件可一次胀形成形。

5.1.5　胀形力计算

1. 平板毛坯胀形力的计算

采用刚性凸模对平板毛坯进行胀形时的变形力 F 按下式计算

$$F = KLtR_m \tag{5-4}$$

式中　F——变形力（N）；

K——系数，等于 $0.7\sim1$（加强筋形状窄而深时取大值，宽而浅时取小值）；

L——加强筋的周长（mm）；

t——料厚（mm）；

R_m——材料的抗拉强度（MPa）。

在曲柄压力机上用薄料（$t<1.5$mm）对小制件（面积小于 2000mm^2）起伏成形时，变形力按下式计算

$$F = KAt^2 \tag{5-5}$$

式中　K——系数，钢件取 $200\sim300$，铜件和铝件取 $150\sim200$；

A——成形区的面积（mm^2）。

2. 空心毛坯胀形力的计算

软模胀形圆柱形空心件时，所需的单位压力 p 分下面两种情况进行计算。

两端不固定，允许毛坯轴向自由收缩时

$$p = \frac{2t}{d_{max}} R_m \tag{5-6}$$

两端固定，毛坯不能收缩时

$$p = 2R_m \left[\frac{t}{d_{max}} + \frac{t}{2R} \right] \tag{5-7}$$

📺 案例分析

罩盖底部压凸包成形力 $F_1 = KAt^2 = 250 \times \dfrac{\pi}{4} \times 15^2 \times 0.5^2 = 11039$（N）

罩盖侧壁采用两端不固定的空心圆柱软模胀形而成。由附录 B 可查得，罩盖材料 10 号钢的抗拉强度 $R_m = 430$MPa，由式（5-6）得，软模成形单位压力 $p \approx 9.2$MPa，则侧壁的胀形力 $F_2 = Sp = \pi \times 46.8 \times 40 \times 9.2 = 54078$（N）。

因此该制件所需的总胀形力 $F_{胀} = F_1 + F_2 = 11039 + 54078 = 65.117$（kN）

5.1.6　胀形模结构设计

罩盖胀形模采用聚氨酯橡胶进行软模胀形，为便于取出成形后工件，将凹模分为上、下两部分，上、下模用止口定位，单边间隙取 0.05mm。

侧壁靠橡胶胀开成形，底部靠压包凸、凹模成形，凹模上、下两部分在模具闭合时靠弹簧压紧。罩壳胀形模如图 5-9 所示。

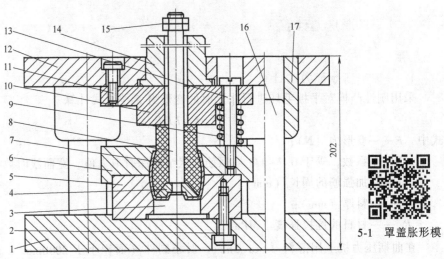

图 5-9　罩盖胀形模装配图

1—下模座　2、11—螺栓　3—压包凸模　4—压包凹模　5—胀形下模　6—胀形上模　7—聚氨酯橡胶　8—打杆
9—弹簧　10—上固定板　12—上模座　13—卸料螺钉　14—模柄　15—拉杆螺母　16—导柱　17—导套

5.2　翻边成形工艺与模具设计

5.2.1　翻边成形概述

翻边是指利用模具将工件上的孔边缘或外边缘翻成竖立的直边的冲压工序。

根据工件边缘形状的应变状态不同，翻边工件可分为内孔翻边和外缘翻边；根据竖边壁厚的变化情况，可分为不变薄翻边和变薄翻边；外缘翻边又可分为外凸外缘翻边和内凹外缘翻边，如图 5-10 所示。

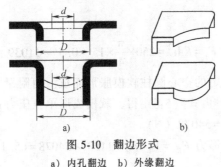

图 5-10　翻边形式
a）内孔翻边　b）外缘翻边

5.2.2　案例分析——审图

（1）固定套

生产批量：中批量。

材料：08 钢。

料厚：1mm。

工件简图：如图 5-11 所示。

（2）防尘盖

生产批量：大批量。

材料：10 钢。

料厚：0.3mm。

工件简图：如图 5-12 所示。

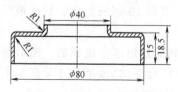

图 5-11　固定套工件简图

图 5-12　防尘盖工件简图

（3）基座片

生产批量：大批量。

材料：12Cr18Ni9。

料厚：0.3mm。

工件简图：如图 5-13 所示。

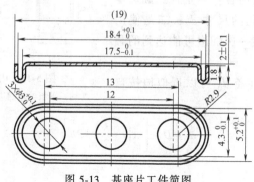

图 5-13　基座片工件简图

5.2.3　翻边工艺性分析

（1）内孔翻边

内孔翻边的主要变形是坯料受切向和径向拉伸，越接近预冲孔边缘变形越大，因此，内孔翻边的损伤往往是边缘拉裂，而拉裂与否主要取决于拉伸变形的大小。

（2）外缘翻边

外凸的外缘翻边，其变形性质、变形区应力状态与不用压边圈的浅拉深一样，如图 5-14a 所示。变形区主要为切向压应力，变形过程中材料易起皱。内凹的外缘翻边，其特点近似于内孔翻边，如图 5-14b 所示，变形区主要为切向拉伸变形，变形过程中材料易边缘开裂。

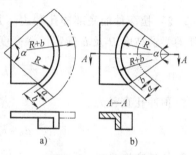

图 5-14　外缘翻边

a）外凸外缘翻边　b）内凹外缘翻边

从变形性质来看，复杂形状零件的外缘翻边是弯曲、拉深、内孔翻边等的组合。

案例分析

1）固定套工艺性分析。由工件简图可知，$\phi40$ 处由内孔翻边成形，$\phi80$ 是圆筒形拉深件。材料 08 钢为极软的碳素钢，强度、硬度很低，而韧性和塑性极高，具有良好的拉深、弯曲等冷冲压成形性能。生产批量为中批量，可采用单工序或复合工序进行冲压。

2）防尘盖工艺性分析。该工件是轴对称工件，$\phi83.4$ 孔为翻边成形，$\phi98.9$ 的尺寸可以落料成形，制件上 $\phi87.7$ 的形状可由平面胀形而成。材料 10 钢的塑性、韧性很好，易于冷加工成形。

3）基座片工艺性分析。该工件是由两个半圆和中间的矩形部分组成的，圆形部分是拉深，中间矩形部分近似于弯曲。工件形状简单对称，材料 12Cr18Ni9 适宜于冲压加工，精度要求一般，但工艺较复杂，生产批量大。

5.2.4 翻边工艺参数计算

1. 圆孔翻边展开尺寸计算

1）平板毛坯内孔翻边。在平板毛坯内孔翻边工艺计算中有两方面的内容：一是根据翻边零件的尺寸计算毛坯预冲孔的尺寸 d_0；二是使用允许的极限翻边系数校核一次翻边可能达到的翻边高度 H（见图 5-15a）。

内孔的翻边预冲孔直径 d_0 可以近似地按弯曲展开计算。

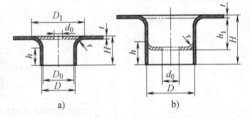

图 5-15 内孔翻边尺寸计算

a）平板毛坯翻边 b）拉深件底部翻边

$$d_0 = D_1 - \left[\pi \left(r + \frac{t}{2} \right) + 2h \right] \tag{5-8}$$

内孔的翻边高度为

$$H = \frac{D - d_0}{2} + 0.43r + 0.72t \tag{5-9}$$

内孔的翻边极限高度为

$$H_{\max} = \frac{D}{2} (1 - K_{0\min}) + 0.43r + 0.72t \tag{5-10}$$

2）拉深件的底部冲孔翻边。其工艺计算过程是，先计算允许的翻边高度 h，然后按零件的要求高度 H 及 h 确定拉深高度 h_1 及预冲孔直径 d_0。允许的翻边高度为

$$h = \frac{D}{2} (1 - K_0) + 0.57 \left(r + \frac{t}{2} \right) \tag{5-11}$$

预冲孔直径为

$$d_0 = K_0 D \text{ 或 } d_0 = D + 1.14 \left(r + \frac{t}{2} \right) - 2h \tag{5-12}$$

拉深高度为

$$h_1 = H - h + r \tag{5-13}$$

案例分析

（1）固定套预冲孔直径计算

翻边前为 $\phi80$mm、高 15mm 的无凸缘圆筒形工件，如图
5-16 所示。

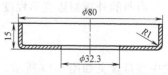

图 5-16　固定套翻边前工序件

$D = 39$mm，$H = 4.5$mm。

$D_1 = D + 2r + t = 39 + 2 \times 1 + 1 = 42$（mm）

$h = H - r - t = 4.5 - 1 - 1 = 2.5$（mm）

$$d_0 = D_1 - \left[\left(r + \frac{t}{2}\right)\pi + 2h\right] = 42 - \left[\left(1 + \frac{1}{2}\right)\pi + 2 \times 2.5\right] = 32.3\,(\text{mm})$$

（2）防尘盖预冲孔直径 d_0 计算

取 $r = 0.5$mm；$D = 87.7 + 0.3 = 888$（mm）；$H = 3.5$mm。

则 $d_0 = D - 2(H - 0.43r - 0.72t) = 88 - 2 \times (3.5 - 0.43 \times 0.5 - 0.72 \times 0.3) = 81.55\,(\text{mm})$

2. 翻边变形程度计算

（1）圆孔翻边变形程度计算

内孔翻边的变形程度用翻边系数 K 表示。

$$K = \frac{d_0}{D} \tag{5-14}$$

即翻边前预冲孔的直径 d_0 与翻边后平均直径 D 的比值。K 值越小，则变形程度越大。圆孔
翻边时孔边不破裂所能达到的最小翻边系数称为极限翻边系数（K_{min}）。K 可从表 5-5 中
查得。

表 5-5　各种材料的翻边系数

经退火的毛坯材料		翻 边 系 数		经退火的毛坯材料		翻 边 系 数	
		K	K_{min}			K	K_{min}
镀锌钢板（白铁皮）		0.70	0.65		TA1（冷态）	0.64~0.68	0.55
软钢	$t = 0.25~2.0$mm	0.72	0.68	钛合金	TA1（加热 300~400℃）	0.40~0.50	—
	$t = 3.0~6.0$mm	0.78	0.75		TA5（冷态）	0.85~0.90	0.75
黄铜 $t = 0.5~6.0$mm		0.68	0.62		TA5（加热 300~400℃）	0.70~0.65	0.55
铝 $t = 0.5~5.0$mm		0.70	0.64	不锈钢、高温合金		0.69~0.65	0.61~0.57
硬铝合金		0.89	0.80				

注：采用表中的 K_{min} 值，翻边后口部边缘会出现小的裂纹。

（2）非圆孔翻边变形程度计算

非圆孔翻边的变形性质比较复杂，它包括有圆孔翻边、弯曲、拉深等方式的变形性质。
对于非圆孔翻边的预冲孔，可以分别按翻边、弯曲、拉深展开，然后用作图法把各展开线光
滑连接。

在非圆孔翻边中。由于变形性质不相同（应力应变状态不同）的各部分相互毗邻，对翻
边和拉深均有利，因此翻边系数可取圆孔翻边系数的 85%~95%。

（3）外缘翻边变形程度计算

外凸的外缘翻边变形程度 E_p 的计算式为

$$E_p = \frac{b}{R+b} \tag{5-15}$$

内凹的外缘翻边变形程度 E_d 的计算式为

$$E_d = \frac{b}{R-b} \tag{5-16}$$

式中变量含义如图5-14所示。

外缘翻边的极限变形程度可参考表5-6。

表5-6 外缘翻边的极限变形程度

材料名称及牌号		$E_p(\%)$		$E_d(\%)$	
		橡胶成形	模具成形	橡胶成形	模具成形
铝合金	1035(软)(L4M)	25	30	6	40
	1035(硬)(L4Y1)	5	8	3	12
	3A21(软)(LF21M)	23	30	6	40
	3A21(硬)(LF21Y1)	5	8	3	12
	5A02(软)(LF2 M)	20	25	6	35
	5A03(硬)(LF3Y1)	5	8	3	12
	2A12(软)(LF12 M)	14	20	6	30
	2A12(硬)(LF12Y)	6	8	0.5	9
	2A11(软)(LF11M)	14	20	4	30
	2A11(硬)(LF11Y)	5	6	0	0
黄铜	H62(软)	30	40	8	45
	H62(半硬)	10	14	4	16
	H68(软)	35	45	8	55
	H68(半硬)	10	14	4	16
钢	10	—	38	—	10
	20	—	22	—	10
不锈钢	12Cr18Ni9(软)(建筑装饰用)	—	15	—	10
	12Cr18Ni9(硬)(建筑装饰用)	—	40	—	10

案例分析

1) 固定套翻边系数计算:

$$K = \frac{d_0}{D} = \frac{32.3}{39} = 0.838$$

由表5-5可查得低碳钢的极限翻边系数为0.65,小于所需的翻边系数,所以该零件可一次翻边成形。

2) 防尘盖翻边系数计算:

$$K = \frac{d_0}{D} = \frac{81.86}{88} = 0.93$$

由表5-5可查得低碳钢的极限翻边系数为0.65,小于所需的翻边系数,所以该零件可一次翻边成形。

3）基座片翻边成形程度计算：

如图 5-17 所示，该制件属外凸的外缘翻边。

已知 $b=1.45\text{mm}$，$R=2.75\text{mm}$，则

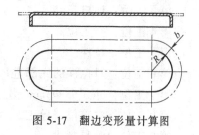

$$E_{\text{p}} = \frac{b}{R+b} = \frac{1.45}{2.75+1.45} = 0.35$$

图 5-17　翻边变形量计算图

由表 5-6 查得 $E_{\text{p}} = 0.38$，因此可翻边成形。

5.2.5　案例分析——冲压成形工艺方案制订

（1）固定套工艺性分析

由图 5-11 可知，$\Phi 40$ 处由内孔翻边成形，$\Phi 80$ 是圆筒形拉深件，可一次拉深成形。其工序可安排为落料→拉深→预冲孔→翻边。

（2）防尘盖工艺性分析

由图 5-12 可知，该工件需内孔翻边和平面胀形，一般冲制此类工件采用落料、冲孔和翻边及平面胀形工序完成。这种工艺过程存在以下两个主要问题。

1）落料在平面胀形之前，直径为 98.9mm 的凸缘容易在浅拉深处变得周边不齐。

2）在落料的后续工序中，操作者的手需要进入模具内，不安全。

因为该工件是轴对称工件，材料厚度仅为 0.3mm，冲裁性能较好。为减少工序数，可采用复合模一次压制成形：首先进行冲孔，再翻边及平面胀形，最后落料。采用这种方法加工的工件外观平整、毛刺小，产品质量较高，而且大大提高了生产率，同时解决了操作的安全问题。

（3）基座片工艺性分析

由图 5-13 可知，该工件是由两个半圆和中间的矩形部分组成的，圆形部分是拉深，中间矩形部分近似于弯曲。工件形状简单对称，材料适宜于冲压加工，精度要求一般，但工艺较复杂，生产批量大，适合用级进模制造。

基座片的冲压工序主要有冲孔、拉深、翻边、整形、落料等工序。排样图如图 5-18 所示。共分 9 个工位，分别如下。

第 1 工位：侧刃定距。

第 2 工位：冲两个切口用工艺孔，直径 2mm。

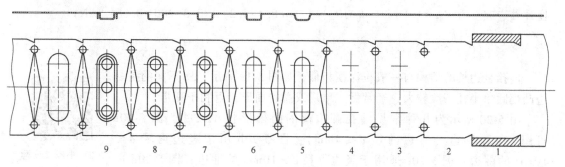

图 5-18　排样图

第3工位：切口。

第4工位：空工位。

第5工位：拉深。

第6工位：对拉深的底部进行整形。

第7工位：冲3个 Φ3mm 孔。

第8工位：空工位，导正。

第9工位：落料翻边。

材料选用条料，自动送料，侧刃定距。由于该工件是拉深件，所以无须多设导正销，仅在第8工位设置1个导正销。

第3工位采用对矩形工件较为适宜的斜刃切口。

因拉深工序中所成形的圆角均不能满足零件要求，所以在第6工位设置圆角整形工序。

第9工位是复合工序，其中包含了落料、翻边两道工序。工件脱离条料，并随条料从凹模侧面滑出。

5.2.6　翻边力计算

翻边力一般不大，计算公式为

$$F_{翻} = 1.1\pi(D-d_0)tR_{eL}(N) \tag{5-17}$$

式中　R_{eL}——材料的屈服强度。其余均与前面公式相同。

📖 案例分析

（1）固定套翻边力计算

由附录 B 查得，固定套材料 08 钢的屈服强度 $R_{eL} = 200$MPa。按式（5-17）得，固定套翻边力 $F_{翻} = 1.1\pi(D-d_0)tR_{eL} = 1.1\times(39-32.3)\pi\times1\times200 = 4.628(kN)$

（2）防尘盖翻边力计算

由附录 B 查得，防尘盖材料 10 钢的屈服强度 $R_{eL} = 210$MPa。按式（5-17）得，防尘罩翻边成形力 $F_{翻} = 1.1\pi(D-d_0)tR_{eL} = 1.1\times\pi\times0.3\times210\times(88-81.55) = 1.404$（kN）。

（3）基座片翻边力计算

由附录 B 查得，基座片材料 12Cr18Ni9 的屈服强度 $R_{eL} = 200$MPa。按式（5-17）得，基座片翻边成形力 $F_{翻} = 1.1\pi(D-d_0)tR_{eL} = 1.1\times(8.4-5.2)\pi\times0.3\times200 = 0.664$（kN）。

5.2.7　翻边模结构设计

内孔翻边模的结构与一般拉深模相似，如图 5-19 所示，所不同的是翻边凸模圆角半径一般较大，经常做成球形或抛物面形，以利于变形。

图 5-20 所示为几种常见圆孔翻边模的凸模形状和尺寸，图 5-20a 可用于小孔翻边（竖边内径 $d \leqslant 4$mm）；图 5-20b 用于竖边内径 $d \leqslant 10$mm 的翻边；图 5-20c 适用于竖直直径 $d \geqslant 10$mm 的翻边；图 5-20d 可对不用定位销的任意孔翻边。对于平底凸模一般取 $r_凸 \geqslant 4t$。

5-2　小螺纹变薄翻边模具参数

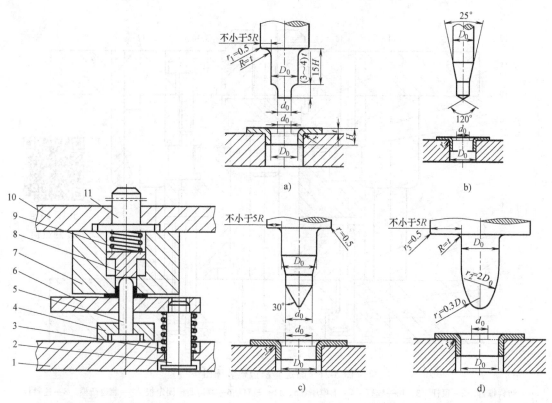

图 5-19 翻边模结构

图 5-20 翻边凸模结构形式

1—下模座 2—螺钉 3、9—弹簧 4—凸模
固定板 5—凸模 6—卸料板 7—凹模
8—推件器 10—上模座 11—模柄

案例分析

（1）固定套翻边模结构设计

为便于工件定位，翻边模采用倒装结构，使用大圆角圆柱形翻边凸模，工件孔套在定位销上定位，靠标准弹顶器压边，采用打料杆打下工件，选用后侧滑动导柱、导套模架。翻边模如图 5-21 所示。

（2）防尘盖成形模具总体结构设计

为减少工序数，可采用复合模一次压制成形：首先进行冲孔，再翻边及平面胀形，最后落料。采用该成形方案设计的模具总体结构如图 5-22 所示。

（3）基座片成形级进模结构设计

取冲裁间隙为 $0.09t$，因间隙较小，故对模具的精度要求较高，所以选用对角滚珠导柱钢板模架。

第 1 工位的侧刃定距冲裁，侧刃宽度为 1.25mm；侧刃长度为 14.05mm，比步距大 0.05mm，给导正销精确定位留有导正余量。

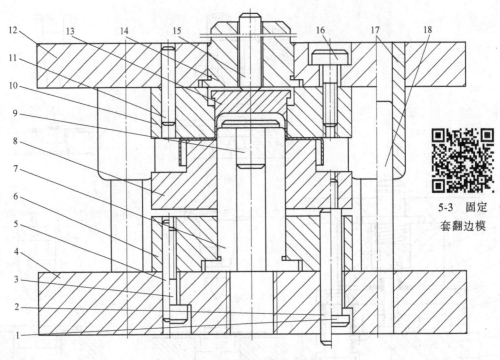

图 5-21　固定套翻边模装配图

1—卸料螺钉　2—顶杆　3、16—螺钉　4—下模座　5、11—销钉　6—翻边凸模固定板　7—翻边凸模　8—托料板
9—定位钉　10—翻边凹模　12—上模座　13—打件器　14—模柄　15—打料杆　17—导套　18—导柱

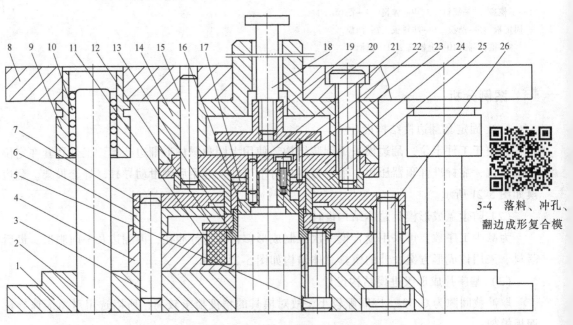

图 5-22　落料、冲孔、翻边成形复合模装配图

1—下模座　2—导柱　3、15、21—销钉　4—固定板　5、20、22、26—螺钉　6—落料凹模　7—定位拉料板
8—上模座　9—导套　10—滚珠　11—橡胶　12—成形凹模　13—冲孔、翻边凸凹模　14—模柄　16—冲孔凸模
17—卸料环　18—打料杆　19—打料板　23—打料销　24—接板　25—翻边、成形、落料凸凹模

第9工位是落料与翻边工序。上模是落料、翻边凸模，外圈是落料凸模，内圈是翻边凸模，用卡块与凸模固定板固定。下模由凹模板、翻边凹模和顶件块组成。

基座片级进模的总体结构如图5-23所示。

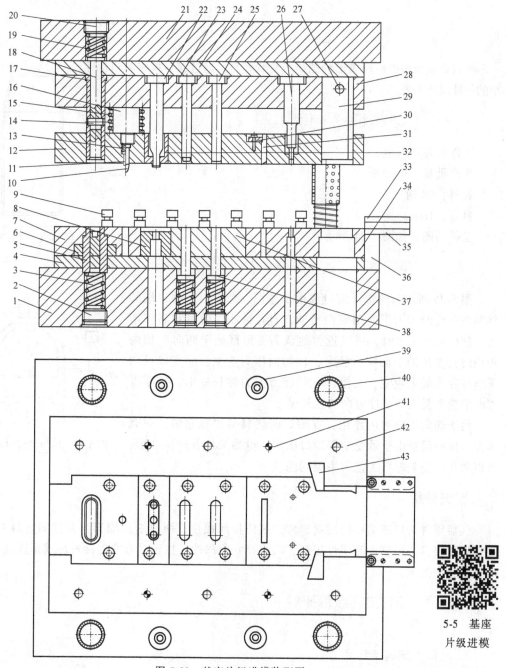

图 5-23　基座片级进模装配图

1—下模座　2、20—螺塞　3、13、15、19—弹簧　4—下垫板　5—顶件块　6—翻边凹模　7、8、34、36、37—凹模镶块　9—导料浮升销　10—导正销　11—推杆　12—卸料板　14、27、41—销钉　16—卸料螺栓　17—落料翻边凸凹模　18—压料杆　21—上模座　22—冲孔凸模　23—整形凸模　24—上垫板　25—拉深凸模　26—冲工艺孔凸模　28—凸模固定板　29—侧刃　30—压板　31—切口凸模　32—压料镶块　33—导料板　35—承料板　38—顶杆　39—下限位柱　40—滚动外导柱　42—螺栓　43—侧刃挡块

5.3 缩口成形工艺与模具设计

5.3.1 缩口成形概述

缩口是指将预先拉深成形的圆筒或管状坯料,通过缩口模将其口部缩小的一种成形工艺。

5.3.2 案例分析——审图

工件名称:气瓶。

生产批量:中批量。

材料:08 钢。

料厚:1mm。

工件简图:如图 5-24 所示。

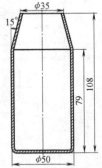

图 5-24 气瓶零件图

5.3.3 缩口成形工艺性分析

图 5-25 所示为筒形件缩口成形示意图。缩口时,缩口端的材料在凹模的压力下向凹模内滑动,直径减小,壁厚和高度增加。制件壁厚不大时,可以近似地认为变形区处于两向(切向和径向)受压的平面应力状态,以切向压力为主。应变以径向压缩应变为最大应变,而厚度和长度方向为伸长变形,且厚度方向的变形量大于长度方向的变形量。

由于切向压应力的作用,在缩口时坯料易失稳起皱,同时非变形区的筒壁由于承受全部缩口压力,也易失稳并产生变形,所以防止失稳是缩口工艺的主要问题。

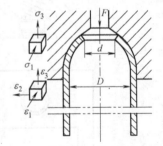

图 5-25 筒形件缩口成形

💻 **案例分析**

气瓶零件为口部缩小的圆筒形件,瓶体拉深成形,瓶口缩口成形。制件的材料 08 钢强度、硬度很低,但韧性和塑性很高,具有良好的深冲、拉延、弯曲等冷冲压成形性能。其生产批量为中批量。

5.3.4 缩口工艺参数计算

1. 缩口毛坯高度计算

如图 5-26 所示,缩口后,工件高度发生变化,缩口毛坯高度按下式计算。

图 5-26a 中:

$$H = 1.05\left[h_1 + \frac{D^2 - d^2}{8D\sin\alpha}\left(1 + \sqrt{\frac{D}{d}}\right) \right]$$

(5-18)

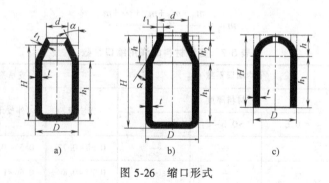

图 5-26 缩口形式

图 5-26b 中：

$$H = 1.05\left[h_1 + h\sqrt{\frac{d}{D}} + \frac{D^2 - d^2}{8D\sin\alpha}\left(1 + \sqrt{\frac{D}{d}}\right)\right] \tag{5-19}$$

图 5-26c 中：

$$H = h_1 + \frac{1}{4}\left(1 + \sqrt{\frac{D}{d}}\right)\sqrt{D^2 - d^2} \tag{5-20}$$

🖥 案例分析

由图 5-24 可知，$h_1 = 79\text{mm}$，则毛坯高度为

$$H = 1.05\left[h_1 + \frac{D^2 - d^2}{8D\sin\alpha}\left(1 + \sqrt{\frac{D}{d}}\right)\right] = 1.05 \times \left[79 + \frac{50^2 - 35^2}{8 \times 50 \times \sin 15°} \times \left(1 + \sqrt{\frac{50}{35}}\right)\right]$$

$$= 111.3(\text{mm})$$

取 $H = 111.3\text{mm}$，缩口前毛坯如图 5-27 所示。

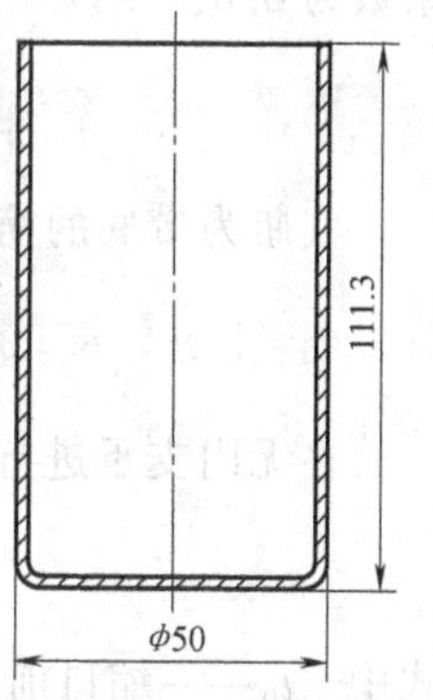

2. 缩口变形程度

缩口的极限变形程度主要受失稳条件的限制，缩口变形程度用总缩口系数 m_s 表示。

$$m_s = \frac{d}{D} \tag{5-21}$$

式中　　m_s——总缩口系数；

　　　　d——缩口后直径（mm）；

　　　　D——缩口前直径（mm）。

缩口系数的大小与材料的力学性能、料厚、模具形式与表面质量、制件缩口端边缘情况及润滑条件等有关。表 5-7 所示为各种材料的许用缩口系数。

当工件需要进行多次缩口时，其各次缩口系数的计算为

首次缩口系数　　　　　　　　$m_1 = 0.9m_{均}$ $\tag{5-22}$

以后各次缩口系数　　　　　　$m_n = (1.05 \sim 1.10)m_{均}$ $\tag{5-23}$

式中　　$m_{均}$——平均缩口系数。

图 5-27 缩口前毛坯

（111.3, φ50）

$$m_{均} = \frac{m_1 + m_2 + m_3 + \cdots + m_n}{n} \tag{5-24}$$

表 5-7　各种材料的许用缩口系数

材　　料	平均缩口系数 $m_{均}$			支承形式		
	材料厚度			无支承	外支承	内外支承
	≤0.5	>0.5~1	>1			
铝	—	—	—	0.68~0.72	0.53~0.57	0.27~0.32
硬铝(退火)	—	—	—	0.73~0.80	0.60~0.63	0.35~0.40
硬铝(淬火)	—	—	—	0.75~0.80	0.63~0.72	0.40~0.43
软钢	0.85	0.75	0.7~0.65	0.70~0.75	0.55~0.60	0.30~0.35

📖 案例分析

由图 5-24 可知，$d = 35\text{mm}$，$D = 49\text{mm}$（气瓶缩口前直径 D 计算时应为中径，料厚为 1mm，因此 $D = 50 - 0.5 \times 2 = 49$（mm）），则缩口系数 $m = d/D = 35 \div 49 = 0.71$。

因为该工件为有底缩口件，所以只能采用外支承方式的缩口模具，查表 5-7 得许用缩口系数为 0.6，则该工件采用一次缩口成形。

5.3.5　案例分析——成形工序安排

气瓶为带底的筒形缩口工件，可采用拉深工艺制成圆筒形件，再进行缩口成形。

5.3.6　缩口力计算

在无内支承进行缩口时，缩口力 F 可用下式进行计算

$$F = k\left[1.1\pi D t_0 R_m \left(1 - \frac{d}{D}\right)(1 + \mu\cot\alpha)\frac{1}{\cos\alpha} \right] \tag{5-25}$$

式中　t_0——缩口前料厚（mm）；

D——缩口前直径（mm）；

d——工件缩口部分直径（mm）；

μ——工件与凹模间的摩擦系数；

R_m——材料抗拉强度；

α——凹模圆锥半角；

k——速度系数，用普通冲床时，$k = 1.15$。

📖 案例分析

由附录 B 可查得，$R_m = 430\text{MPa}$，凹模与工件的摩擦系数 $\mu = 0.1$，根据图 5-24，缩口力 F 为

$$F = k\left[1.1\pi D t_0 R_m \left(1 - \frac{d}{D}\right)(1 + \mu\cot\alpha)\frac{1}{\cos\alpha} \right] = 1.15 \times \left[1.1 \times \pi \times 49 \times 1 \times 430 \times \left(1 - \frac{35}{49}\right) \times (1 + 0.1 \times \cot 15°) \times \frac{1}{\cos 15°} \right]$$

$$= 25.418(\text{kN})$$

5.3.7　缩口模结构设计

常见的缩口模结构如图 5-28 所示。

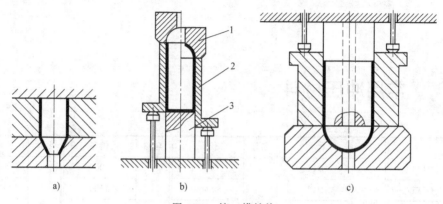

图 5-28　缩口模结构
a）无支承缩口成形　　b）外支承缩口成形　　c）内支承缩口成形
1—凹模　2—外支承　3—下支承

📖 案例分析

缩口模采用外支承式一次成形，缩口凹模的半锥角 α 在缩口成形中起着重要作用，一般使 $\alpha < 45°$，最好使 α 在 30°以内，当 α 较为合理时，允许的极限缩口系数 m 可比平均缩口系数 $m_{均}$ 小 10%～15%。缩口凹模的工作表面粗糙度为 $R = 0.4\mu m$，采用后侧导柱、导套模架，导柱、导套加长为 210mm。因模具闭合高度为 275mm，故选用 400kN 开式可倾式压力机。缩口模结构如图 5-29 所示。

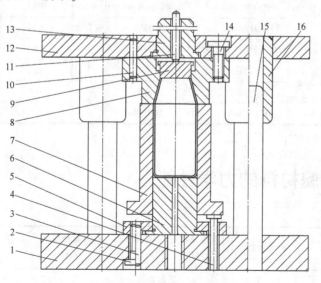

图 5-29　气瓶缩口模装配图
1—下模座　2、14—螺栓　3、10—销钉　4—顶杆　5—下固定板　6—垫板　7—外支撑套
8—凹模　9—口型凸模　11—打料杆　12—上模座　13—模柄　15—导柱　16—导套

附　录

附录 A　常用冲压材料

名称	代号	名称	代号	名称	代号	名称	代号	名称	代号
普通碳素结构钢	Q195	电工硅钢	D11	弹簧钢	85	铝及铝合金	1060	铜及铜合金	T1
	Q215		D12		65Mn		1100		T2
	Q235		D21		60Si2Mn		1200		H62
优质碳素结构钢	05F		D31		50CrV		2036		H68
	08		D32	轴承钢	GCr6		3003		HPb59-1
	08F	电工纯铁	DT1		GCr9		3004		QSn4-3
	10		DT2		GCr15		3105		TU2
	10F		DT3	锰钢	10Mn2		5005	非金属材料	皮革
	15F		DT4	合金工具钢	Cr06		5A03		云母
	20F		1Cr13		Cr12MoV		5182		胶合板
	25		2Cr13		3Cr2W8V		6009		纸板
碳素工具钢	T7A	不锈钢	Cr17	高速工具钢	W18Cr4V		6010		塑料
	T8A		06Cr19Ni10		W6Mo5Cr4V2	钛合金	TA2		石棉
	T9A		12Cr18Ni9	低合金结构钢	Q295		TA3		纸
	T10A		022Cr17Ni12Mo2		Q345		TA5		纺织品
	T12A	合金结构钢	12CrNi3	镍	N2	银	Ag2		有机玻璃
镁合金	MB8		20Mn2		N6	钨	W1		橡胶板
白铜	B19		40CrNiMoA	钼	Mo1、Mo2		W2		毛毡

附录 B　金属材料的力学性能

类别	牌号	材料状态	抗拉强度 R_m/MPa	屈服强度 R_{eL}/MPa	抗剪强度 τ_b/MPa	伸长率（%）	弹性模量 E/MPa
黑色金属							
碳素结构钢	Q195	未退火	315~390	195	260~320	28~33	2.12×10^5
	Q215		335~410	215	270~340	26~31	2.12×10^5

（续）

类别	牌号	材料状态	抗拉强度 R_m/MPa	屈服强度 R_{eL}/MPa	抗剪强度 τ_b /MPa	伸长率（%）	弹性模量 E/MPa
黑色金属							
碳素结构钢	Q235	未退火	375~460	235	310~380	21~25	$2.1×10^5$
	Q255		410~510	255	340~420	19~23	$2.1×10^5$
	Q275		490~610	275	400~500	15~19	$2.1×10^5$
优质碳素结构钢	05F	已退火	260~380	160	210~300	32	$(2.0~2.1)×10^5$
	08Al		260~350	200	260~360	44	$2.14×10^5$
	08F		280~390	180	220~310	32	$2.19×10^5$
	08		280~420	200	260~360	32	$2.03×10^5$
	10F		280~420	190	220~340	30	$1.9×10^5$
	10		300~440		220~340	30	$1.98×10^5$
	15F		320~460		250~370	28	$2.12×10^5$
	15		340~480	230	270~380	26	$2.02×10^5$
	20F		340~480	230	280~390	26	$2.11×10^5$
	20		360~510	250	280~400	25	$2.1×10^5$
	25		400~550	280	320~440	24	$2.02×10^5$
	30		450~600	300	360~480	22	$2.01×10^5$
	35		500~650	320	400~520	20	$2.01×10^5$
	45		550~700	360	440~560	16	$2.04×10^5$
	50		550~730	380	440~580	14	$2.2×10^5$
电工硅钢	D11,D12,D13	已退火	230	—	190	26	$(1.95~2.0)×10^5$
	D31,D32		230	—	190	26	
	D41~D48		650		560	—	
不锈钢	1Cr13	已退火	400~470	—	320~380	21	$2.1×10^5$
	2Cr13		400~500	—	320~400	20	$2.1×10^5$
	3Cr13		500~600	480	400~480	18	$2.1×10^5$
	4Cr13		500~600	500	400~480	15	$2.1×10^5$
	12Cr18Ni9	经热处理	580~640	200	460~520	35	$2×10^5$
有色金属							
铝	1070A	已退火	75~100	50~80	80	25	$0.72×10^5$
	1050A						
	1200	冷作硬化	120~150	120~240	100	4	
铝锰合金	3A21	已退火	100~145	50	70~100	19	$0.71×10^5$
		半冷作硬化	155~200	130	100~140	13	
铝镁合金 Al-Mg 系防锈铝	5A02	已退火	180~230	100	130~160	—	$0.7×10^5$
		半冷作硬化	230~280	210	160~200	—	

（续）

类别	牌号	材料状态	抗拉强度 R_m/MPa	屈服强度 R_{eL}/MPa	抗剪强度 τ_b /MPa	伸长率 （%）	弹性模量 E/MPa
有色金属							
高强度铝铜镁合金	7A04(LC4)	已退火	250	—	170	—	0.7×10^5
		淬硬并时效处理	500	460	350	—	
镁锰合金	MB1	已退火	170~190	98	120~240	3~5	0.438×10^5
	MB8	已退火	220~230	140	170~190	12~14	0.4×10^5
		冷作硬化	240~250	160	190~200	8~10	
纯铜	T1,T2,T3	软	200	70	160	30	1.08×10^5
		硬	300	380	240	3	1.3×10^5
硬铝 （杜拉铝）	2A12(LY12)	已退火	150~215	—	105~150	12	0.72×10^5
		淬硬并时效处理	400~440	368	280~310	15	
		淬硬并冷作硬化	400~460	340	280~320	10	
镁锰合金	MB1	已退火	170~190	98	120~240	3~5	0.72×10^5
	MB8	已退火	220~230	140	170~190	12~14	
		冷作硬化	240~250	160	190~200	8~10	
黄铜	H62	软	300	380	260	35	1×10^5
		半硬	380	200	300	20	
		硬	420	480	420	10	
	H68	软	300	100	240	40	1.1×10^5
		半硬	350	—	280	25	
		硬	400	250	400	15	1.15×10^5
铅黄铜	HPb59-1	软	350	145	300	25	0.93×10^5
		硬	450	420	400	5	1.05×10^5
锰黄铜	HMn58-2	软	390	170	340	25	1×10^5
		半硬	450		400	15	
		硬	600		520	5	
锡青铜	QSn6.5~2.5 QSn4-3	软	300	140	260	38	1×10^5
		硬	550	—	480	3~5	
		特硬	600	546	500	1~2	1.24×10^5
铝青铜	QAl7	已退火	600	186	520	10	$(1.15~1.3) \times 10^5$
铝锰青铜	QAl9-2	软	450	300	360	18	0.92×10^5
		硬	600	500	480	5	—
硅锰青铜	QSi3-1	软	350~380	239	280~300	45~45	1.2×10^5
		硬	600~650	540	480~520	3~5	—

（续）

类别	牌号	材料状态	抗拉强度 R_m/MPa	屈服强度 R_{eL}/MPa	抗剪强度 τ_b /MPa	伸长率 （%）	弹性模量 E/MPa
有色金属							
铍青铜	QBe2	软	300~600	250~350	240~480	30	1.17×10⁵
		硬	660	1280	520	2	(1.32~1.41)×10⁵
钛合金	TB1-1	已退火	450~600	—	360~480	25~30	—
	TB1-2		550~750	—	400~600	20~25	—
镁合金	MB1	冷态	170~190	120	120~140	3~5	0.4×10⁵
	MB8		230~240	220	150~180	14~15	0.41×10⁵
	MB1	预热 300℃	30~50	—	35~50	50~52	0.4×10⁵
	MB8		50~70	—	50~70	58~70	0.41×10⁵

附录 C　非金属材料的抗剪性能

材料名称	抗剪强度 τ_b/MPa		材料名称	抗剪强度 τ_b/MPa	
	用管状凸模 冲裁时	用普通凸模 冲裁时		用管状凸模 冲裁时	用普通凸模 冲裁时
纸胶板	100~138	140~200	金属箔的玻璃布胶板	130~150	160~220
布胶板	90~100	120~180	金属箔的纸胶板	110~130	140~200
玻璃布胶板	120~140	160~185	云母（厚 0.2~0.8mm）	50~80	60~100
石棉板	40~50	—	人造云母	120~150	140~180
橡皮	1~6	20~80	有机玻璃、聚氯乙烯	70~80	100~130

附录 D　冲压模具常用词汇及词组

A

angled-lift split	斜滑块	anti-friction bearing die set	滚动导向模架
angularity	倾斜度，角度	automatic die	自动模

B

backing plate/support plate	垫板/支承板	bending	弯曲
backward extrusion	反挤压	bending angle	弯曲角
backward extruding die	反挤压模	bending die	弯曲模
back pillar（post）set	后导柱模架	bending force	弯曲力
beading	加强筋	bending line	弯曲线
bench	工作台	bending radius	弯曲半径

bilateral tolerance	双边公差	blanking clearance	冲裁间隙
blank	毛坯	blanking die	冲裁模，落料模
blank holder	压料板，压边圈	blanking force	冲裁力
blank holder force	压边力	bulging	胀形
blank layout	排样	bulging coefficient	翻孔系数、胀形系数
blank length of bend	弯曲件展开长度	bulging die	胀形模
blank size	展开尺寸	burr	毛刺
blanking	冲裁，落料	burring die	翻孔模

C

camber	翘曲	cold pressing	冷冲压
cam driver	斜楔	combined die	组合冲模
cavity-retainer plate	凹模固定板	compound die	复合模
center of load（pressure）	压力中心	compound extruding die	复合挤压模
center of die	冲模中心	crimping die，curling die	卷边模
center pillar（post）set	中间导柱模架	cushion	弹顶器
cold extruding die	冷挤压模	cutting-off dies，cutting die	切断模
cold die，cold-punched die	冷冲模		

D

die	凹模	die shut height	模具闭合高度
die gonal pillar（post）set	对角导柱模架	die spring	模具用弹簧
die holder（low shoe）	下模座	drawing	拉深
die life	冲模寿命	drawing coefficient	拉深系数
die（stamping and punching dies）/set		drawing die	拉深模
	冲模，模架	drawing force	拉深力
die sets with spring guide plate	弹压导板模架	drawing number	拉深次数
die mounting base	模座	drawing ratio	拉深比
die shank	模柄		

E

edge radius	塌角	ejector pin	推杆
ejecting force	推件力	elements for clamping and stripping	压料和卸料零件
ejector	推件块		

F

fastener element	紧固零件	flange wrinkle	凸缘起皱
fault	断裂带	flanging die	翻边模
feed direction	送料方向	flaring	扩口
feed pitch	进距	flaring coefficient	扩口系数
fine blanking die	精冲模	flaring die	扩口模
fine blanking die set	精冲模架	flattening	校平
finger stop pin（block）	始用挡料销（块）	forming die	成形模
fissure	裂纹	forward-extrusion	正挤压
fixed stripper	刚性卸料板	forward extruding die	正挤压模
flanging	外缘翻边	free stop pin	活动挡料销

G

glazing	光滑	guide pillar die	导柱模
guide bush/guide bushing	导套	guide plate	导板
guide element	导向零件	guide plate die	导板冲模
guide pillar (pin)/Leader pin	导柱		

H

hole diameter	刃口直径	

I

indentation	压痕	ironing	变薄拉深
insert/mould insert	镶件	ironing die	变薄拉深模

K

kicking force	顶件力	knock out pin	打杆

L

lancing dies	切舌模	locating pin (gauge pin)	定位销
land length	刃口长度	locating plate	定位板
leader pin/guide pin	导柱	low-cost dies	简易模
limited block (post)	限位块 (柱)	lower lamping plate	下模座板
locating element	定位零件	lower mould/lower half	下模

M

matrix	凹模	minimum bending radius	最小弯曲半径
matrix fillet radius	凹模圆角半径	minimum diameter of piercing	最小冲孔直径
matrix plate	凹模固定板		

N

necking	缩口	notching die	切口模
necking coefficient	缩口系数	neutral axis location	中性层位移系数
necking die	缩口模		

P

parting die	剖切模	pressure plate	压料板
piercing	冲孔	pressure-plate-force	压料力
piercing die	冲孔模	progressive die	级进模
pilot pin	导正销	punch	凸模
pitch punch	定距侧刃	punch holder (upper shoe)	上模座
point	刃口，点	punch-matrix	凸凹模
point angle	刃口斜度	punch plate	凸模固定板
point diameter	刃口直径	punch radius	凸模圆角半径
point length	刃口长度	punch-retainer plate	凸模固定板
pressing direction	冲压方向	push bar	推杆
pressure	压力		

R

radial extruding die	径向挤压模	retainer	止动件
relative bending radius	相对弯曲半径	retaining element	固定零件
relative height	相对高度	reverse redrawing die	反拉深模
relative thickness	相对厚度		

S

scrap	废料，搭边	spring compressed length	弹簧压缩量
scrap cutter	废料切断刀	spring guide plate	弹压导板
scrap jam	废料阻塞	spring stripper plate	弹性卸料板
scratch	刮伤，划痕	spring rod	弹簧柱
screw	螺钉	stamping parts	冲压机
scuffing	深冲表面划伤	stripping force	卸料力
section	拼块	stripper plate	卸料板
self-centering shank	浮动模柄	stock guide rail	导料板
shank	模柄	stock supporting plate	承料板
shaving die	整修模	stock to leave	修刀余量
shearing	光亮带	stop block for pitch punch	侧刃挡块
shouldered ejector pin	带肩推杆	stop block/stop pad	限位块
S. H. S. B	栓打螺钉	stop pin/stop button	限位钉，挡料销
shut height of press machine	压力机闭合高度	stop plate	挡板
single operation die	单工序模	stripper bolt	卸料螺钉
sizing	整形	stripper plate	卸料板、推板
sizing die	整形模	stripping force	卸料力
slide/cam slide	滑块	stroke	冲程
sling guide die set	滑动导向模架	supporting plate（pressure plate）	托板
solid stop pin	固定挡料销	support pillar	支撑柱
spacer/parallel	垫块	support plate	托板
split	拼块	swaging	凸包
spring back	回弹		

T

thickness	厚度	trimming allowance	切边余量
tolerance	公差	trimming die	切边模
transfer mould	传递模		

U

universal die	通用模	upper clamping plate	上模座板
universal die set	通用模架	upper mould/upper half	上模

W

warpage/warped	翘曲	wrinkling	起皱
working element	工作零件		

附录 E　新旧国家标准不锈钢牌号对照表｜国内外不锈钢牌号对照表

No	中国 GB		日本	美国		韩国	欧盟	印度	澳大利亚
	旧牌号	新牌号（07. 10）	JIS	ASTM	UNS	KS	BS EN	IS	AS
奥氏体不锈钢									
1	1Cr17Mn6Ni5N	12Cr17Mn6Ni5N	SUS201	201	S20100	STS201	1. 4372	10Cr17Mn6Ni4N20	201-2

（续）

No	中国 GB		日本	美国		韩国	欧盟	印度	澳大利亚
	旧牌号	新牌号(07.10)	JIS	ASTM	UNS	KS	BS EN	IS	AS

No	旧牌号	新牌号(07.10)	JIS	ASTM	UNS	KS	BS EN	IS	AS
奥氏体不锈钢									
2	1Cr18Mn8Ni5N	12Cr18Mn9Ni5N	SUS202	202	S20200	STS202	1.4373		—
3	1Cr17Ni7	12Cr17Ni7	SUS301	301	S30100	STS301	1.4319	10Cr17Ni7	301
4	0Cr18Ni9	06Cr19Ni10	SUS304	304	S30400	STS304	1.4301	07Cr18Ni9	304
5	00Cr19Ni10	022Cr19Ni10	SUS304L	304L	S30403	STS304L	1.4306	02Cr18Ni11	304L
6	0Cr19Ni9N	06Cr19Ni10N	SUS304N1	304N	S30451	STS304N1	1.4315	—	304N1
7	0Cr19Ni10NbN	06Cr19Ni9NbN	SUS304N2	XM21	S30452	STS304N2	—	—	304N2
8	00Cr18Ni10N	022Cr19Ni10N	SUS304LN	304LN	S30453	STS304LN	1.4311	—	304LN
9	1Cr18Ni12	10Cr18Ni12	SUS305	305	S30500	STS305	1.4303	—	305
10	0Cr23Ni13	06Cr23Ni13	SUS309S	309S	S30908	STS309S	1.4833	—	309S
11	0Cr25Ni20	06Cr25Ni20	SUS310S	310S	S31008	STS310S	1.4845		310S
12	0Cr17Ni12Mo2	06Cr17Ni12Mo2	SUS316	316	S31600	STS316	1.4401	04Cr17Ni12Mo2	316
13	0Cr18Ni12Mo3Ti	06Cr17Ni12Mo2Ti	SUS316Ti	316Ti	S31635	—	1.4571	04Cr17Ni12MoTi20	316Ti
14	00Cr17Ni14Mo2	022Cr17Ni12Mo2	SUS316L	316L	S31603	STS316L	1.4404	~02Cr17Ni12Mo2	316L
15	0Cr17Ni12Mo2N	06Cr17Ni12Mo2N	SUS316N	316N	S31651	STS316N	—	—	316N
16	00Cr17Ni13Mo2N	022Cr17Ni13Mo2N	SUS316LN	316LN	S31653	STS316LN	1.4429	—	316LN
17	0Cr18Ni12Mo2Cu2	06Cr18Ni12Mo2Cu2	SUS316J1	—	—	STS316J1			316J1
18	00Cr18Ni14Mo2Cu2	022Cr18Ni14Mo2Cu2	SUS316J1L	—	—	STS316J1L			
19	0Cr19Ni13Mo3	06Cr19Ni13Mo3	SUS317	317	S31700	STS317		—	317
20	00Cr19Ni13Mo3	022Cr19Ni13Mo3	SUS317L	317L	S31703	STS317L	1.4438	—	317L
21	0Cr18Ni10Ti	06Cr18Ni11Ti	SUS321	321	S32100	STS321	1.4541	04Cr18Ni10Ti20	321
22	0Cr18Ni11Nb	06Cr18Ni11Nb	SUS347	347	S34700	STS347	1.455	04Cr18Ni10Nb40	347
奥氏体-铁素体型不锈钢(双相不锈钢)									
23	0Cr26Ni5Mo2	—	SUS329J1	329	S32900	STS329J1	1.4477		329J1
24	00Cr18Ni5Mo3Si2	022Cr19Ni5Mo3Si2N	SUS329J3L	—	S31803	STS329J3L	1.4462		329J3L
0Cr18Ni10Ti 铁素体型不锈钢									
25	0Cr13Al	06Cr13Al	SUS405	405	S40500	STS405	1.4002	04Cr13	405
26	—	022Cr11Ti	SUH409	409	S40900	STS409	1.4512	—	409L
27	00Cr12	022Cr12	SUS410L	—		STS410L		—	410L
28	1Cr17	10Cr17	SUS430	430	S43000	STS430	1.4016	05Cr17	430
29	1Cr17Mo	10Cr17Mo	SUS434	434	S43400	STS434	1.4113	—	434
30	—	022Cr18NbTi	—		S43940	—	1.4509	—	439
31	00Cr18Mo2	019Cr19Mo2NbTi	SUS444	444	S44400	STS444	1.4521	—	444
马氏体型不锈钢									
32	1Cr12	12Cr12	SUS403	403	S40300	STS403	—	—	403
33	1Cr13	12Cr13	SUS410	410	S41000	STS410	1.4006	12Cr13	410
34	2Cr13	20Cr13	SUS420J1	420	S42000	STS420J1	1.4021	20Cr13	420
35	3Cr13	30Cr13	SUS420J2	—	—	STS420J2	1.4028	30 Cr13	420J2
36	7Cr17	68Cr17	SUS440A	440A	S44002	STS440A	—	—	440A

附录 F　冷冲模模具零件表面粗糙度

表面粗糙度 $Ra/\mu m$	表面微观特征	加工方法	使用范围
0.1	暗光泽面	精磨、研磨、普通抛光	1. 精冲模刃口部分 2. 冷挤压模凸凹模关键部分 3. 滑动导柱工作表面
0.2	不可辨加工痕迹方向	精磨、研磨	1. 要求高的凸凹模成形面 2. 导套工作表面
0.4	微辨加工痕迹方向	精铰、精镗、磨、刮	1. 冲裁模刃口部分 2. 拉伸、成形、压弯的凸凹模工作表面 3. 滑动和精确导向表面
0.8	可辨加工痕迹方向	车、镗、磨、电加工	1. 凸凹模工作表面，镶块的接合面 2. 模板、垫板、固定板的上下表面 3. 静配合和过渡配合的表面 4. 要求准确的工艺基准面
1.6	看不清加工痕迹	车、镗、磨、电加工	1. 模板平面 2. 挡料销、推杆、顶板等零件主要工作表面 3. 凸凹模的次要表面 4. 非热处理零件配合用内表面
3.2	微见加工痕迹	车、刨、铣、镗	1. 不磨加工的支承面、定位面和紧固面 2. 卸料螺钉支承面
6.3	可见加工痕迹	车、刨、铣、镗、锉、钻	不与制件或其他冲模零件接触的表面
12.5	有明显可见的刀痕	粗车、粗刨、粗铣、锯、锉、钻	粗糙的不重要表面
∨	—	铸、锻、焊	不需要机械加工的表面

附录 G　与冲压加工有关的国家标准与机械行业标准

GB/T 8176—2012　冲压车间安全生产通则
GB/T 13887—2008　冷冲压安全规程
GB/T 13914—2013　冲压件尺寸公差
GB/T 13915—2013　冲压件角度公差
GB/T 13916—2013　冲压件形状和位置未注公差
GB/T 15055—2021　冲压件未注公差尺寸极限偏差
GB/T 15825.1—2008　金属薄板成形性能与试验方法　成形性能和指标
GB/T 15825.2—2008　金属薄板成形性能与试验方法　通用试验规则
GB/T 15825.3—2008　金属薄板成形性能与试验方法　拉深与拉深载荷试验

GB/T 15825.4—2008　金属薄板　成形性能与试验方法　扩孔试验

GB/T 15825.5—2008　金属薄板　成形性能与试验方法　弯曲试验

GB/T 15825.6—2008　金属薄板　成形性能与试验方法　锥杯试验

GB/T 15825.7—2008　金属薄板　成形性能与试验方法　凸耳试验

GB/T 15825.8—2008　金属薄板成形性能与试验方法　成形极限图（FLD）试验

GB/T 16743—2010　冲裁间隙

GB/T 33217—2016　冲压件毛刺高度

GB/T 30570—2014　金属冷冲压件　结构要素

GB/T 30571—2014　金属冷冲压件　通用技术条件

JB/T 4381—2011　冲压剪切下料　未注公差尺寸的极限偏差

JB/T 5109—2001　金属板料压弯工艺设计规范

JB/T 6054—2001　冷挤压件工艺编制原则

JB/T 6056—2005　冲压车间环境保护导则

JB/T 6541—2004　冷挤压件形状和结构要素

JB/T 6959—2008　金属板料拉深工艺设计规范

JB/T 8930—2015　冲压工艺质量控制规范

JB/T 9175.1—2013　精密冲裁件　结构工艺性

JB/T 9175.2—2013　精密冲裁件　质量

JB/T 9176—1999　冲压件材料消耗工艺定额　编制方法

JB/T 9180.1—2014　钢质冷挤压件　公差

JB/T 9180.2—2014　钢质冷挤压件　通用技术条件

附录 H　模具零件的几何公差

1. 平行度公差

模板、凹模板、垫板、固定板、导板、卸料板、压边圈等板类零件的两平面应有平行度要求，一般可按下表选取。

基本尺寸	公差等级		基本尺寸	公差等级	
	4	5		4	5
	公差值			公差值	
>25~40	0.006	0.010	>400~630	0.025	0.040
>40~63	0.008	0.012	>630~1000	0.030	0.050
>63~100	0.010	0.015	>1000~1600	0.040	0.060
>100~160	0.012	0.020	>1600~2500	0.050	0.080
>160~250	0.015	0.025	>2500~4000	0.060	0.100
>250~400	0.020	0.030			

注：1. 基本尺寸是指被测表面的最大长度尺寸和最大宽度尺寸。

2. 滚动式导柱模架的模座平行度公差采用公差等级 4 级。

2. 垂直度公差

矩形、圆形凹模板的直角面，凸、凹模（或凸凹模）固定板安装孔的轴线与其基准面，模板上模柄（压入式模柄）安装孔的轴线与其基准面，一般均应有垂直度要求，可按下表的垂直度公差选取。而上、下模板的导柱、导套安装孔的轴线与其基准面的垂直度公差，应按如下规定：安装滑动式导柱、导套时取为 0.01：100；安装滚动式导柱、导套时取为 0.005：100。

基本尺寸	>25~40	>40~63	>63~100	>100~160	>160~250	>250~400
公差等级	5					
公差值	0.010	0.012	0.015	0.020	0.025	0.030

注：1. 基本尺寸是指被测零件的短边长度。
　　2. 垂直度公差是指以长边为基准，短边对长边垂直度的最大允许值。

3. 圆跳动公差

各种模柄的圆跳动公差可按下表选取。与模板固定的导套圆柱面的径向圆跳动公差，可根据模具精度要求选取 4 级或 5 级，在冷冲模国家标准中，其圆跳动公差值已直接标注在导套零件图上。

基本尺寸	>18~30	>30~50	>50~120	>120~250
公差等级	8			
公差值	0.025	0.030	0.040	0.050

4. 同轴度公差

阶梯式的圆截面凸模、凹模、凸凹模的工作直径与安装直径（采用过渡配合压入固定板内），阶梯式导柱的工作直径与安装（采用过盈配合压入模板内），均应有同轴度要求，其同轴度公差可按下表选取。

基本尺寸	>6~10	>10~18	18~30	>30~50	>50~120
公差等级	8				
公差值	0.015	0.020	0.025	0.030	0.040

注：基本尺寸是指被测零件的直径。

5. 圆柱度公差

导柱与导套配合的圆柱面，其圆柱度公差一般可按 6 级精度选取。在冷冲模国家标准中，其圆柱度公差值已直接标注在导柱、导套零件图上。

附录 I　模具图面标示符号标准

序号	符号	含　　义	注　　解
1		1. 螺钉正面沉头	2-M10 沉头
		2. 栓打螺钉正面沉头	2-M10 栓打螺钉沉头深 15.0
		3. 冲针正面沉头	2-φ4.0 C+0.01 沉头 φ7.0 深 5.0
		4. 导柱正面沉头	2-φ12.0 导柱沉头正面

（续）

序号	符号	含　义	注　解
2		1. 螺钉反面沉头	2-M10 反沉头
		2. 栓打螺钉反面沉头	2-M10 栓打螺钉反沉头深 15.0
		3. 冲针反面沉头	2-φ4.0C+0.01 反沉头 φ7.0 深 5.0
		4. 导柱反面沉头	2-φ12.0 导柱反面沉头
3		1. 螺纹孔	2-M10
		2. 通孔正面攻螺纹	2-M10 通孔
		3. 通孔反面攻螺纹	2-M10 反面螺纹通孔
4		反面螺纹孔	2-M10 反面螺纹
5		销钉孔	2-φ10 销钉
6		定位针孔	2-φ8.0C+0.01
7		带扣位定位针孔	2-φ8.0C+0.01 沉头 φ12.5 反面深 5.0
8		浮升销孔	2-φ8.0C+0.01
9		顶针孔	2-φ6.1 顶出模面（打板面）5.0
10		反面顶针孔	2-φ6.1 顶出模面（打板面）5.0
11		弹簧孔	2-φ31.0
12		反面弹簧孔	2-φ31.0 反面深 10.0
13		1. 导柱孔	2-φ12.0 导柱
		2. 冲针孔	1-φ4.0C+0.01
		3. 冲孔剪口	1-φ4.0C+0.05 刀口 3.0 斜 1.0
		4. 过孔等	1-φ6.5

(续)

序号	符号	含　义	注　解
14		避空	2-深 5.0
15		反面避空	3-反面深 5.0
16		1. 剪口	2-C+0.05 刀口 3.0 斜 1.0
		2. 过孔等	2-C+0.5
		3. 冲头固定孔	2-C+0.01

附录 J　机械压力机列、组别

列　别		组　别		列　别		组　别	
1	单柱偏心压力机	1	单柱固定压力机	4	拉深压力机	7	闭式四点双动拉深压力机
		2	单柱活动台压力机			8	闭式三动拉深压力机
		3	单柱柱形台压力机	5	摩擦压力机	1	无盘摩擦压力机
		4	单柱台式压力机			2	单盘摩擦压力机
2	开式双曲轴压力机	1	开式双柱固定台压力机			3	双盘摩擦压力机
		2	开式双柱活动台压力机			4	三盘摩擦压力机
		3	开式双柱可倾式压力机			5	上移摩擦压力机
		4	开式双柱转台压力机	6	粉末制品压力机	1	单面冲压粉末制品压力机
		5	开式双柱双点压力机			2	双面冲压粉末制品压力机
3	闭式曲轴压力机	1	闭式单点压力机			3	轮转式粉末制品压力机
		2	闭式侧滑压力机	7	模锻、精压、挤压机	1	
		3				2	
		4				3	精压压力机
		5	闭式双点压力机			4	
		6				5	热模锻压力机
		7				6	曲轴式金属撞压机
		8	闭式四点压力机			7	肘杆式金属撞压机
4	拉深压力机	1	闭式单动拉深压力机	8	专用压力机	1	分度台压力机
		2				2	冲模回转头压力机
		3	开式双动拉深压力机			3	摩擦式制砖压力机
		4	底传动双动拉深压力机	9	其他		
		5	闭式双动拉深压力机				
		6	闭式双点双动拉深压力机				

附录 K 标准公差数值（GB/T 1800.1—2020）

公称尺寸/mm		公差等级																		
		IT01	IT0	IT1	IT2	IT3	IT4	IT5	IT6	IT7	IT8	IT9	IT10	IT11	IT12	IT13	IT14	IT15	IT16	IT17	IT18
大于	至	μm													mm						
—	3	0.3	0.5	0.8	1.2	2	3	4	6	10	14	25	40	60	0.10	0.14	0.25	0.40	0.60	1.00	1.40
3	6	0.4	0.6	1	1.5	2.5	4	5	8	12	18	30	48	75	0.12	0.18	0.30	0.48	0.75	1.20	1.80
6	10	0.4	0.6	1	1.5	2.5	4	6	9	15	22	35	58	90	0.15	0.22	0.36	0.58	0.90	1.50	2.20
10	18	0.5	0.8	1.2	2	3	5	8	11	18	27	43	70	110	0.18	0.27	0.43	0.70	1.10	1.80	2.70
18	30	0.6	1	1.5	2.5	4	6	9	13	21	33	52	84	130	0.21	0.33	0.52	0.84	1.30	2.10	3.30
30	50	0.6	1	1.5	2.5	4	7	11	16	25	39	62	100	160	0.25	0.39	0.62	1.00	1.60	2.50	3.90
50	80	0.8	1.2	2	3	5	8	13	19	30	46	74	120	190	0.30	0.46	0.74	1.20	1.90	3.00	4.60
80	120	1	1.5	2.5	4	6	10	15	22	35	54	87	140	220	0.35	0.54	0.87	1.40	2.20	3.50	5.40
120	180	1.2	2	3.5	5	8	12	18	25	40	63	100	160	250	0.40	0.63	1.00	1.60	2.50	4.00	6.30
180	250	2	3	4.5	7	10	14	20	29	46	72	115	185	290	0.46	0.72	1.15	1.85	2.90	4.60	7.20
250	315	2.5	4	6	8	12	16	23	32	52	81	130	210	320	0.52	0.81	1.30	2.10	3.20	5.20	8.10
315	400	3	5	7	9	13	18	25	36	57	89	140	230	360	0.57	0.89	1.40	2.30	3.60	5.70	8.90
400	500	4	6	8	10	15	20	27	40	63	97	155	250	400	0.63	0.97	1.55	2.50	4.00	6.30	9.70
500	630	5.5	6	9	11	16	22	30	44	70	110	175	280	440	0.70	1.10	1.75	2.80	4.40	7.00	11.00
630	800	5	7	10	13	18	25	35	50	80	125	200	320	500	0.80	1.25	2.00	3.20	5.00	8.00	12.50
800	1000	5.5	8	11	15	21	29	40	56	90	140	230	360	560	0.90	1.40	2.30	3.60	5.60	9.00	14.00
1000	1250	6.5	9	13	18	24	34	46	66	105	165	260	420	660	1.05	1.65	2.60	4.20	6.60	10.50	16.50
1250	1600	8	11	15	21	29	40	54	78	125	195	310	500	780	1.25	1.95	3.10	5.00	7.80	12.50	19.50
1600	2000	9	13	18	25	35	48	65	92	150	230	370	600	920	1.50	2.30	3.70	6.00	9.20	15.00	23.00
2000	2500	11	15	22	30	41	57	77	110	175	280	440	700	1100	1.75	2.80	4.40	7.00	11.00	17.50	28.00
2500	3150	13	18	26	36	50	69	93	135	210	330	540	860	1350	2.10	3.30	5.40	8.60	13.50	21.00	33.00

附录 L　冲压成形件长度（L）、直径（D、d）的极限偏差值

（mm）

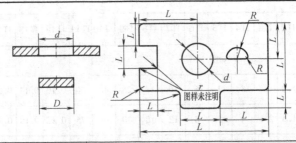

公称尺寸		精度等级	材料厚度尺寸范围				
大于	至		>0.1~1	>1~3	>3~6	>6~10	>10
1	6	A	±0.05	±0.10	±0.15	—	—
		B	±0.10	±0.15	±0.20	—	—
		C	±0.20	±0.25	±0.30	—	—
		D	±0.40	±0.50	±0.60	—	—
6	18	A	±0.10	±0.13	±0.15	±0.20	—
		B	±0.20	±0.25	±0.25	±0.30	—
		C	±0.30	±0.40	±0.50	±0.60	—
		D	±0.60	±0.80	±1.00	±1.20	—
18	50	A	±0.12	±0.15	±0.20	±0.25	±0.35
		B	±0.25	±0.30	±0.35	±0.40	±0.50
		C	±0.50	±0.60	±0.70	±0.80	±1.00
		D	±1.00	±1.20	±1.40	±1.60	±2.00
50	180	A	±0.15	±0.20	±0.25	±0.30	±0.40
		B	±0.30	±0.35	±0.45	±0.55	±0.65
		C	±0.60	±0.70	±0.90	±1.10	±1.30
		D	±1.20	±1.40	±1.80	±2.20	±2.60
180	400	A	±0.20	±0.25	±0.30	±0.40	±0.50
		B	±0.40	±0.50	±0.60	±0.80	±1.00
		C	±0.80	±1.00	±1.20	±1.60	±0.20
		D	±1.40	±1.60	±2.00	±2.60	±3.20
400	1000	A	±0.35	±0.40	±0.45	±0.50	±0.70
		B	±0.70	±0.80	±0.90	±1.00	±1.40
		C	±1.40	±1.40	±1.80	±2.00	±2.80
		D	±2.40	±2.60	±2.80	±3.20	±3.60
1000	3150	A	±0.60	±0.70	±0.80	±0.85	±0.90
		B	±1.20	±1.40	±1.60	±1.70	±1.80
		C	±2.40	±2.80	±3.00	±3.20	±3.60
		D	±3.20	±3.40	±3.60	±3.80	±4.00

（续）

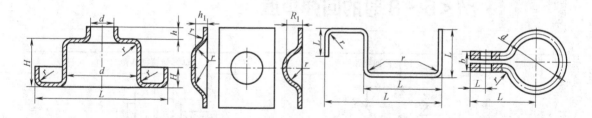

公称尺寸		精度等级	材料厚度尺寸范围				
大于	至		>0.1~1	>1~3	>3~6	>6~10	>10
1	6	A	±0.10	±0.20	±0.30	—	—
		B	±0.20	±0.30	±0.40	—	—
		C	±0.40	±0.50	±0.60	—	—
		D	±0.80	±1.00	±1.20	—	—
6	18	A	±0.20	±0.25	±0.30	±0.40	—
		B	±0.40	±0.50	±0.50	±0.60	—
		C	±0.60	±0.80	±1.00	±1.20	—
		D	±1.20	±1.60	±2.00	±2.40	—
18	50	A	±0.25	±0.30	±0.40	±0.50	±0.70
		B	±0.50	±0.60	±0.70	±0.80	±1.00
		C	±1.00	±1.20	±1.40	±1.60	±2.00
		D	±2.00	±2.40	±2.80	±3.20	±4.00
50	180	A	±0.30	±0.40	±0.50	±0.60	±0.80
		B	±0.60	±0.70	±0.90	±1.10	±1.30
		C	±1.20	±1.40	±1.80	±2.20	±2.60
		D	±2.40	±2.80	±3.60	±4.40	±5.20
180	400	A	±0.40	±0.50	±0.60	±0.80	±1.00
		B	±0.80	±1.00	±1.20	±1.60	±2.00
		C	±1.60	±2.00	±2.40	±3.20	±4.00
		D	±2.80	±3.20	±0.40	±5.20	±6.20
400	1000	A	±0.70	±0.80	±0.90	±1.00	±1.40
		B	±1.40	±1.60	±1.80	±2.00	±2.80
		C	±2.80	±3.20	±3.60	±4.00	±5.60
		D	±4.80	±5.20	±5.60	±6.40	±7.20
1000	3150	A	±1.20	±1.40	±1.60	±1.70	±1.80
		B	±2.40	±2.80	±3.20	±3.40	±3.60
		C	±4.80	±5.60	±6.00	±6.40	±7.20
		D	±6.40	±6.80	±7.20	±7.60	±8.00

附录 M　*r/t*＜5～8 时的回弹角度

材料的牌号和状态	r/t	V形弯曲回弹角 150°	135°	120°	105°	90°	60°	30°	U形弯曲回弹角 0.8t	0.9t	1.0t	1.1t	1.2t	1.3t	1.4t
2A12（已退火）	2	2°	2°30′	3°30′	4°	4°30′	6°	7°30′	−2°	0°	2°30′	5°	7°30′	10°	12°
	3	3°	3°30′	4°	5°	6°	7°30′	9°	−1°	1°30′	4°	6°30′	9°30′	12°	14°
	4	3°30′	4°30′	5°	6°	7°30′	9°	10°30′	0°	3°	5°30′	8°30	11°30′	14°	16°30′
	5	4°30′	5°30′	6°30′	7°30′	8°30′	10°	11°30′	1°	4°	7°	10°	12°30′	15°	18°
	6	5°30′	6°30′	7°30′	8°30′	9°30′	11°30′	13°30′	2°	5°	8°	11°	13°30′	16°30′	19°30′
2A12（硬化）	2	0°30′	1°	1°30′	2°	2°	2°30′	3°	−1°30′	0°	1°30′	3°	5°	7°	8°30′
	3	1°	1°30′	2°	2°30′	2°30′	3°	4°30′	−1°30′	0°30′	2°30′	4°	6°	8°	9°30′
	4	1°30′	1°30′	2°	2°30′	3°	4°30′	5°	−1°	1°	3°	4°30′	6°30′	9°	10°30′
	5	1°30′	2°	2°30′	3°	4°	5°	6°	−1°	1°	3°	5°	7°	9°30′	11°
	6	2°30′	3°	3°30′	4°	4°30′	5°30′	6°30′	−0°30′	1°30′	3°30′	6°	8°	10°	12°
7A04（已退火）	3	5°	6°	7°	8°	8°30′	9°	11°30′	3°	7°	10°	12°30′	14°	16°	17°
	4	6°	7°30′	8°	8°30′	9°	12°	14°	4°	8°	11°	13°30′	15°	17°	18°
	5	7°	8°	8°30′	10°	11°30′	13°30′	16°	5°	9°	12°	14°	16°	18°	20°
	6	7°30′	8°30′	10°	12°	13°30′	15°30′	18°	6°	10°	13°	15°	17°	20°	23°
7A04（硬化）	2	1°	1°30′	1°30′	2°	2°30′	3°	3°30′	−3°	−2°	0°	3°	5°	6°30′	8°
	3	1°30′	2°	2°30′	2°	3°	3°30′	4°	−2°	−1°30′	2°	3°30′	6°30′	8°	9°
	4	2°	2°30′	3°	3°	3°30′	4°	4°30′	−1°30′	−1°	2°30′	4°30′	7°	8°30′	10°
	5	2°30′	3°	3°30′	3°30′	4°	5°	6°	−1°	−1°	3°	5°30′	8°	9°	11°
	6	3°	3°30′	4°	4°	5°	6°	7°	0°	−0°30′	3°30′	6°30′	8°30′	10°	12°
20（已退火）	1	0°30′	1°	1°	1°30′	1°30′	2°	2°30′	−2°30′	−1°	0°30′	1°30′	3°	4°	5°
	2	0°30′	1°	1°30′	2°	2°	3°	3°30′	−2°	−0°30′	1°	2°	3°30′	5°	6°
	3	1°	1°30′	2°	2°	2°30′	3°30′	4°	−1°30′	0°	1°30′	3°	4°30′	6°	7°30′
	4	1°	1°30′	2°	2°30′	3°	4°	5°	−1°	0°30′	2°30′	4°	5°30′	7°	9°
	5	1°30′	2°	2°30′	3°	3°30′	4°30′	5°30′	−0°30′	1°30′	3°	5°	6°30′	8°	10°
	6	1°30′	2°	2°30′	3°	4°	5°	6°	−0°30′	2°	4°	6°	7°30′	9°	11°
30CrMnSiA（已退火）	1	0°30′	1°	1°	1°30′	2°	2°30′	3°	−2°	−1°	0°	1°	2°	4°	5°
	2	0°30′	1°30′	1°30′	2°	2°30′	3°30′	4°30′	−1°30′	−0°30′	1°	2°	4°	5°30′	7°
	3	1°	1°30′	2°	2°30′	3°	4°	5°30′	−1°	0°	2°	3°	5°	6°30′	8°30′
	4	1°30′	2°	3°	3°30′	4°	5°	6°30′	−0°30′	1°	3°	3°30′	6°30′	8°30′	10°
	5	2°	2°30′	3°	4°	4°30′	5°30′	7°	0°	1°30′	4°	6°	8°	10°	11°
	6	2°30′	3°	4°	4°30′	5°30′	6°30′	8°	0°30′	2°	5°	7°	9°	11°	13°

弯曲角度 θ ／ 回弹角度 Δθ

附录 N　开式压力机规格

公称压力/kN			40	63	100	160	250	400	630	800	1000	1250	1600	2000	2500	3150	4000
发生公称压力时滑块距下死点距离/mm			3	3.5	4	5	6	7	8	9	10	10	12	12	13	13	15
滑块行程/mm			40	50	60	70	80	100	120	130	140	140	160	160	200	200	250
行程次数/次·min⁻¹			200	160	135	115	100	80	70	60	60	50	40	40	30	30	25
最大封闭高度/mm	固定台和可倾式		160	170	180	220	250	300	360	380	400	430	450	450	500	500	550
	活动台位置	最低						300	360	400	460	480	500				
		最高						160	180	200	220	240	260				
封闭高度调节量/mm			35	40	50	60	70	80	90	100	110	120	130	130	150	150	170
滑块中心到床身距离/mm			100	110	130	160	190	220	260	290	320	350	380	380	425	425	480
工作台尺寸/mm	左右		280	315	360	450	560	630	710	800	900	970	1120	1120	1250	1250	1400
	前后		180	200	240	300	360	420	480	540	600	650	710	710	800	800	900
工作台孔尺寸/mm	左右		130	150	180	220	260	300	340	380	420	460	530	530	650	650	700
	前后		60	70	90	110	130	150	180	210	230	250	300	300	350	350	400
	直径		100	110	130	160	180	200	230	260	300	340	400	400	460	460	530
立柱间距离/mm			130	150	180	220	260	300	340	380	420	460	530	530	650	650	700
活动台压力机滑块中心到床身紧固工作台平面距离/mm								150	180	210	250	270	300				
模柄孔尺寸（直径/mm×深度/mm）			Φ30×50				Φ50×70				Φ60×75		Φ70×80		T形槽		
工作台板厚度/mm			35	40	50	60	70	80	90	100	110	120	130	130	150	150	170
倾斜角（可倾式工作台压力机）			30°							25°				—			

参 考 文 献

[1] 柯旭贵，张荣清. 冲压工艺与模具设计 [M]. 2版. 北京：机械工业出版社，2020.

[2] 杨光全. 冷冲压工艺与模具设计 [M]. 5版. 大连：大连理工大学出版社，2019.

[3] 王卫卫. 材料成形设备 [M]. 2版. 北京：机械工业出版社，2019.

[4] 周树银. 冲压模具设计及主要零部件加工 [M]. 5版. 北京：北京理工大学出版社，2017.

[5] 任国成. 冲压工艺与模具设计 [M]. 北京：化学工业出版社，2017.

[6] 段来根. 多工位级进模与冲压自动化 [M]. 3版. 北京：机械工业出版社，2017.

[7] 张清林，丹野良一. 金属冲压工艺与装备实用案例宝典 [M]. 北京：机械工业出版社，2015.

[8] 魏春雷，张宁. 冲模设计与案例分析 [M]. 2版. 北京：北京理工大学出版社，2014.

[9] 郑展. 冲压工艺与模具设计 [M]. 2版. 北京：机械工业出版社，2014.

[10] 钟翔山. 冲压模具设计88例精析 [M]. 北京：化学工业出版社，2014.

[11] 李名望. 冲压模具结构设计200例 [M]. 北京：化学工业出版社，2014.

[12] 钟翔山. 冲压模具设计技巧、经验及实例 [M]. 北京：化学工业出版社，2013.

[13] 中国机械工程学会塑性工程学会. 锻压手册 [M]. 3版. 北京：机械工业出版社，2013.

[14] 陈炎嗣. 冲压模具设计手册：多工位级进模 [M]. 北京：化学工业出版社，2013.

[15] 宛强. 冲压模具设计及实例精选 [M]. 北京：化学工业出版社，2013.

[16] 陈传胜. 冲压成形工艺与模具设计 [M]. 北京：电子工业出版社，2012.

[17] 王孝培. 冲压手册 [M]. 3版. 北京：机械工业出版社，2012.

[18] 杨占尧. 最新冲压模具标准及应用手册 [M]. 北京：化学工业出版社，2010.

[19] 陈炎嗣. 冲压模具实用结构图册 [M]. 北京：机械工业出版社，2009.

[20] 刘占军. 冲压排样技巧 [M]. 北京：化学工业出版社，2009.

[21] 周本凯. 冲压模具设计实践100例 [M]. 北京：化学工业出版社，2008.

[22] 吴兆祥. 模具材料及表面处理 [M]. 2版. 北京：机械工业出版社，2008.

[23] 陈志刚. 模具失效与维护 [M]. 北京：机械工业出版社，2008.

[24] 曾珊琪，丁毅. 模具寿命与失效 [M]. 北京：化学工业出版社，2005.